普通高等教育“十二五”规划教材

高等数学

（化生地类）上册

主　编　赵奎奇
副主编　方艳溪　张绍康
　　　　程　洁　熊绍武
参　编　李绍林　李素云
　　　　陈　静　廖玉怀

科学出版社
北　京

内 容 简 介

本书是云南省部分高校本科教育质量工程建设成果，分上、下两册，共计12章.本书为上册，主要内容包括函数、极限与函数的连续性、导数与微分、微分中值定理与导数应用、不定积分、定积分及其应用、常微分方程.

本书可作为普通高等学校的化学与化工学、生物学与生命科学、地理学与旅游学、医学与环境科学等专业的“高等数学”课程教材，也可以作为高等院校相关专业读者的参考书.

图书在版编目(CIP)数据

高等数学:化生地类.上册/赵奎奇主编.—北京:科学出版社,2012
普通高等教育“十二五”规划教材
ISBN 978-7-03-035272-9

Ⅰ.①高… Ⅱ.①赵… Ⅲ.①高等数学-高等学校-教材 Ⅳ.①O13

中国版本图书馆CIP数据核字(2012)第184420号

责任编辑:胡云志 任俊红 唐保军 / 责任校对:宋玲玲
责任印制:闫 磊 / 封面设计:华路天然工作室

科学出版社出版
北京东黄城根北街16号
邮政编码:100717
http://www.sciencep.com

骏杰印刷厂印刷
科学出版社发行 各地新华书店经销

*

2012年8月第 一 版 开本:720×1000 B5
2012年8月第一次印刷 印张:12
字数:232 000

定价: 24.00 元

(如有印装质量问题,我社负责调换)

序　言

当今中国高等教育已从传统的精英教育发展到现代大众教育阶段.高等学校一方面要尽可能满足民众接受高等教育的需求,另一方面要努力培养适应社会和经济发展的合格人才,这就导致大学的人才培养规模与专业类型发生了革命性的变化,教学内容改革势在必行.高等数学课程是大学的重要基础课,是大学生科学修养和专业学习的必修课.编写出具有时代特征的高等数学教材是数学教育工作者的一项光荣使命.

科学出版社"十二五"教材出版规划的指导原则与云南省大部分高校的高等数学课程改革思路不谋而合,因此我们组织了云南省具有代表性的十所高校的数学系骨干教师组成项目专家组,共同策划编写了新的系列教材,并列入科学出版社普通高等教育"十二五"规划教材出版项目.本系列教材以大众化教育为前提,以各专业的发展对数学内容的需要为准则,分别按理工类、经管类和化生地类编写,第一批出版的有高等数学(理工类)、高等数学(经管类)、高等数学(化生地类)、概率论与数理统计(理工类)、线性代数(理工类),以及可供各类专业选用的数学实验教材.教材的特点是,在不失数学课程逻辑严谨的前提下,加强了针对性和实用性.

参加教材编写的教师都是在教学一线有长期教学经验积累的骨干教师.教材的第一稿已通过一届学生的试用,在征求使用本教材师生意见和建议的基础上作了进一步的修改,并通过项目专家组的审查,最后由科学出版社统一出版.在此对试用本教材的师生、项目专家组以及科学出版社表示衷心感谢.

高等教育改革无止境,教学内容改革无禁区,教材编写无终点.让我们共同努力,继续编出符合科学发展、顺应时代潮流的高质量教材,为高等数学教育做出应有的贡献.

郭　震

2012年8月1日于昆明

前　言

“高等数学”是当今大学大多数专业的公共必修课. 这就决定了“高等数学”课程的理论和方法具有广泛的应用价值. 国内高等院校从 1999 年开始扩大招生规模至今,高等教育已明显凸现从精英教育向大众化教育的转变的特点. 但与之相应的教材建设还不尽如人意,很多尚停留在传统模式上,过分追求逻辑的严密性和理论体系的完整性. 不仅数学的工具性不够突出,而且导数部分与中学有明显的重复内容. 在教育部对全国普通高等学校完成本科教学工作水平评估之后,各高校推出本科教育质量工程建设之际, 我们集合云南省部分高校长期从事化、生、地类专业高等数学的教师, 根据化生地类高等数学的教学大纲和教学基本要求,在中学已有内容基础上,结合编者多年的教学实践经验编写本教材. 编写力求体现如下特点:

第一,在教学思想和方法上,以实际应用为背景,概念阐述尽量简明,注重专业理论素养和实际能力的协调发展,贯彻素质教育理念.

第二,突出数学的实用性和工具性.

第三,适应少学时要求,教材内容上册按每周 4 学时,17 周共 68 学时编写,下册按每周 3 学时,18 周共 54 学时编写. 教师可以根据实际情况决定教学内容的取舍.

教材的使用对象是普通高等学校的化学与化工学、生物学与生命科学、地理学与旅游学、医学与环境科学等专业的师生. 也可以作为高等院校相关专业读者的参考书.

本书(上册第 1 章～第 7 章,下册第 8 章～第 12 章)由 9 位教师共同编写,第 1 章、第 7 章由云南师范大学数学学院赵奎奇老师编写;第 2 章由云南师范大学数学学院程洁老师编写;第 3 章、第 10 章由红河学院李绍林老师编写;第 4 章由昭通学院熊绍武老师编写;第 5 章、附录内容由文山学院方艳溪老师编写;第 6 章由昭通学院张绍康老师编写;第 8 章由文山学院廖玉怀老师编写;第 9 章由玉溪师范学院李素云老师编写;第 11 章、第 12 章由楚雄师范学院陈静老师编写;全书的统稿工作由云南师范大学数学学院赵奎奇老师完成.

本书的编写得到了云南省数学学会、云南师范大学和云南省多所师(学)院的大力支持,科学出版社龚剑波、任俊红二位编辑为本书的出版做了大量繁杂而细致的工作. 在此一并表示感谢!

本书的编写过程中我们参考了一些同类书籍资料，并借鉴了同行们的经验，在此深表谢意.

由于我们水平所限，书中存在的问题在所难免，敬请读者和同行批评指正.

编　者

2012 年 7 月

目 录

第1章　函　　数

有这样的说法:高等数学是研究变量的数学,初等数学是研究常量的数学．这说明函数是高等数学中的主要研究对象．本章主要介绍实自变量函数的概念和函数的一些基本特性．

1.1　实数　区间　邻域

约定几个常用的逻辑符号,"$\forall$"表示"对于任意","$\exists$"表示"存在","$\Rightarrow$"表示"蕴涵"或"可推导出","$\Leftrightarrow$"表示"等价".

1.1.1　集合

集合是指具有某种共同性质的事物的全体,组成该集合的事物称为集合的元素．

集合的表示方法有列举法,如

$$A=\{a_1,a_2,\cdots,a_m\}$$

和描述法,如

$$A=\{x \mid x\text{ 所具有的性质}\}.$$

空集$\varnothing$,是补充规定的一个特殊集合,它不含任何元素．

自然数集

$$\mathbf{N}=\{0,1,2,3,\cdots\}.$$

整数集

$$\mathbf{Z}=\{\cdots,-3,-2,-1,0,1,2,3,\cdots\}.$$

有理数集

$$\mathbf{Q}=\{x \mid x\text{ 是无限循环小数}\}=\left\{x \,\middle|\, x=\frac{p}{q},p,q\in\mathbf{Z},q\neq 0\right\}.$$

无理数集

$$\mathbf{P}=\{x \mid x\text{ 是无限不循环小数}\}.$$

实数集

$$\mathbf{R}=\mathbf{Q}\cup\mathbf{P}.$$

任一实数都可与实数轴上的一个点形成一一对应,因此,常常不加区别地称一个实数为(实数轴上的)一个点．

1.1.2 区间

设 $a<b$,则**开区间**

$$(a,b)=\{x|a<x<b\},$$

闭区间

$$[a,b]=\{x|a\leqslant x\leqslant b\},$$

半开半闭区间

$$[a,b)=\{x|a\leqslant x<b\},\quad (a,b]=\{x|a<x\leqslant b\}.$$

以上几个区间也统称为**有限区间**,下列区间统称为**无限区间**:

$$[a,+\infty)=\{x|x\geqslant a\},\quad (-\infty,b]=\{x|x\leqslant b\},$$
$$(a,+\infty)=\{x|x>a\},\quad (-\infty,b)=\{x|x<b\},$$
$$(-\infty,+\infty)=\{x|-\infty<x<+\infty\}=\{x||x|<+\infty\}=\mathbf{R}(\text{实数集}).$$

在上面的区间中,a,b 分别叫做对应区间的左、右端点,$b-a$ 叫做对应有限区间的长度,无限区间的长度为无穷大.

1.1.3 邻域

包含点 a 的任何开区间称为点 a 的**邻域**,记作 $U(a)$.

点 a 的 **δ 邻域**(图 1-1)

$$U(a,\delta)=(a-\delta,a+\delta)=\{x|a-\delta<x<a+\delta\},$$

点 a 的去心 δ 邻域

$$\mathring{U}(a,\delta)=(a-\delta,a)\cup(a,a+\delta)=\{x|a-\delta<x<a+\delta,x\neq a\},$$

其中 $\delta>0$ 称为邻域的半径,a 称为邻域的中心.

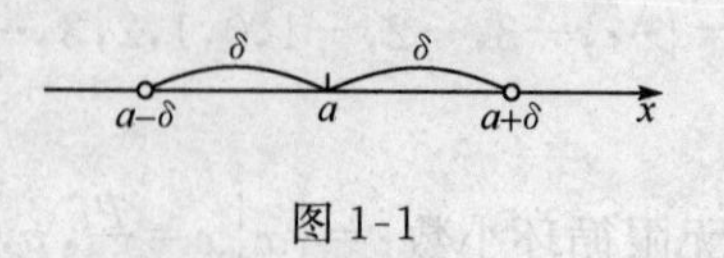

图 1-1

1.1.4 两个区间的直积

两个区间的直积

$$I_1\times I_2=\{(x,y)|x\in I_1,y\in I_2\},$$

其中 I_1,I_2 为两个给定区间. 如果 I_1,I_2 分别对应 xOy 平面中 x 轴和 y 轴上的区间,则 $I_1\times I_2$ 是 xOy 平面上的一个矩形区域.

1.2 函数的概念

设 x 与 y 是变量，D 是一个非空数集，f 是一个确定的映射．如果 $\forall x\in D$，通过 f 都有 $\mathbf{R}$ 内唯一确定的数值与之对应，则称 y 为 x 的**函数**，记作 $y=f(x)$．这里，D 称为函数的**定义域**，x 为**自变量**，y 为**因变量**，$f(D)=\mathbf{R}_f=\{y\mid y=f(x),x\in D\}$ 称为函数 $y=f(x)$ 的**值域**．给定 x_0，与之对应的 $y_0=f(x_0)$ 称为该函数在 x_0 的**函数值**．

关于定义域的求法，实际问题由实际意义确定．例如，自由落体运动 $x=x_0-\frac{1}{2}gt^2$，其定义域为 $t\geqslant 0$．由数学式子表示的函数，没特别标明时，约定由保证算式有意义的一切实数值的自变量所确定．例如，$y=\sqrt{1-x^2}$，其定义域为 $D=[-1,1]$．

(1) **函数的图形**．集合

$$C=\{(x,y)\mid y=f(x),x\in D\}$$

称为函数 $y=f(x)$ 的图形(图 1-2)．

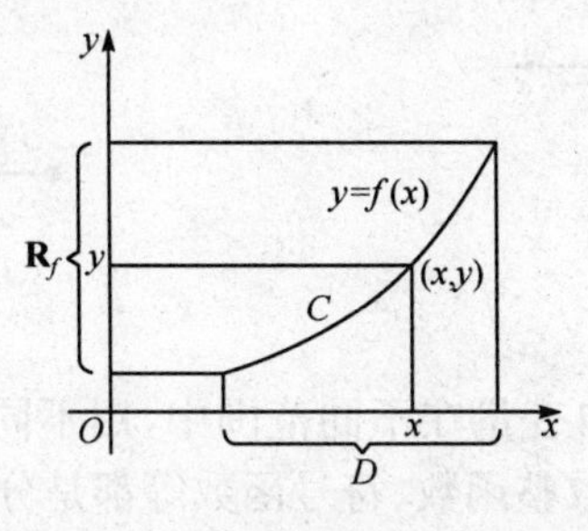

图 1-2

(2) **函数的四则运算**．

$$(f+g)(x)=f(x)+g(x),\quad (f-g)(x)=f(x)-g(x),$$

$$(f\cdot g)(x)=f(x)\cdot g(x),\quad \frac{f}{g}(x)=\frac{f(x)}{g(x)},g(x)\neq 0.$$

下面给出几个特殊函数．

(1) **绝对值函数**．

$$y=|x|=\begin{cases}x, & x\geqslant 0,\\ -x, & x<0.\end{cases}$$

(2) **符号函数**(图 1-3).

$$y=\operatorname{sgn}x=\begin{cases}1, & x>0,\\ 0, & x=0,\\ -1, & x<0,\end{cases}$$

$$|x|=x\operatorname{sgn}x.$$

(3) **取整函数**(图 1-4).

$y=[x]=n,\quad x\in[n,n+1),n\in\mathbf{Z}$,表示不超过 x 的最大整数,如

$$[-1.3]=-2,\quad [-0.25]=-1,\quad [0.36]=0,\quad [2.6]=2,$$

而且有

$$x=[x]+\lambda(x),\quad 0\leqslant\lambda(x)<1.$$

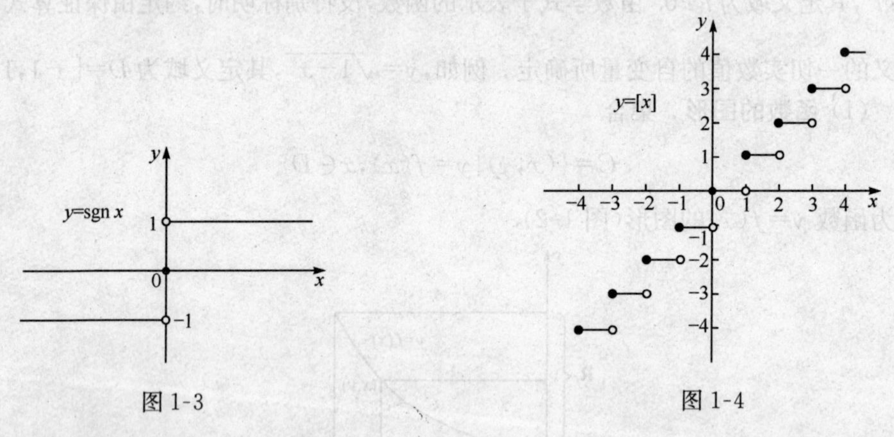

图 1-3　　　　图 1-4

(4) **分段函数**. 一个自变量在不同范围中,用不同式子表示的函数称为分段函数. 例如,绝对值函数、取整函数、符号函数等都是分段函数,每个式子其自变量的取值区间的端点称为分段函数的分段点.

对于分段函数

$$f(x)=\begin{cases}f_1(x), & x\leqslant c,\\ f_2(x), & x>c,\end{cases}$$

若 $f_1(c)=f_2(c)$,则

$$f(x)=f_1\left[\frac{x+c-\sqrt{(x-c)^2}}{2}\right]+f_2\left[\frac{x+c+\sqrt{(x-c)^2}}{2}\right]-f_1(c).$$

例 1.1　$f(x)=\begin{cases}2\sqrt{x}, & 0\leqslant x\leqslant 1\\ 1+x, & x>1\end{cases}$

$$=\left[2\sqrt{\frac{x+1-|x-1|}{2}}\right]+\left(1+\frac{x+1+|x-1|}{2}\right)-2$$

$$=\sqrt{2(x+1-|x-1|)}+\frac{x-1+|x-1|}{2},$$

如图 1-5 所示.

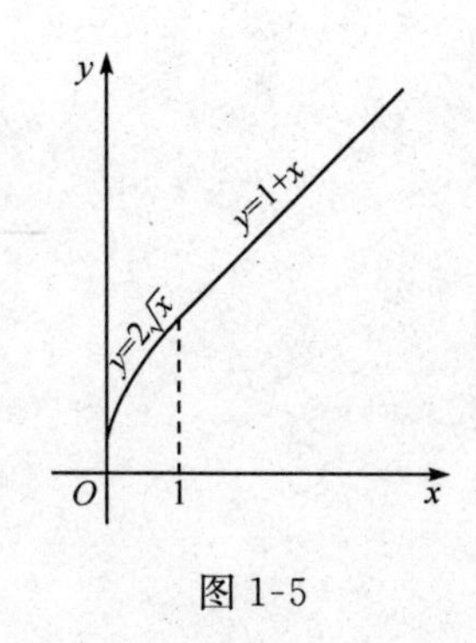

图 1-5

1.3 函数的基本特性

1. 有界性

设 $f(x)$ 的定义域为 D,数集 $X\subset D$. 如果 $\exists M\in\mathbf{R}, \forall x\in X$,都有

$$f(x)\geqslant M \quad (\text{或 } f(x)\leqslant M),$$

则称 $f(x)$ 在 X 上有下界(或上界);否则,称 $f(x)$ 在 X 上无下界(或上界),M 也称为 $f(x)$ 的一个下界(或上界). 当 $f(x)$ 在 X 上既有上界又有下界时,称 $f(x)$ 在 X 上有界.

$$f(x)\text{在 } X \text{ 上有界} \Leftrightarrow \exists M>0, \forall x\in X \text{ 有 } |f(x)|\leqslant M.$$

2. 单调性

设 $f(x)$ 的定义域为 D,区间 $I\subset D$. 如果 $\forall x_1<x_2\in I$,都有

$$f(x_1)<f(x_2) \quad (\text{或 } f(x_1)>f(x_2)),$$

则称 $f(x)$ 在 I 上单调增加(或减少),I 称为函数的单调区间. 当函数 $f(x)$ 在 D 上单调增加或单调减少时,也称之为单调函数.

3. 奇偶性

设 $f(x)$ 的定义域 D 关于原点 O 对称(即 $x\in D\Rightarrow -x\in D$),如果 $\forall x\in D$,都有

$$f(-x)=f(x) \quad (\text{或 } f(-x)=-f(x)),$$

则称 $f(x)$ 为偶(或奇)函数. 偶(或奇)函数的图形关于 y 轴(或原点)对称(图 1-6 和图 1-7).

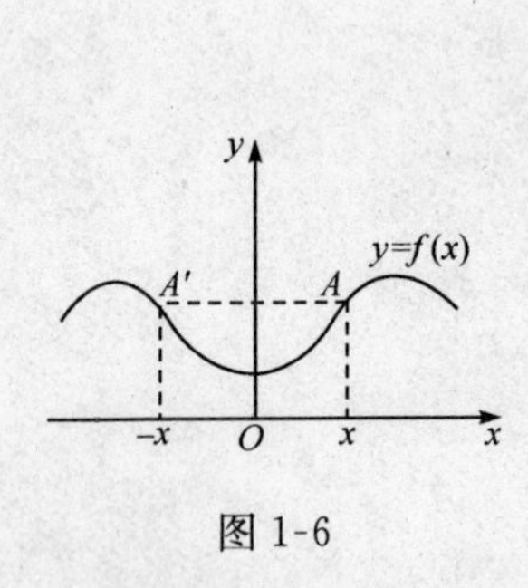

图 1-6

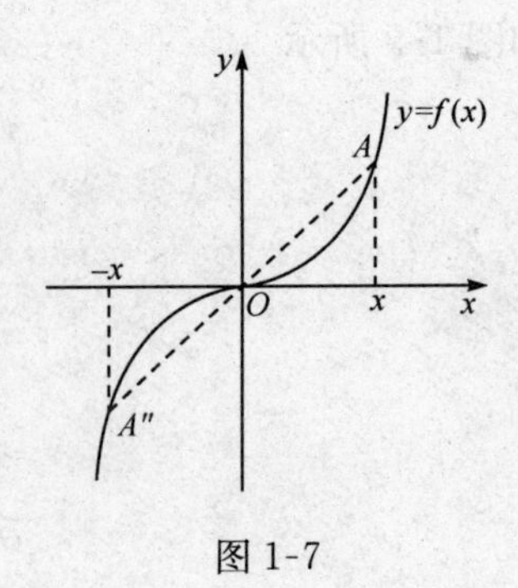

图 1-7

4. 周期性

设 $f(x)$ 的定义域为 D,如果 $\exists\, l\neq 0$,使得 $f(x+l)=f(x)(x,x+l\in D)$,则称 $f(x)$ 为周期函数,l 称为函数的周期. 通常,函数的周期被约定为最小正周期 T. 例如,$l=2k\pi(k=\pm1,\pm2,\cdots)$ 都是 $y=\sin x$ 的周期,但常说它的周期是 $T=2\pi$.

不是任一周期函数都有最小正周期. 例如,**狄利克雷函数**

$$y=D(x)=\begin{cases}1, & x\text{为无理数},\\0, & x\text{为有理数}.\end{cases}$$

任意有理数都是它的周期,但它是无最小正周期的周期函数.

1.4　反函数　复合函数　初等函数

1.4.1　反函数　复合函数

1. 反函数

设函数 $y=f(x)$ 的定义域为 D,若对 $\forall\, y\in f(D)$,$\exists$ 唯一 $x\in D$,使得 $y=f(x)$,这样就确定了一个以 y 为自变量的函数 x,称之为 $y=f(x)$ 的反函数,记作 $x=\varphi(y)$,也记作 $y=f^{-1}(x)$. 相对于反函数 $y=f^{-1}(x)$,函数 $y=f(x)$ 称为直接函数. $y=f(x)$ 和 $y=f^{-1}(x)$ 的图形关于直线 $y=x$ 对称(图 1-8).

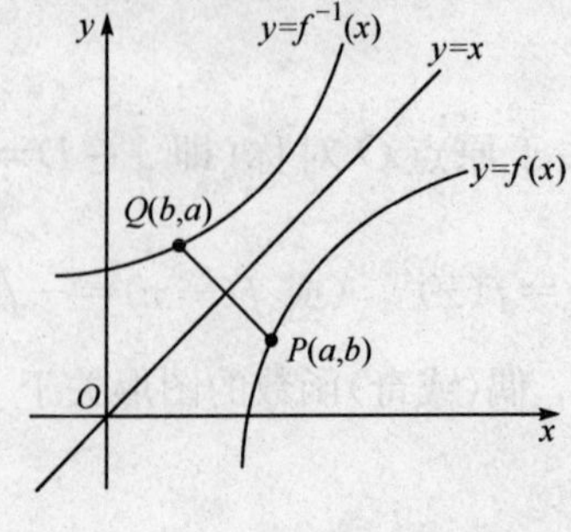

图 1-8

单调函数 $y=f(x)$一定存在反函数 $y=f^{-1}(x)$.

2. 复合函数

设函数 $y=f(u)$的定义域为 D_1,函数 $u=\varphi(x)$ 在 D_2 上有定义,并且

$$\varphi(D_2)=\{u|u=\varphi(x),x\in D_2\},$$

$$\varphi(D_2)\subset D_1,$$

则对于 $\forall x\in D_2$,由 $u=\varphi(x)$有确定的 u 与之对应,并且对于这个 u,通过 $y=f(u)$ 有确定的 y 与之对应,从而得到由 $y=f(u)$,$u=\varphi(x)$复合而成的复合函数,记作 $y=f\circ\varphi(x)=f(\varphi(x))$,$u$ 称为中间变量.

注 1.1 不是任意两个或两个以上的函数都复合成一个复合函数,如 $y=\ln u$ 与 $u=\sin x-2$ 就不能复合成一个复合函数.任一复合函数都可以分解成一些简单函数的复合,如函数 $y=\ln\left(\tan\frac{x}{2}\right)$可分解成 $y=\ln u$,$u=\tan v$,$v=\frac{x}{2}$.

1.4.2 初等函数

下列函数叫做初等函数:

(1) 基本初等函数.

$y=c,c\in\mathbf{R}$, $y=x^\mu,\mu\in\mathbf{R}$, $y=a^x,a>0,a\neq1$, $y=\log_a x,a>0,a\neq1$, $y=\sin x$, $y=\cos x$, $y=\tan x$, $y=\cot x$, $y=\sec x$, $y=\csc x$, $y=\arcsin x$, $y=\arccos x$, $y=\arctan x$, $y=\operatorname{arccot} x$, $y=\operatorname{arcsec} x$, $y=\operatorname{arc\,csc} x$,

它们在其有定义的全部区域上.

(2) 形如 $f+g,f-g,f\cdot g,\frac{f}{g},f\circ g$ 的函数,其中 f,g 都为初等函数.

例 1.2 $y=\sin x-x^2$, $y=2^x\tan 2x$, $y=|\sec x-\ln x|=\sqrt{(\sec x-\ln x)^2}$, 例 1.1中所给的函数,$y=\ln\left(\tan\frac{x}{2}\right)$,$y=\ln(x+\sqrt{1+x^2})$等都是初等函数.

1.4.3 基本初等函数图像汇集

(1) $y=x^\mu(\mu>0)$(图 1-9).

(2) $y=a^x(a>0,a\neq1)$(图 1-10).

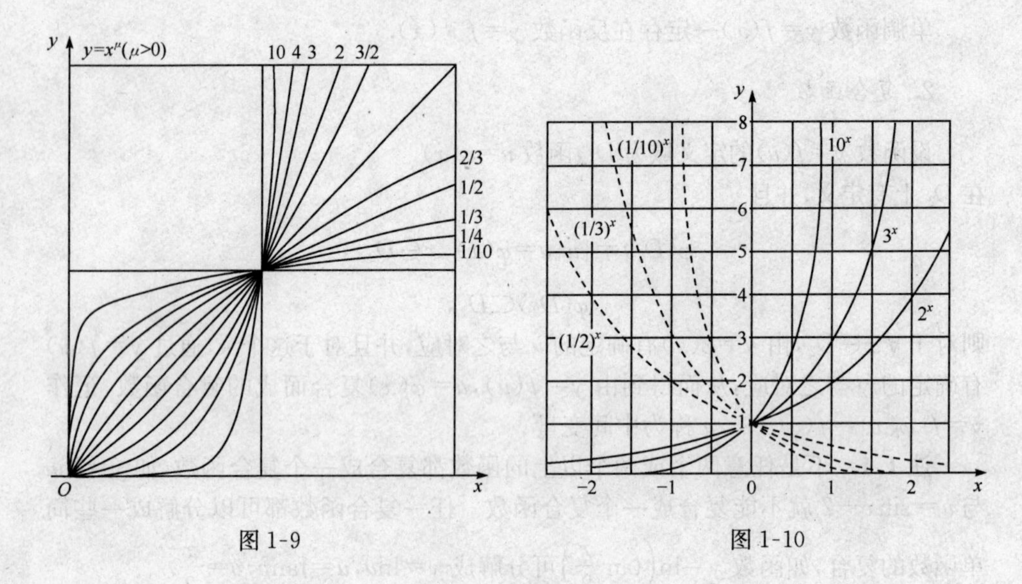

图 1-9　　　　图 1-10

(3) $y=\log_a x\ (a>0,a\neq 1)$(图 1-11).

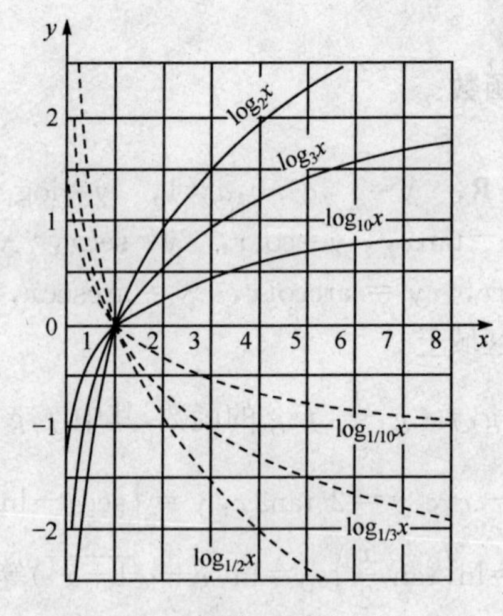

图 1-11

(4) $y=\sin x$($x\in\mathbf{R}$,x 表示弧度数)(图 1-12).

(5) $y=\arcsin x$($x\in[-1,13)$)(图 1-13).

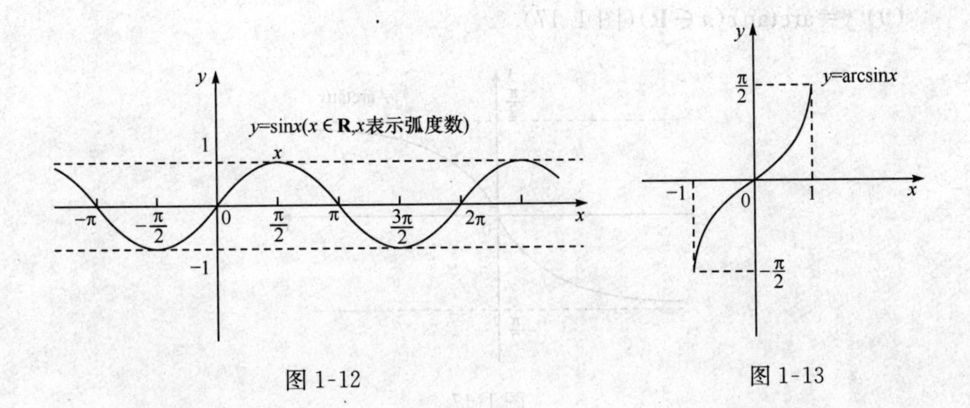

图 1-12　　　　图 1-13

(6) $y=\cos x(x\in\mathbf{R})$(图 1-14).

(7) $y=\arccos x(x\in[-1,1])$(图 1-15).

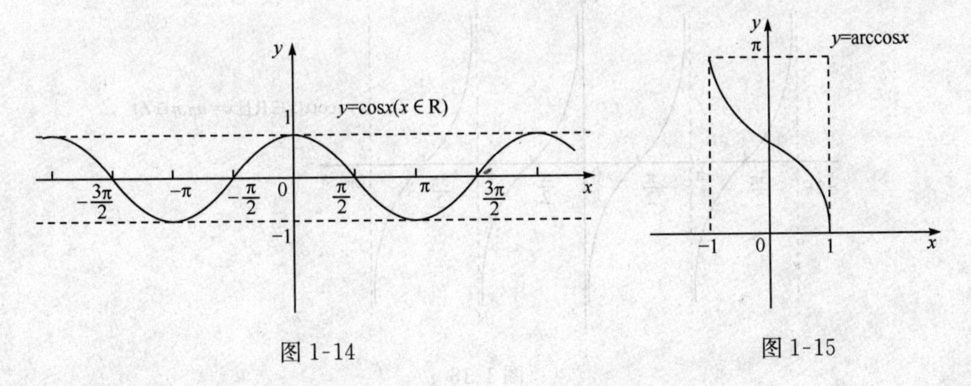

图 1-14　　　　图 1-15

(8) $y=\tan x(x\in\mathbf{R}$ 且 $x\neq n\pi+\dfrac{\pi}{2},n\in\mathbf{Z})$(图 1-16).

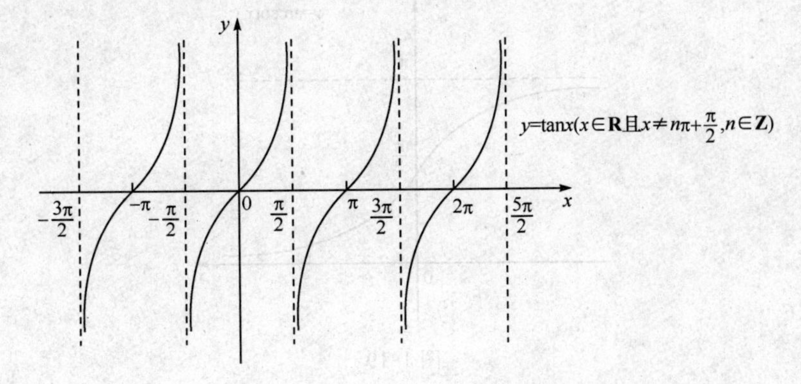

图 1-16

(9) $y=\arctan x(x\in\mathbf{R})$(图 1-17).

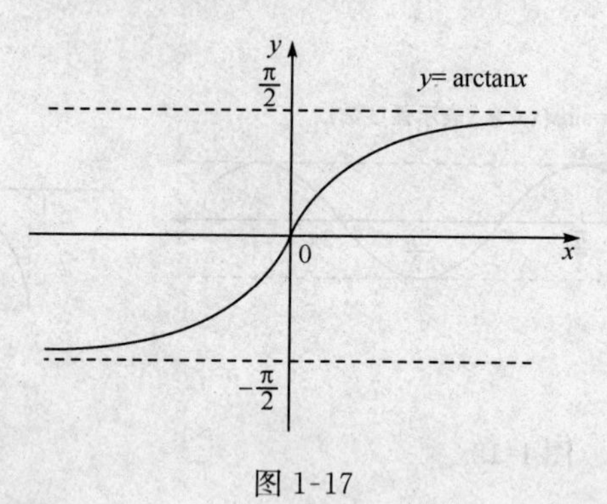

图 1-17

(10) $y=\cot x(x\in\mathbf{R}$ 且 $x\neq n\pi,n\in\mathbf{Z})$(图 1-18).

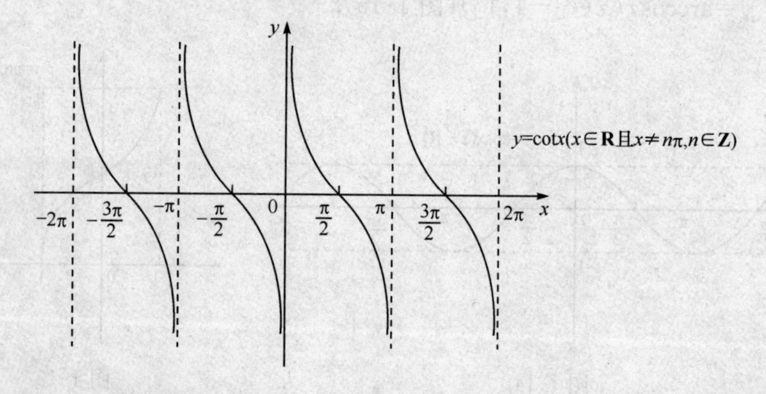

图 1-18

(11) $y=\operatorname{arccot}x(x\in\mathbf{R})$(图 1-19).

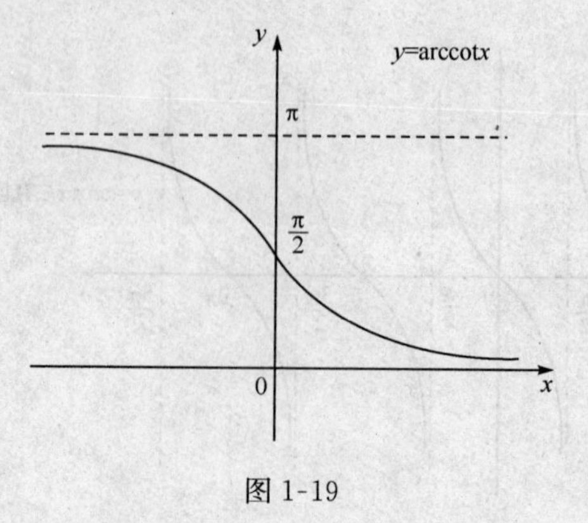

图 1-19

(12) $y=\sec x\left(x\in\mathbf{R}\text{ 且 }x\neq n\pi+\dfrac{\pi}{2},n\in\mathbf{Z}\right)$(图 1-20).

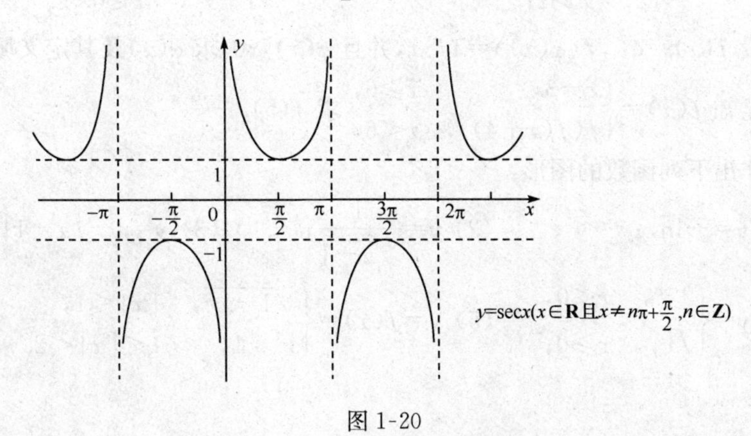

图 1-20

(13) $y=\csc x(x\in\mathbf{R}\text{ 且 }x\neq n\pi,n\in\mathbf{Z})$(图 1-21).

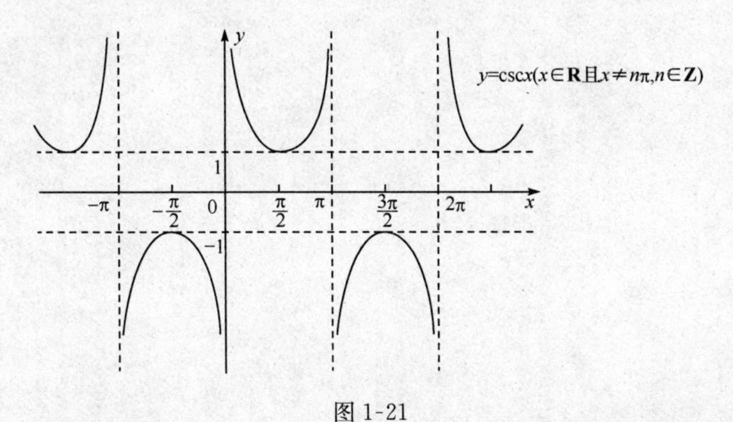

图 1-21

习 题 1

1. 下列各组函数是否相等？为什么？

(1) $f(x)=\cos(2\arcsin x)$ 与 $\varphi(x)=2x^2-1,x\in[-1,1]$；

(2) $f(x)=\begin{cases}x, & x\leqslant a,\\ a, & x>a\end{cases}$ 与 $\varphi(x)=\dfrac{1}{2}(a+x-|x-a|)$；

(3) $f(x)=\begin{cases}0, & x\leqslant 0,\\ x, & x>0\end{cases}$ 与 $\varphi(x)=f(f(x))$.

2. 下列分段函数都是初等函数,为什么？

(1) $f(x)=\begin{cases}x, & x\geqslant 0,\\ -x, & x<0;\end{cases}$　　(2) $f(x)=\begin{cases}-1, & x<0,\\ 1, & x>0\end{cases}$；

(3) $f(x)=\begin{cases}1, & x<1,\\ 2, & x>1;\end{cases}$ (4) $f(x)=\begin{cases}1-x^3, & x>0,\\ 1+x^3, & x\leqslant 0.\end{cases}$

3. 设 $f(x)=\mathrm{e}^{x^2}$, $f(\varphi(x))=1-x$,并且 $\varphi(x)\geqslant 0$,求 $\varphi(x)$ 及其定义域.

4. 已知 $f(x)=\begin{cases}x-3, & x\geqslant 6,\\ f(f(x+4)), & x<6,\end{cases}$ 求 $f(5)$.

5. 作出下列函数的图形:

(1) $y=-\ln x$; (2) $y=\dfrac{1}{\sqrt[3]{x-1}}$; (3) $y=1-|x-1|$;

(4) $y=\begin{cases}2^{-x}, & x<0,\\ \sqrt{x}, & x\geqslant 0;\end{cases}$ (5) $y=f(x)=\begin{cases}\sqrt{1-x^2}, & |x|\leqslant 1,\\ x^2-1, & 1<|x|<2.\end{cases}$

第 2 章　极限与函数的连续性

极限概念不仅是微积分学中的一个重要概念，同时在数学的函数论中也占有不可替代的地位．微积分学中的连续、导数、定积分等概念都是建立在极限概念的基础上的．本章主要介绍数列极限、函数极限及函数的连续性．

2.1　数列及其极限

2.1.1　数列

定义 2.1　无限多个数依照某种规则排列成的一列数 $x_1, x_2, \cdots, x_n, \cdots$ 称为**数列**，也记作 $\{x_n\}$，其中 x_1 称为**首项**，x_n 称为**第 n 项**，也称为**通项**或**一般项**．

通常说数列 $\{x_n\}$（或数列 x_n），就是指 $x_1, x_2, \cdots, x_n, \cdots$. 一个数列 x_n 可视为在正整数集上定义的函数 $x_n = f(n)$.

下面是两个数列的例子．数列 $\{2^n\}$ 是指 $2, 4, 8, \cdots, 2^n, \cdots$；数列 $\sqrt{n+(-1)^n}$ 是指 $0, \sqrt{3}, \sqrt{2}, \cdots, \sqrt{n+(-1)^n}, \cdots$.

2.1.2　数列的极限

古代哲学家庄周所著的《庄子·天下篇》引用过这样一句话："一尺之棰，日取其半，万世不竭．" 每天截下部分的长度如下：第 1 天是 $\frac{1}{2}$，第 2 天是 $\frac{1}{2} \cdot \frac{1}{2} = \frac{1}{2^2}$，第 3 天是 $\frac{1}{2} \cdot \frac{1}{2^2} = \frac{1}{2^3}$，第 n 天是 $\frac{1}{2} \cdot \frac{1}{2^{n-1}} = \frac{1}{2^n}$，……，从而得到数列 $\frac{1}{2}, \frac{1}{2^2}, \frac{1}{2^3}, \cdots, \frac{1}{2^n}, \cdots$. 数列 $\left\{\frac{1}{2^n}\right\}$ 的通项 $\frac{1}{2^n}$ 随着 n 的无限增大而无限地接近于零．

定义 2.2　对于数列 $\{x_n\}$，若 n 无限增大时，x_n 无限地接近一个常数 a，则称数列 $\{x_n\}$ 为收敛数列，常数 a 称为它的极限，记作 $\lim\limits_{n\to\infty} x_n = a$ 或 $x_n \to a\ (n\to\infty)$；否则，称数列 $\{x_n\}$ 不是收敛数列，也称为发散数列或 $\lim\limits_{n\to\infty} x_n$ 不存在．

由定义 2.2 可知，$\lim\limits_{n\to\infty} \frac{1}{2^n} = 0$，所以 $\left\{\frac{1}{2^n}\right\}$ 是收敛数列；$\lim\limits_{n\to\infty} 2^n$ 不存在，所以 $\{2^n\}$ 为发散数列．

需要提出的是，上面关于"收敛数列"的说法，并不是数学中的严格定义，而仅是一种"定性"的说法，如何用数学语言把它精确地定义下来？下面进一步介绍．

上面对$\lim\limits_{n\to\infty}x_n=a$的定性说法可理解如下：$x_n$与$a$的差的绝对值$|x_n-a|$可小于任意的正常数ε，只要$n$充分大．例如，数列$\left\{1+\frac{1}{n}\right\}$，要使$\left|1+\frac{1}{n}-1\right|<0.1$，只要$n>10$即可；要使$\left|1+\frac{1}{n}-1\right|<0.01$，只要$n>100$即可；对于无论多小的正数ε，要使$\left|1+\frac{1}{n}-1\right|<\varepsilon$，只要$n>\frac{1}{\varepsilon}$即可．这样看来，数列的极限应有如下精确的"定量"定义：

定义 2.2　对于任意给定的正常数ε，总存在正整数N，使得当$n>N$时，都有$|x_n-a|<\varepsilon$，则称数列$\{x_n\}$**收敛**于a，或称a为数列$\{x_n\}$的**极限**，记作$\lim\limits_{n\to\infty}x_n=a$或$x_n\to a(n\to\infty)$．

$\lim\limits_{n\to\infty}x_n=a$的几何解释如下：对于任意给定的正常数ε，数列$x_n$从某第$N$项之后的所有项都落入$a$的ε邻域内(图 2-1)．

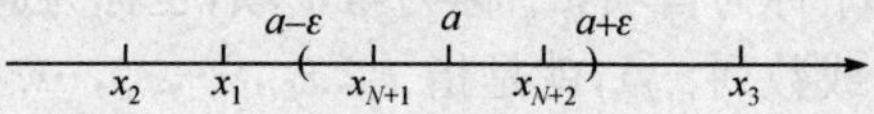

图 2-1

如上关于极限精确的"定量"定义可用符号写成

$\lim\limits_{n\to\infty}x_n=a\Leftrightarrow x_n\to a(n\to\infty)\Leftrightarrow\forall\varepsilon>0,\exists N\in\mathbf{Z}^+$，当$n>N$时有$|x_n-a|<\varepsilon$.

例 2.1　利用定义证明$\lim\limits_{n\to\infty}\frac{2n+1}{n}=2$.

证　要使$\left|\frac{2n+1}{n}-2\right|=\frac{1}{n}<\varepsilon(\varepsilon>0)$，只要取$n>\frac{1}{\varepsilon}$. 因此，对于任意给定的$\varepsilon>0$，取正整数$N=\left[\frac{1}{\varepsilon}\right]$，当$n>N$时，$|x_n-2|<\varepsilon$恒成立，所以$\lim\limits_{n\to\infty}\frac{2n+1}{n}=2$.

例 2.2　利用定义证明$\lim\limits_{n\to\infty}q^n=0$，其中$|q|<1,q\neq0$.

证　要使$|q^n-0|=|q|^n<\varepsilon$成立，只要$n\lg|q|<\lg\varepsilon$，即$n>\frac{\lg\varepsilon}{\lg|q|}$. 因此，$\forall\varepsilon>0$，取正整数$N=\left[\left|\frac{\lg\varepsilon}{\lg|q|}\right|\right]$，当$n>N$时，$|x_n-0|<\varepsilon$恒成立，所以$\lim\limits_{n\to\infty}q^n=0$.

2.1.3　数列极限的性质

定理 2.1　收敛数列的极限是唯一的．

证　用反证法．假设同时有$x_n\to a$和$x_n\to b$，并且$a<b$，取$\varepsilon=\frac{b-a}{2}$，因为$\lim\limits_{n\to\infty}x_n=a$，故存在正整数$N_1$，当$n>N_1$时，不等式

$$|x_n-a|<\frac{b-a}{2} \tag{2.1}$$

成立；因为$\lim\limits_{n\to\infty}x_n=b$，故存在正整数 N_2，当 $n>N_2$ 时，不等式

$$|x_n-b|<\frac{b-a}{2} \tag{2.2}$$

成立．因此，取 $N=\max\{N_1,N_2\}$，当 $n>N$ 时，式(2.1)和式(2.2)同时成立，但由式(2.2)有 $x_n<\frac{a+b}{2}$，由式(2.1)有 $x_n>\frac{a+b}{2}$，这是不可能的．定理得证．

定理 2.2　收敛数列一定是有界数列．

证　略．

由定理 2.2 可知，**无界数列一定是发散的，但有界数列不一定收敛**．例如，数列$\{(-1)^n\}$有界，但不收敛．

$\{x_n\}$为有界数列是指 $x_n=f(n)$是定义在 $\mathbf{Z}^+$ 上的有界函数．

在数列$\{x_n\}$中任意抽取无限多项，并保持原有的次序而组成的新数列称为**子数列**（或**子列**）．设在数列$\{x_n\}$中，第一次抽取 x_{n_1}，第二次在 x_{n_1} 后抽取 x_{n_2}，第三次在 x_{n_2} 后抽取 x_{n_3}，……无休止地抽取下去，得到一个数列 $x_{n_1},x_{n_2},\cdots,x_{n_k},\cdots$，这个数列$\{x_{n_k}\}$就是$\{x_n\}$的一个子数列．该子数列的第 k 项恰好是原数列的第 n_k 项，并且有 $n_k\geqslant k$.

定理 2.3　如果数列$\{x_n\}$收敛于 a，那么它的任一子数列也收敛，并且极限也是 a.

*__证__　设数列$\{x_{n_k}\}$是数列$\{x_n\}$的任一子数列，由于 $\lim\limits_{n\to\infty}x_n=a$，故 $\forall\varepsilon>0$，总存在正整数 N，使得当 $n>N$ 时，都有$|x_n-a|<\varepsilon$ 成立．取 $K=N$，则当 $k>K$ 时，$n_k>n_K=n_N\geqslant N$，于是$|x_{n_k}-a|<\varepsilon$，这就证明了$\lim\limits_{k\to\infty}x_{n_k}=a$.

由定理 2.3 可知，若$\{x_n\}$有一个子列发散或有两个子列有不同的极限，则$\{x_n\}$发散．

例 2.3　设 $x_n=(-1)^n$，证明$\{x_n\}$发散．

证　此处 $x_{2k}\equiv1\to1$，$x_{2k-1}\equiv-1\to-1$，因此，数列 $x_n=(-1)^n$ 是发散的．

2.2　函数的极限

数列是定义在正整数集合上的函数，它的极限只是一种特殊函数的极限．现在讨论定义于实数集合上的函数 $y=f(x)$的极限．

2.2.1　函数极限的定义

1．当 x 趋于无穷时，函数 $f(x)$的极限

记号 $x\to\infty$，$x\to+\infty$，$x\to-\infty$分别表示$|x|$，x，$-x$ 的变化是无限地增大．

定义 2.3(定性的)　当$|x|$无限增大(x为正的很大或负的很小)时，$f(x)$无限地接近一个常数a,则称函数$f(x)$当x无限增大时以a为极限,记作$\lim\limits_{x\to\infty}f(x)=a$或$f(x)\to a(x\to\infty)$;否则，称函数$f(x)$当$x$无限增大时没有极限,或$\lim\limits_{x\to\infty}f(x)$不存在.

定义 2.3(定量的)　如果对任意给定的$\varepsilon>0$,总存在一个$X>0$,使得当$|x|>X$时,都有$|f(x)-a|<\varepsilon$, 则称当$x\to\infty$时,函数$f(x)$以常数a为极限,记作$\lim\limits_{x\to\infty}f(x)=a$或$f(x)\to a(x\to\infty)$,即

$$\lim_{x\to\infty}f(x)=a\Leftrightarrow f(x)\to a(x\to\infty)\Leftrightarrow \forall\varepsilon>0,\exists X>0,\text{当}|x|>X\text{时有}|f(x)-a|<\varepsilon.$$

类似地,可以给出$x\to+\infty$或$x\to-\infty$时,函数$f(x)$以常数a为极限的定性和定量的定义.

$\lim\limits_{x\to+\infty}f(x)=a$(或$\lim\limits_{x\to-\infty}f(x)=a$)是指$x$(或$-x$)无限增大时,$f(x)$无限地接近常数$a$,即

$$\lim_{x\to+\infty}f(x)=a\Leftrightarrow f(x)\to a(x\to+\infty)$$
$$\Leftrightarrow\forall\varepsilon>0,\exists X>0,\text{当}x>X\text{时有}|f(x)-a|<\varepsilon,$$
$$\lim_{x\to-\infty}f(x)=a\Leftrightarrow f(x)\to a(x\to-\infty)$$
$$\Leftrightarrow\forall\varepsilon>0,\exists X>0,\text{当}x<-X\text{时有}|f(x)-a|<\varepsilon,$$

并且

$$\lim_{x\to\infty}f(x)=a\Leftrightarrow\lim_{x\to+\infty}f(x)=\lim_{x\to-\infty}f(x)=a.$$

$\lim\limits_{x\to+\infty}f(x)=a$的几何意义如下:对于任意给定的$\varepsilon>0$,作直线$y=a-\varepsilon$和$y=a+\varepsilon$,则总存在$X>0$,使得当$x<-X$和$x>X$时,函数$y=f(x)$的图像都位于这两条直线之间,或者说,函数值$f(x)$都落入$a$的$\varepsilon$邻域内(图 2-2).

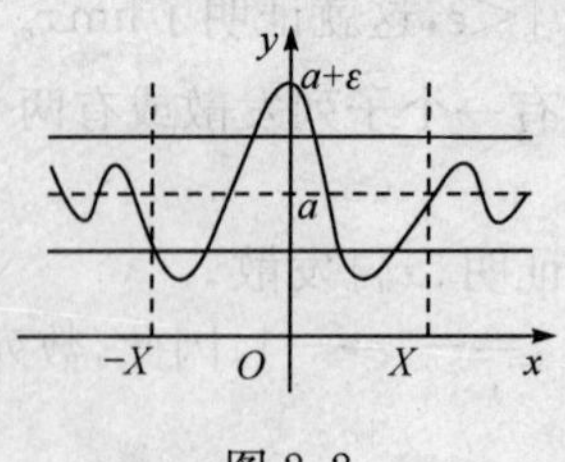

图 2-2

例 2.4　用定义证明$\lim\limits_{x\to\infty}\dfrac{1}{x}=0$.

证　要使$|f(x)-0|=\left|\dfrac{1}{x}\right|=\dfrac{1}{|x|}<\varepsilon(\varepsilon>0)$,只要取$|x|>\dfrac{1}{\varepsilon}$即可. 取$X=\dfrac{1}{\varepsilon}$,则当$|x|>X$时,总有$\left|\dfrac{1}{x}-0\right|<\varepsilon$成立,所以$\lim\limits_{x\to\infty}\dfrac{1}{x}=0$.

2. 当 $x \to x_0$ 时，函数 $f(x)$ 的极限与单侧极限

记号 $x \to x_0$ 和 $x \to x_0+0$（或 $x \to x_0-0$）表示 x 的变化分别为无限趋近于 x_0 和大于（或小于）x_0 而无限趋近于 x_0.

考察函数 $y=f(x)=\dfrac{x^2-1}{x-1}$（图 2-3）. 当 $x \neq 1$ 时，要使 $|f(x)-2|=\left|\dfrac{x^2-1}{x-1}-2\right|=|x-1|$ 很小，只要 x 与 1 很接近即可，也即当 x 趋于 1 时，$y=f(x)=\dfrac{x^2-1}{x-1}$ 与 2 接近.

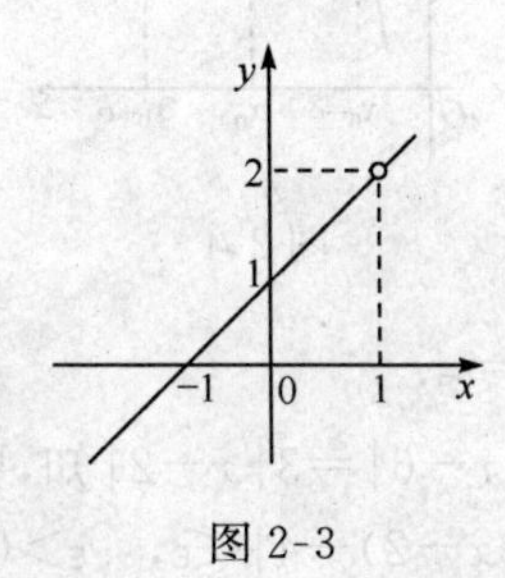

图 2-3

一般地，可抽象给出如下定义：

定义 2.4　设 $f(x)$ 在 x_0 点的某个去心领域内有定义，a 是一个常数. 若对任意给定的 $\varepsilon>0$，存在 $\delta>0$，当 $0<|x-x_0|<\delta$ 时有

$$|f(x)-a|<\varepsilon,$$

则称 a 为函数 $f(x)$ 当 x 趋于 x_0 时的极限，记为

$$\lim_{x \to x_0} f(x)=a \quad 或 \quad f(x) \to a(x \to x_0);$$

否则，称函数 $f(x)$ 当 $x \to x_0$ 时没有极限，或 $\lim\limits_{x \to x_0} f(x)$ 不存在.

类似地，可以给出当 $x \to x_0$ 时 $f(x)$ 的**右极限**（或**左极限**）定义.

$\lim\limits_{x \to x_0^+} f(x)=f(x_0+0)=a$（或 $\lim\limits_{x \to x_0^-} f(x)=f(x_0-0)=a$）是指当 $x \to x_0+0$（或 $x \to x_0-0$）时，$f(x)$ 无限地接近 a，称 a 为当 $x \to x_0$ 时 $f(x)$ 的右极限（或左极限），也记作 $f(x) \to a(x \to x_0+0)$（或 $f(x) \to a(x \to x_0-0)$）. $f(x)$ 的右、左极限称为**单侧极限**，也即

$$\lim_{x \to x_0^+} f(x)=f(x_0+0)=a \Leftrightarrow f(x) \to a(x \to x_0+0)$$

$$\Leftrightarrow \forall \varepsilon>0, \exists \delta>0, 当 x_0<x<x_0+\delta 时有 |f(x)-a|<\varepsilon;$$

$$\lim_{x \to x_0^-} f(x)=f(x_0-0)=a \Leftrightarrow f(x) \to a(x \to x_0-0)$$

$$\Leftrightarrow \forall \varepsilon>0, \exists \delta>0, 当 x_0-\delta<x<x_0 时有 |f(x)-a|<\varepsilon.$$

并且有如下定理:

定理 2.4 $\lim\limits_{x\to x_0}f(x)=a \Leftrightarrow \lim\limits_{x\to x_0^+}f(x)=\lim\limits_{x\to x_0^-}f(x)=a.$

$\lim\limits_{x\to x_0}f(x)=a$ 的几何意义如下:任给 $\varepsilon>0$,必存在 $\delta>0$,使得在两垂线 $x=x_0-\delta$ 与 $x=x_0+\delta$ 之间所夹的函数图像完全落在直线 $y=a-\varepsilon$ 与 $y=a+\varepsilon$ 之间的带子里(x_0 点除外),或者说,函数值 $f(x)$ 都落入 a 的 ε 邻域内(图 2-4).

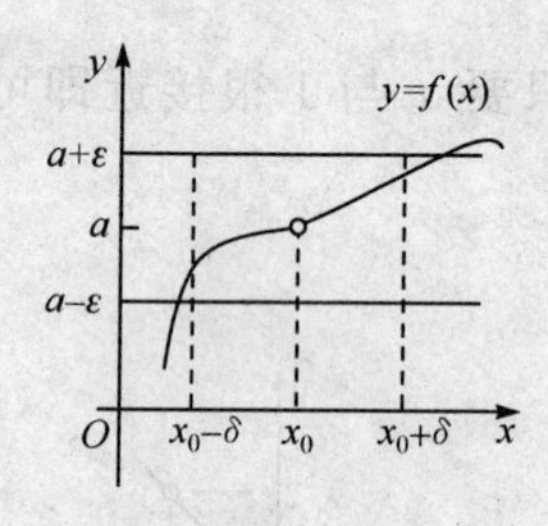

图 2-4

例 2.5 证明 $\lim\limits_{x\to 2}(3x-2)=4$.

证 由 $|(3x-2)-4|=|3x-6|=3|x-2|$ 知,要使

$$|(3x-2)-4|<\varepsilon,\quad \varepsilon>0,$$

只要 $3|x-2|<\varepsilon$,即 $|x-2|<\dfrac{\varepsilon}{3}$. 对任给 $\varepsilon>0$,取 $\delta=\dfrac{\varepsilon}{3}$,则当 $0<|x-2|<\delta$ 时,有 $|(3x-2)-4|<\varepsilon$ 成立,所以 $\lim\limits_{x\to 2}(3x-2)=4$.

例 2.6 证明 $\lim\limits_{x\to a}\sqrt{x}=\sqrt{a}$,其中 $a>0$.

证 由于

$$\left|\sqrt{x}-\sqrt{a}\right|=\frac{|x-a|}{\sqrt{x}+\sqrt{a}}\leqslant\frac{|x-a|}{\sqrt{a}},$$

要使

$$|\sqrt{x}-\sqrt{a}|<\varepsilon,\quad \varepsilon>0,$$

只要 $|x-a|<\sqrt{a}\varepsilon$. 对任给 $\varepsilon>0$,取 $\delta=\min\{\sqrt{a}\varepsilon,a\}$,则当 $0<|x-a|<\delta$ 时有 $|\sqrt{x}-\sqrt{a}|\leqslant\dfrac{|x-a|}{\sqrt{a}}<\varepsilon$ 成立,所以 $\lim\limits_{x\to a}\sqrt{x}=\sqrt{a}$.

注 2.1 此处若取 $\delta=\sqrt{a}\varepsilon$,在 $0<|x-a|<\delta$ 中的 x 不能确保为非负数,从而不保证 $|\sqrt{x}-\sqrt{a}|$ 总有意义.

例 2.7 设

$$f(x)=\begin{cases}1, & x<0,\\ x, & x\geqslant 0,\end{cases}$$

判断 $f(x)$ 在 $x=0$ 点的极限是否存在.

解 因为

$$\lim_{x\to0^-}f(x)=\lim_{x\to0^-}1=1,\quad \lim_{x\to0^+}f(x)=\lim_{x\to0^+}x=0,$$

所以，$\lim\limits_{x\to0^-}f(x)\neq\lim\limits_{x\to0^+}f(x)$. 由定理2.4知，$f(x)$在$x=0$点的极限不存在.

注2.2　关于极限的定义2.2～定义2.4也常说成是极限的ε-N，ε-X或ε-δ语言表述.

2.2.2　函数极限的性质

下面将介绍函数极限的一些性质. 由于函数极限的定义按自变量的变化过程不同有各种形式，下面仅以$\lim\limits_{x\to x_0}f(x)$为代表给出关于函数极限性质的一些定理. 其他形式的极限性质及其证明，只要相应作一些修改即可.

定理2.5（唯一性）　如果$\lim\limits_{x\to x_0}f(x)$存在，则必定唯一.

证　略.

定理2.6（局部有界性）　若$\lim\limits_{x\to x_0}f(x)$存在，则$\exists$常数$M>0$和$\delta>0$，使得当$0<|x-x_0|<\delta$时有$|f(x)|\leqslant M$.

证　设$\lim\limits_{x\to x_0}f(x)=A$. 取$\varepsilon=1$，则$\exists\varepsilon>0$，当$0<|x-x_0|<\delta$时有

$$|f(x)-A|<1\Rightarrow|f(x)|\leqslant|f(x)-A|+|A|<|A|+1.$$

证毕.

定理2.7（局部保号性）　若$\lim\limits_{x\to x_0}f(x)=A$且$A>0$（或$A<0$），则$\exists$常数$\delta>0$，使得当$0<|x-x_0|<\delta$时有$f(x)>0$（或$f(x)<0$）.

证*　设$A>0$，对取$\varepsilon=\dfrac{A}{2}>0$，则$\exists\delta>0$，当$0<|x-x_0|<\delta$时有$|f(x)-A|<\dfrac{A}{2}$，进而有$f(x)>A-\dfrac{A}{2}=\dfrac{A}{2}>0$，结论得证.

对于$A<0$的情形可类似地证明.

推论2.1（局部保序性）　设$\lim\limits_{x\to x_0}f(x)=A$，若存在常数$\delta>0$，使得当$0<|x-x_0|<\delta$时$f(x)>0$（或$f(x)<0$），则$A\geqslant0$（或$A\leqslant0$）.

定理2.8（海涅定理）　若极限$\lim\limits_{x\to x_0}f(x)$存在，$\{x_n\}$为函数$f(x)$的定义域内任一收敛于$x_0$的数列，并且满足$x_n\neq x_0\,(n\in\mathbf{N}^+)$，则相应的函数值数列$\{f(x_n)\}$必收敛，并且$\lim\limits_{n\to\infty}f(x_n)=\lim\limits_{x\to x_0}f(x)$.

证　略.

用定理2.8可以方便地确定某些函数的极限不存在.

例2.8　证明函数$f(x)=\sin\dfrac{1}{x}$当$x\to0$时的极限不存在.

证 取 $x_n=\dfrac{1}{2n\pi+\dfrac{\pi}{2}}$,则 $x_n\to 0,x_n\neq 0$,而 $f(x_n)\equiv 1$,即 $f(x_n)\to 1$. 但取 $x_n=\dfrac{1}{2n\pi-\dfrac{\pi}{2}}$时,$f(x_n)\equiv -1$,则 $f(x_n)\to -1$. 于是当 $x\to 0$ 时,$f(x)$的极限不存在.

2.2.3 无穷大量与无穷小量

1. 无穷大量

如果函数 $f(x)$当自变量 x 在某一趋势($x\to x_0$,$x\to x_0^-$,$x\to x_0^+$,$x\to\infty$,$x\to -\infty$,$x\to +\infty$)时,对应的函数值的绝对值$|f(x)|$无限增大,则称函数 $f(x)$为这个趋势时的**无穷大量**. 以 $x\to x_0$ 为例,定量地用 ε-M 语言叙述即为如下定义:

定义 2.5 如果对于任意给定的正数 M,存在正数 δ,使得当 $0<|x-x_0|<\delta$ 时,恒有$|f(x)|>M$ 成立,则称函数 $f(x)$为当 $x\to x_0$ 时的无穷大量,记作

$$\lim_{x\to x_0}f(x)=\infty \quad 或 \quad f(x)\to\infty(x\to x_0),$$

也称,当 $x\to x_0$ 时,$f(x)$的极限为无穷大量.

例如,

$$\lim_{x\to 1}\frac{1}{x-1}=\infty,\quad \lim_{x\to 0^+}\ln x=-\infty,\quad \lim_{x\to +\infty}e^x=+\infty.$$

2. 无穷小量

如果函数 $f(x)$当自变量 x 在某一趋势($x\to x_0$,$x\to x_0^-$,$x\to x_0^+$,$x\to\infty$,$x\to -\infty$,$x\to +\infty$)时的极限为 0,则称函数 $f(x)$为这个趋势时的**无穷小量**.

例如,$\lim\limits_{x\to 0}\sin x=0 \Rightarrow f(x)=\sin x$ 是 $x\to 0$ 时的无穷小量,

$\lim\limits_{x\to 0^+}\sqrt{x}=0 \Rightarrow f(x)=\sqrt{x}$是 $x\to 0^+$ 时的无穷小量,

$\lim\limits_{n\to\infty}\dfrac{1}{n^2}=0 \Rightarrow x_n=\dfrac{1}{n^2}$是 $n\to\infty$时的无穷小量.

下面给出若干定理,对 $x\to x_0$($x\to x_0^-$,$x\to x_0^+$,$x\to\infty$,$x\to -\infty$,$x\to +\infty$)皆成立,这里只叙述内容,其证明略去.

定理 2.9 在同一极限过程中,有限多个无穷小量的和与差仍为无穷小量.

定理 2.10 无穷小量与有界函数的乘积为无穷小量.

推论 2.2 常数与无穷小量的乘积仍为无穷小量.

推论 2.3 有限个无穷小量的乘积仍为无穷小量.

定理 2.11 $\lim u=A \Leftrightarrow u=A+\alpha(\lim\alpha=0)$.

例 2.9　求$\lim\limits_{x\to 0} x\sin\dfrac{1}{x}$.

解　因为$\left|\sin\dfrac{1}{x}\right|\leqslant 1$,并且$\lim\limits_{x\to 0}x=0$,所以由定理 2.10 知,$x\sin\dfrac{1}{x}$是无穷小量,所以$\lim\limits_{x\to 0}x\sin\dfrac{1}{x}=0$.

3. 无穷大量与无穷小量的关系

定理 2.12　(1) 若 $f(x)$在$\mathring{U}(x_0)$内有定义且不等于 0,$f(x)$为 $x\to x_0$ 时的无穷小量,则$\dfrac{1}{f(x)}$为 $x\to x_0$ 时的无穷大量;(2) 若 $f(x)$为 $x\to x_0$ 时的无穷大量,则$\dfrac{1}{f(x)}$为 $x\to x_0$ 时的无穷小量.

证　(1) 设 $f(x)$为 $x\to x_0$ 时的无穷小量,则对于任意给定的 $X>0$,若令 $\varepsilon=\dfrac{1}{X}$,由于$\lim\limits_{x\to x_0}f(x)=0$,存在 $\delta>0$,使得当 $0<|x-x_0|<\delta$ 时有

$$|f(x)|<\varepsilon=\frac{1}{X},\text{即}\left|\frac{1}{f(x)}\right|>X.$$

由无穷大量的定义,$\lim\limits_{x\to x_0}\dfrac{1}{f(x)}=\infty$,于是(1) 得证.

同理可证(2).

定理 2.12 对 $x\to x_0^-$,$x\to x_0^+$,$x\to\infty$,$x\to-\infty$,$x\to+\infty$的情形同样成立,只要在命题相应部分作适当修改即可,证明过程类似.

例 2.10　求 $\lim\limits_{x\to 0^+}\dfrac{1}{\sqrt{x}}$.

解　因为 $\lim\limits_{x\to 0^+}\sqrt{x}=0$,由定理 2.12 知,$\lim\limits_{x\to 0^+}\dfrac{1}{\sqrt{x}}=+\infty$.

习　题　2.2

1. 用极限的定义证明下列极限:

(1) $\lim\limits_{n\to\infty}\dfrac{1}{\sqrt{n}}=0$;　　(2) $\lim\limits_{x\to\infty}\dfrac{1+x^3}{2x^3}=\dfrac{1}{2}$;

(3) $\lim\limits_{x\to 0}x\sin\dfrac{1}{x}=0$;　(4) $\lim\limits_{x\to -3}\dfrac{x^2-9}{x+3}=-6$.

2. 设 $x_n=\sin\dfrac{n\pi}{2}$,证明$\{x_n\}$的极限不存在.

3. 设 $f(x)=\frac{|x|}{x}$,证明当 $x\to 0$ 时,$f(x)$的极限不存在.

4. 设

$$f(x)=\begin{cases}\cos x, & x>0,\\ x\sin\frac{1}{x}, & x<0,\end{cases}$$ 证明当 $x\to 0$ 时,$f(x)$的极限不存在.

5. 设

$$f(x)=\begin{cases}\frac{1}{x^2}, & x<0,\\ x^2-2x, & 0\leqslant x\leqslant 2,\\ 3x-6, & x>2,\end{cases}$$

讨论当 $x\to 0$,$x\to 1$ 和 $x\to 2$ 时,$f(x)$的极限是否存在,并求 $\lim\limits_{x\to-\infty}f(x)$和 $\lim\limits_{x\to+\infty}f(x)$.

6. 在下列各题中,指出当 $x\to 0$ 时,哪些是无穷大量,哪些是无穷小量,哪些既不是无穷大量,也不是无穷小量:

(1) $2x^2$;　(2) $\frac{2}{x^2}$;　(3) $\frac{x-1}{x+1}$;　(4) $x\cos\frac{1}{x}$;

(5) 0;　(6) $\frac{x^2}{x}$;　(7) $\frac{1}{2^x}$;　(8) 2^x-1.

2.3 极限的计算

约定:记号"lim"表示函数或数列在各种情况下的极限.

2.3.1 极限运算法则

定理 2.13 设 u,v 为同一自变量的函数,并在同一极限过程中都有极限,$\lim u=A$,$\lim v=B$,则

(1) $\lim(u\pm v)=\lim u\pm\lim v=A\pm B$;

(2) $\lim(uv)=(\lim u)(\lim v)=AB$;

(3) $\lim\frac{u}{v}=\frac{\lim u}{\lim v}=\frac{A}{B}(B\neq 0)$.

这里以(2)的证明为例,注意无穷小方法的应用.

证 (2) 因为$\lim u=A$,$\lim v=B$,所以

$$u=A+\alpha,\quad v=B+\beta,\quad \lim\alpha=\lim\beta=0,$$

于是

$$uv=(A+\alpha)(B+\beta)=AB+(\alpha B+\beta A+\alpha\beta),$$
$$\lim(\alpha B+\beta A+\alpha\beta)=0,$$

所以

$$\lim(uv)=AB=(\lim u)(\lim v).$$

推论 2.4　如果$\lim u$存在，c为常数，则$\lim cu=c\lim u$.

推论 2.5　对于任意正整数 n，$\lim\limits_{x\to x_0}x^n=(\lim\limits_{x\to x_0}x)^n=x_0^n$.

例 2.11　设 $P(x)=a_0x^n+a_1x^{n-1}+\cdots+a_n$ 为多项式函数，计算$\lim\limits_{x\to x_0}P(x)$.

解　$$\begin{aligned}\lim_{x\to x_0}P(x)&=a_0\lim_{x\to x_0}x^n+a_1\lim_{x\to x_0}x^{n-1}+\cdots+\lim_{x\to x_0}a_n\\&=a_0{x_0}^n+a_1{x_0}^{n-1}+\cdots+a_n=P(x_0).\end{aligned}$$

例 2.12　设 $R(x)=\dfrac{P(x)}{Q(x)}$为有理分式函数，其中 $P(x)$和 $Q(x)$为多项式函数，并且 $Q(x_0)\neq0$，求$\lim\limits_{x\to x_0}R(x)$.

解　因为

$$\lim_{x\to x_0}P(x)=P(x_0),\quad \lim_{x\to x_0}Q(x)=Q(x_0)\neq0,$$

所以

$$\lim_{x\to x_0}R(x)=\lim_{x\to x_0}\frac{P(x)}{Q(x)}=\frac{\lim\limits_{x\to x_0}P(x)}{\lim\limits_{x\to x_0}Q(x)}=\frac{P(x_0)}{Q(x_0)}=R(x_0).$$

例 2.13　设 $a_0\neq0,b_0\neq0,m,n$ 为非负整数，证明

$$\lim_{x\to\infty}\frac{a_0x^n+a_1x^{n-1}+\cdots+a_n}{b_0x^m+b_1x^{m-1}+\cdots+b_m}=\begin{cases}\dfrac{a_0}{b_0}, & n=m,\\ 0, & n<m,\\ \infty, & n>m.\end{cases}$$

证　由于

$$\frac{a_0x^n+a_1x^{n-1}+\cdots+a_n}{b_0x^m+b_1x^{m-1}+\cdots+b_m}=x^{n-m}\frac{a_0+\dfrac{a_1}{x}+\cdots+\dfrac{a_n}{x^n}}{b_0+\dfrac{b_1}{x}+\cdots+\dfrac{b_m}{x^m}},$$

并且

$$\lim_{x\to\infty}\frac{a_0+\dfrac{a_1}{x}+\cdots+\dfrac{a_n}{x^n}}{b_0+\dfrac{b_1}{x}+\cdots+\dfrac{b_m}{x^m}}=\frac{a_0}{b_0},\quad \lim_{x\to\infty}x^{n-m}=\begin{cases}1, & n=m,\\ 0, & n<m,\\ \infty, & n>m,\end{cases}$$

所以由乘积的运算法则便得所要证明的结果.

例 2.14　求$\lim\limits_{x\to3}\dfrac{3x}{x^2-9}$.

解　因为 $\lim\limits_{x\to3}(x^2-9)=0$，所以不能直接使用定理 2.13，但是 $\lim\limits_{x\to3}3x=9\neq0$，

所以

$$\lim_{x\to3}\frac{x^2-9}{3x}=\frac{\lim\limits_{x\to3}(x^2-9)}{\lim\limits_{x\to3}3x}=0,$$

结合定理 2.12 可知,$\lim\limits_{x\to3}\dfrac{3x}{x^2-9}=\infty$.

一般地有

$$\lim f(x)=A\neq0 \text{ 且 } \lim g(x)=0 \Rightarrow \lim\frac{f(x)}{g(x)}=\infty.$$

例 2.15 求$\lim\limits_{x\to2}\dfrac{x-2}{x^2-4}$.

解 因为

$$\lim_{x\to2}(x^2-4)=0,\quad \lim_{x\to2}(x-2)=0,$$

所以不能直接使用定理 2.13. 先化简,再利用除法计算极限,得

$$\lim_{x\to2}\frac{x-2}{x^2-4}=\lim_{x\to2}\frac{x-2}{(x-2)(x+2)}=\lim_{x\to2}\frac{1}{x+2}=\frac{1}{4}.$$

例 2.16 求$\lim\limits_{x\to1}\left(\dfrac{1}{1-x}-\dfrac{2}{1-x^2}\right)$.

解 因为

$$\lim_{x\to1}\left(\frac{1}{1-x}\right)=\infty,\quad \lim_{x\to1}\left(\frac{2}{1-x^2}\right)=\infty,$$

这两个极限均不存在,所以不能直接使用定理 2.13. 先化简,再利用除法计算极限,得

$$\begin{aligned}\lim_{x\to1}\left(\frac{1}{1-x}-\frac{2}{1-x^2}\right)&=\lim_{x\to1}\frac{-x^2+2x-1}{(1-x)(1-x^2)}=\lim_{x\to1}\frac{-(x-1)^2}{(1-x)(1-x^2)}\\&=\lim_{x\to1}\frac{-(x-1)^2}{(1-x)^2(1+x)}=\lim_{x\to1}\frac{-1}{1+x}=-\frac{1}{2}.\end{aligned}$$

例 2.17 求$\lim\limits_{x\to4}\dfrac{\sqrt{x}-2}{x-4}$.

解 因为

$$\lim_{x\to4}(\sqrt{x}-2)=0,\quad \lim_{x\to4}(x-4)=0,$$

所以不能直接使用定理 2.13. 先作有理化,然后计算极限,得

$$\lim_{x\to4}\frac{\sqrt{x}-2}{x-4}=\lim_{x\to4}\frac{(\sqrt{x}-2)(\sqrt{x}+2)}{(x-4)(\sqrt{x}+2)}=\lim_{x\to4}\frac{(x-4)}{(x-4)(\sqrt{x}+2)}=\lim_{x\to4}\frac{1}{\sqrt{x}+2}=\frac{1}{4}.$$

2.3.2　极限存在准则　两个重要极限

1. 极限存在准则

定理 2.14(准则Ⅰ)　如果函数 $u(x),v(x),w(x)$ 满足如下条件:

(1) 对于点 x_0 的某邻域内的一切 x 都有 $u(x)\leqslant v(x)\leqslant w(x)$;

(2) $\lim\limits_{x\to x_0}u(x)=\lim\limits_{x\to x_0}w(x)=A$,

则
$$\lim_{x\to x_0}v(x)=A.$$

证　略.

例 2.18　证明 $\lim\limits_{x\to 0}\sqrt[n]{1+x}=1$.

证　因为 $\sqrt[n]{1+x}\leqslant 1+|x|$,于是 $1-|x|\leqslant\sqrt[n]{1+x}\leqslant 1+|x|$. 又 $\lim\limits_{x\to 0}(1\pm|x|)=1$,所以由准则Ⅰ知,$\lim\limits_{x\to 0}\sqrt[n]{1+x}=1$.

定理 2.15(准则Ⅱ)　单调有界的数列必有极限.

证　略.

2. 两个重要极限

(1) $\lim\limits_{x\to 0}\dfrac{\sin x}{x}=1$.

证　作四分之一个圆(图 2-5),当 $0<x<\dfrac{\pi}{2}$ 时,

$$\triangle AOB\text{ 的面积}<\text{扇形 }AOB\text{ 的面积}<\triangle AOC\text{ 的面积},$$

即
$$\frac{1}{2}\sin x<\frac{x}{2}<\frac{1}{2}\tan x,$$

进而有
$$\sin x<x<\tan x.$$

因此,
$$\cos x<\frac{\sin x}{x}<1,$$

从而
$$0<1-\frac{\sin x}{x}<1-\cos x=2\sin^2\frac{x}{2}\leqslant 2\left(\frac{x}{2}\right)^2=\frac{x^2}{2}.$$

令 $x\to 0^+$ 并取极限,由准则Ⅰ得 $\lim\limits_{x\to 0^+}\dfrac{\sin x}{x}=1$. 因为 $\dfrac{\sin x}{x}$ 是偶函数,于是

$$\lim_{x\to 0^-}\frac{\sin x}{x}=\lim_{x\to 0^-}\frac{\sin(-x)}{-x}=\lim_{x\to 0^+}\frac{\sin x}{x}=1,$$

所以$\lim\limits_{x\to 0}\dfrac{\sin x}{x}=1$.

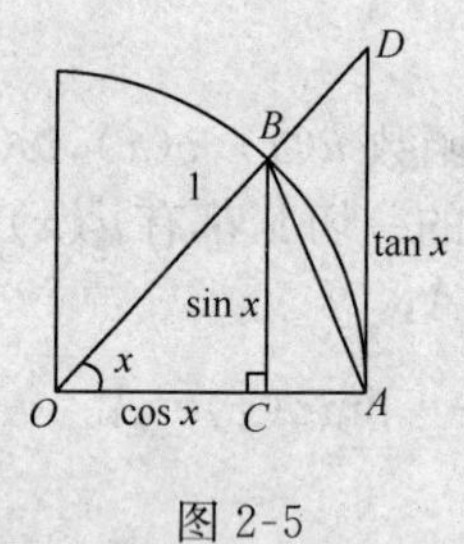

图 2-5

例 2.19 求$\lim\limits_{x\to 0}\dfrac{1-\cos x}{x^2}$.

解 $\lim\limits_{x\to 0}\dfrac{1-\cos x}{x^2}=\lim\limits_{x\to 0}\dfrac{2\sin^2\dfrac{x}{2}}{x^2}=\lim\limits_{x\to 0}\dfrac{1}{2}\left(\dfrac{\sin\dfrac{x}{2}}{\dfrac{x}{2}}\right)^2=\dfrac{1}{2}$.

例 2.20 求$\lim\limits_{x\to 0}\dfrac{\tan x}{x}$.

解 $\lim\limits_{x\to 0}\dfrac{\tan x}{x}=\lim\limits_{x\to 0}\dfrac{\sin x}{x}\cdot\dfrac{1}{\cos x}=\lim\limits_{x\to 0}\dfrac{\sin x}{x}\cdot\lim\limits_{x\to 0}\dfrac{1}{\cos x}=1$.

(2) $\lim\limits_{x\to\infty}\left(1+\dfrac{1}{x}\right)^x=\mathrm{e}$.

由于可以证明$\left(1+\dfrac{1}{n}\right)^n$单调且有界,应用准则Ⅱ可说明$\lim\limits_{n\to\infty}\left(1+\dfrac{1}{n}\right)^n$存在.结合准则Ⅰ可证明$\lim\limits_{x\to\infty}\left(1+\dfrac{1}{x}\right)^x=\lim\limits_{n\to\infty}\left(1+\dfrac{1}{n}\right)^n$,这里证明略.记$\lim\limits_{n\to\infty}\left(1+\dfrac{1}{n}\right)^n=\mathrm{e}$.
$\mathrm{e}=2.7182818\cdots$,是个无理数.

如上两个重要极限,除极端情况外,应用时经常使用如下形式:

若$\lim u=0$,则$\lim\dfrac{\sin u}{u}=1$且$\lim(1+u)^{\frac{1}{u}}=\mathrm{e}$.

例 2.21 求$\lim\limits_{x\to 0}(1+2x)^{\frac{1}{x}}$.

解 $\lim\limits_{x\to 0}(1+2x)^{\frac{1}{x}}=\lim\limits_{x\to 0}\left[(1+2x)^{\frac{1}{2x}}\right]^2=\mathrm{e}^2$.

例 2.22 求极限$\lim\limits_{x\to\infty}\left(\dfrac{x^2-1}{x^2+1}\right)^{x^2}$.

解　$\lim\limits_{x\to\infty}\left(\dfrac{x^2-1}{x^2+1}\right)^{x^2}=\lim\limits_{x\to\infty}\left(1-\dfrac{2}{x^2+1}\right)^{x^2+1-1}$

$$=\lim_{x\to\infty}\left[\left(1-\frac{2}{x^2+1}\right)^{\frac{x^2+1}{-2}}\right]^{-2}\left(1-\frac{2}{x^2+1}\right)^{-1}=\mathrm{e}^{-2}\cdot 1=\mathrm{e}^{-2}.$$

*例 2.23　若某种细菌在每一瞬时的繁殖率与该瞬时细菌的数量成正比，比例常数为 K，求细菌数量 Q 与时间 t 的关系．

解　用 Q_0 表示 $t=0$ 时刻细菌的数量，要求 t 时刻细菌的数量 Q. 将时间区间 $[0,t]$ 分为 n 个相等的小区间，即

$$\left[0,\frac{t}{n}\right],\quad\left[\frac{t}{n},\frac{2t}{n}\right],\quad\cdots,\quad\left[\frac{(n-1)t}{n},t\right].$$

因为这些时间区间都很短，所以每个小区间内的繁殖率可以近似看成是一样的．例如，可以把开始时的繁殖率 kQ_0 近似地当成时间区间 $\left[0,\dfrac{t}{n}\right]$ 内的繁殖率，因而就可以求出瞬时 $\dfrac{t}{n}$ 时细菌数量的近似值为

$$Q_1=Q_0+KQ_0\,\frac{t}{n}=Q_0\left(1+\frac{Kt}{n}\right).$$

同样，把瞬时 $\dfrac{t}{n}$ 的繁殖率 kQ_1 近似地当成时间区间 $\left[\dfrac{t}{n},\dfrac{2t}{n}\right]$ 内的繁殖率，从而求出瞬时 $\dfrac{2t}{n}$ 时细菌数量的近似值为

$$Q_2=Q_1+KQ_1\,\frac{t}{n}=Q_1\left(1+\frac{Kt}{n}\right)=Q_0\left(1+\frac{Kt}{n}\right)^2.$$

逐步做下去，可求出瞬时 $\dfrac{n}{n}t=t$ 时细菌数量的近似值为

$$Q_n=Q_{n-1}+KQ_{n-1}\frac{t}{n}=Q_{n-1}\left(1+\frac{Kt}{n}\right)=Q_0\left(1+\frac{Kt}{n}\right)^n.$$

要想求得 Q 的精确值，可以让 n 无限地增大，则 Q_n 的极限就是 Q，即

$$Q=\lim_{n\to\infty}\left[Q_0\left(1+\frac{Kt}{n}\right)^n\right]=Q_0\lim_{n\to\infty}\left(1+\frac{Kt}{n}\right)^n=Q_0\mathrm{e}^{Kt}.$$

2.3.3　无穷小的比较

在 2.2.2 小节中讨论了无穷小量的和、积的情况，对于其商会出现不同的情况，可反映不同的无穷小趋向于 0 的“快慢”程度．例如，当 $x\to 0$ 时，$x,x^2,\sin x$ 都是无穷小量，但是

$$\lim_{x\to 0}\frac{\sin x}{x}=1,\quad \lim_{x\to 0}\frac{x^2}{x}=0,\quad \lim_{x\to 0}\frac{\sin x}{x^2}=\infty.$$

定义 2.6　设α与β为x在同一变化过程中的两个无穷小.

(1) 若$\lim \dfrac{\beta}{\alpha}=0$,则称$\beta$为比$\alpha$高阶的无穷小,记为$\beta=o(\alpha)$;

(2) 若$\lim \dfrac{\beta}{\alpha}=\infty$,则称$\beta$为比$\alpha$低阶的无穷小;

(3) 若$\lim \dfrac{\beta}{\alpha}=C\neq 0$,则称$\beta$为比$\alpha$同阶的无穷小;

(4) 若$\lim \dfrac{\beta}{\alpha}=1$,则称$\beta$与$\alpha$为等价无穷小,记为$\alpha\sim\beta$.

例如,$\lim\limits_{x\to 0}\dfrac{x^2}{x}=0$,所以当$x\to 0$时,$x^2$是比$x$高阶的无穷小量,$x^2$比$x$趋向于0的速度快;$\lim\limits_{x\to 0}\dfrac{\sin x}{x^2}=\infty$,所以当$x\to 0$时,$x^2$是比$\sin x$低阶的无穷小量;$\lim\limits_{x\to 0}\dfrac{2x^2}{x^2}=2$,所以当$x\to 0$时,$2x^2$与$x^2$是同阶无穷小量,$2x^2$与$x^2$趋向于0的速度差不多(当$|x|$很小时).

定理 2.16　若$\alpha,\beta,\alpha',\beta'$均为$x$的同一变化过程中的无穷小,$\alpha\sim\alpha'$,$\beta\sim\beta'$,并且$\lim \dfrac{\beta'}{\alpha'}$存在,则$\lim \dfrac{\beta}{\alpha}=\lim \dfrac{\beta'}{\alpha'}$.

证　$\lim \dfrac{\beta}{\alpha}=\lim\left(\dfrac{\beta'}{\alpha'}\cdot\dfrac{\alpha'}{\alpha}\cdot\dfrac{\beta}{\beta'}\right)=\lim \dfrac{\beta'}{\alpha'}\cdot\lim\dfrac{\alpha'}{\alpha}\cdot\lim\dfrac{\beta}{\beta'}=\lim\dfrac{\beta'}{\alpha'}$.

当$x\to 0$时,常用的等价无穷小有如下几个:

$$\sin x\sim x,\quad \tan x\sim x,\quad \arcsin x\sim x,\quad \arctan x\sim x,$$

$$\ln(1+x)\sim x,\quad e^x-1\sim x,\quad 1-\cos x\sim\frac{x^2}{2},\quad \sqrt[n]{1+x}-1\sim\frac{x}{n}.$$

它们在求极限问题时常常被应用.

例 2.24　求$\lim\limits_{x\to 0}\dfrac{\sin 5x+x^2}{\tan 7x}$.

解　因为当$x\to 0$时,$\sin x\sim x$,$\tan x\sim x$,所以

$$\lim_{x\to 0}\frac{\sin 5x+x^2}{\tan 7x}=\lim_{x\to 0}\frac{\sin 5x}{\tan 7x}+\lim_{x\to 0}\frac{x^2}{\tan 7x}=\lim_{x\to 0}\frac{5x}{7x}+\lim_{x\to 0}\frac{x^2}{7x}=\frac{5}{7}+0=\frac{5}{7}.$$

例 2.25　求$\lim\limits_{x\to 0}\dfrac{1-\cos x}{\sin^2 x}$.

解　因为当$x\to 0$时,$\sin x\sim x$,$1-\cos x\sim\dfrac{x^2}{2}$,所以

$$\lim_{x\to 0}\frac{1-\cos x}{\sin^2 x}=\lim_{x\to 0}\frac{1}{x^2}\cdot\frac{x^2}{2}=\frac{1}{2}.$$

习 题 2.3

1. 求下列各极限：

(1) $\lim\limits_{x\to 2}\dfrac{2x^2+x-5}{3x+1}$；(2) $\lim\limits_{x\to\sqrt{3}}\dfrac{x^2-3}{x^2+1}$；

(3) $\lim\limits_{x\to 2}\dfrac{5x}{x^2-4}$；(4) $\lim\limits_{x\to 0}\left(1-\dfrac{1}{x-3}\right)$；

(5) $\lim\limits_{x\to -2}\dfrac{x^2-4}{x^3+8}$；(6) $\lim\limits_{x\to 1}\dfrac{x^m-1}{x^n-1}$，其中 m,n 为正整数；

(7) $\lim\limits_{x\to 0}\dfrac{2x^2+5x}{3x^3+2x^2+x}$；(8) $\lim\limits_{x\to\infty}\dfrac{2x^3+5x-4}{7x^3+5x^2+x}$；

(9) $\lim\limits_{x\to\infty}\dfrac{5x+1}{\sqrt[5]{x^3+x^2-2}}$；(10) $\lim\limits_{x\to 1}\left(\dfrac{3}{1-x^3}-\dfrac{1}{1-x}\right)$；

(11) $\lim\limits_{x\to 0}\dfrac{x^2}{1-\sqrt{1+x^2}}$；(12) $\lim\limits_{x\to\infty}(\sqrt{x^2+1}-\sqrt{x^2-1})$；

(13) $\lim\limits_{n\to\infty}\left(1+\dfrac{1}{2}+\dfrac{1}{2^2}+\cdots+\dfrac{1}{2^n}\right)$；(14) $\lim\limits_{n\to\infty}\dfrac{1+2+3+\cdots+(n-1)}{n^2}$；

(15) $\lim\limits_{n\to\infty}\left(\dfrac{1}{1\cdot 3}+\dfrac{1}{3\cdot 5}+\dfrac{1}{5\cdot 7}+\cdots+\dfrac{1}{(2n-1)(2n+1)}\right)$；

(16) $\lim\limits_{n\to\infty}\left[\dfrac{1}{\sqrt{n^2+1}}+\dfrac{1}{\sqrt{n^2+2}}+\cdots+\dfrac{1}{\sqrt{n^2+n}}\right]$.

2. 若 $\lim\limits_{x\to 1}\dfrac{x^2+ax+b}{1-x}=5$，求 a,b 的值.

3. 若 $\lim\limits_{x\to\infty}\left(\dfrac{x^3+1}{x^2+1}-ax-b\right)=0$，求 a,b 的值.

4. 求下列各极限：

(1) $\lim\limits_{x\to 0}\dfrac{\sin 2x}{\sin 3x}$；(2) $\lim\limits_{x\to\infty}x\sin\dfrac{1}{x}$；

(3) $\lim\limits_{x\to 0}x\cot x$；(4) $\lim\limits_{x\to\frac{\pi}{2}}\dfrac{\cos x}{x-\dfrac{\pi}{2}}$；

(5) $\lim\limits_{x\to 0}\dfrac{\sin 3x}{\sqrt{x+1}-1}$；(6) $\lim\limits_{x\to a}\dfrac{\sin x-\sin a}{x-a}$；

(7) $\lim\limits_{x\to\infty}\left(1+\dfrac{2}{x}\right)^x$；(8) $\lim\limits_{x\to 0}\left(\dfrac{3-x}{3}\right)^{\frac{3}{x}}$；

(9) $\lim\limits_{x\to\frac{\pi}{2}}(1+\cot x)^{\tan x}$； (10) $\lim\limits_{x\to\infty}\left(\dfrac{x-1}{x+1}\right)^{x}$.

5. 用等价无穷小代换求下列各极限：

(1) $\lim\limits_{x\to 0}\dfrac{\tan x}{\sin 3x}$； (2) $\lim\limits_{x\to 0}\dfrac{x\arcsin x}{\tan 2x^2}$；

(3) $\lim\limits_{x\to 0}\dfrac{\ln(1+x^2)}{x\sin x}$； (4) $\lim\limits_{x\to 0}\dfrac{(\sqrt{1+\tan x}-1)(\sqrt{1+x}-1)}{1-\cos x}$.

2.4 函数的连续性

2.4.1 函数的连续性

1. 函数连续性的概念

看函数的图像，"连续"从字面上并不难理解．例如，函数 $y=\sqrt{x}$的图像是一条连绵不断的曲线．但是，只从图像上去认识函数的连续性是不够的，由 $\lim\limits_{x\to x_0}\sqrt{x}=\sqrt{x_0}$ ($x_0>0$)给出下述定义，指出函数在一点连续的本质含义：

定义 2.7 设函数 $f(x)$在 x_0 的某邻域内有定义，若$\lim\limits_{x\to x_0}f(x)=f(x_0)$，则称函数 $f(x)$**在 x_0 处连续**，并称点 x_0 为 $f(x)$的**连续点**．

由函数极限的 ε-δ 定义，可以得到 $f(x)$在 x_0 处连续的下列 ε-δ 定义：

定义 2.7′ 若对$\forall\varepsilon>0$，$\exists\delta>0$，使得当$|x-x_0|<\delta$时，都有$|f(x)-f(x_0)|<\varepsilon$，则称$f(x)$在 x_0 点连续．

有时也用变量的增量来讨论函数的连续性．记 $\Delta x=x-x_0$，称为**自变量 x 在 x_0 处的增量**．记 $\Delta y=f(x)-f(x_0)=f(x_0+\Delta x)-f(x_0)$，称为**函数 $f(x)$在 x_0 处的增量**，则 $\lim\limits_{x\to x_0}f(x)=f(x_0)$ 可等价地叙述为$\lim\limits_{x\to \Delta x}\Delta y=0$，于是函数 $f(x)$在 x_0 点连续的定义又可以叙述如下：

定义 2.7″ 设函数 $f(x)$在 x_0 的某邻域内有定义，若$\lim\limits_{\Delta x\to 0}\Delta y=0$，则称 $f(x)$在 x_0 点连续．

定义 2.8 设函数 $f(x)$在 x_0 的某左(右)邻域内有定义，若 $\lim\limits_{x\to x_0^-}f(x)=f(x_0)$ (或 $\lim\limits_{x\to x_0^+}f(x)=f(x_0)$)，则称 $f(x)$在 x_0 点左(或右)连续．

定理 2.17 函数 $f(x)$在 x_0 点连续$\Leftrightarrow f(x)$在 x_0 点既左连续又右连续．

定义 2.9 若函数 $f(x)$在区间 I 上每一点都连续，则称 $f(x)$为 I 上的连续函数．对于区间端点上的连续性按左、右连续来确定．

例如，$y=c$，$y=x^2$ 都是$(-\infty,+\infty)$上的连续函数；$y=\sqrt{x}$在$(0,+\infty)$内的每一点都连续，在 $x=0$ 处右连续，因而是$[0,+\infty)$上的连续函数．

2. 函数的间断点

定义 2.10　设函数 $f(x)$在 x_0 处不满足连续条件，则称函数 $f(x)$在 x_0 处**不连续**，或者称函数 $f(x)$在点 x_0 处**间断**，点 x_0 称为函数 $f(x)$的**间断点**．

由连续的定义知，函数 $f(x)$在 x_0 点不连续一定为如下情形之一：

(1) $f(x)$在点 x_0 无定义；

(2) $f(x)$在点 x_0 有定义，但$\lim\limits_{x\to x_0}f(x)$不存在；

(3) $f(x)$在点 x_0 有定义且$\lim\limits_{x\to x_0}f(x)$存在，但$\lim\limits_{x\to x_0}f(x)\neq f(x_0)$．

函数 f 的间断点有如下分类：

(1) 若 $f(x)$在点 x_0 的极限存在，但与 $f(x_0)$不相等(含 $f(x_0)$不存在)，则称 x_0 为 $f(x)$的**可去间断点**．此时，改变或补充定义 $f(x_0)=\lim\limits_{x\to x_0}f(x)$后，$x_0$ 就成为 $f(x)$的连续点．

例 2.26

$$f(x)=\begin{cases}2\sqrt{x}, & 0\leqslant x<1,\\ 1, & x=1,\\ 1+x, & x>1.\end{cases}$$

因为

$$\lim_{x\to 1^-}f(x)=\lim_{x\to 1^+}f(x)=2\neq f(1)=1,$$

所以点 $x=1$ 是 $f(x)$的可去间断点(图 2-6)．

(2) 若 $f(x)$在点 x_0 的左、右极限都存在但不相等，则称 x_0 为 $f(x)$的**跳跃间断点**．

例 2.27

$$f(x)=\begin{cases}x-1, & x<0,\\ 0, & x=0,\\ x+1, & x>0.\end{cases}$$

因为

$$\lim_{x\to 0^-}f(x)=-1,\quad \lim_{x\to 0^+}f(x)=1,$$

左、右极限都存在但不相等，所以点 $x=0$ 是函数 $f(x)$的跳跃间断点(图 2-7)．

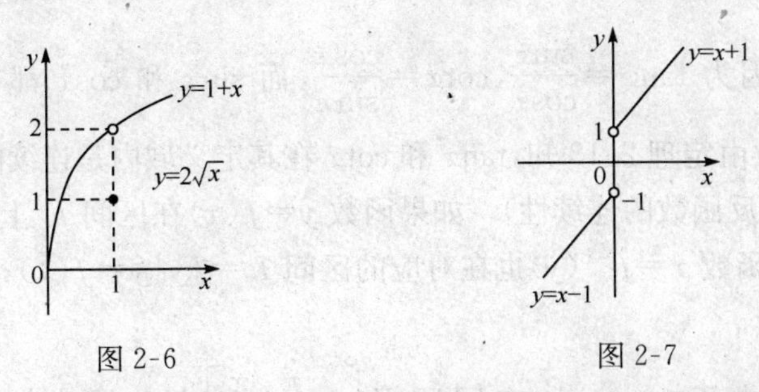

图 2-6　　　　图 2-7

上述两种情况的间断点统称为**第一类间断点**；不是第一类间断点的情况称为

第二类间断点.

(3) 若 $f(x)$在点 x_0 的左极限或右极限为无穷时,则称 x_0 为 $f(x)$的**无穷间断点**.

例 2.28 $f(x)=\dfrac{1}{x}$.

因为$\lim\limits_{x\to 0}f(x)=\infty$,所以 $x=0$ 是 $f(x)$第二类的无穷间断点(图 2-8).

(4) 若 $f(x)$在点 x_0 左侧或右侧的函数值出现对某两个数反复取到的情况,则称 x_0 为 $f(x)$的**振荡间断点**.

例 2.29 $x=0$ 是 $f(x)=\sin\dfrac{1}{x}$的振荡间断点(图 2-9).

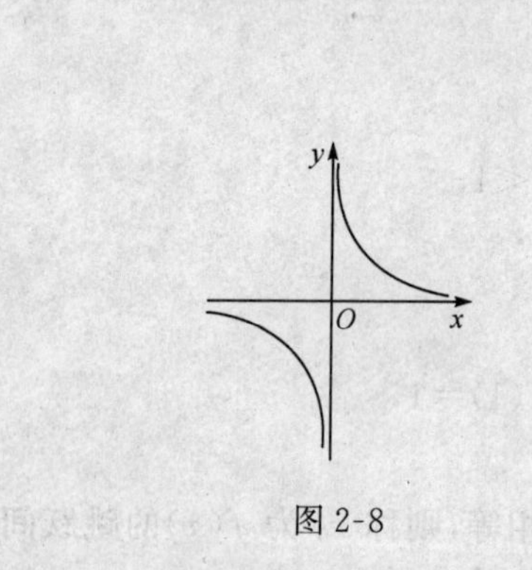

图 2-8

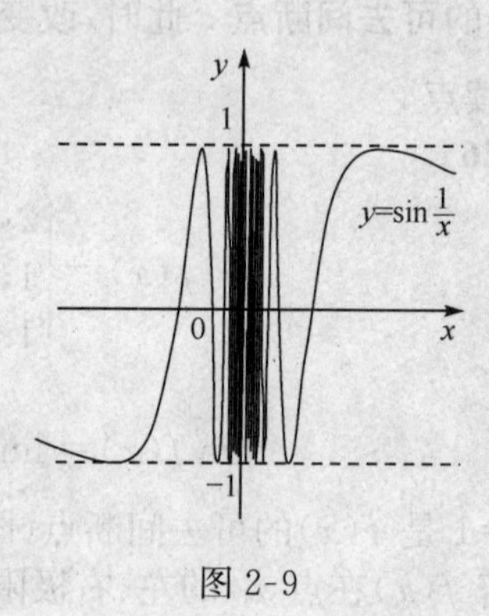

图 2-9

2.4.2 连续函数的运算与初等函数的连续性

1. 连续函数的运算

定理 2.18(连续函数的四则运算法则) 若 $f(x)$,$g(x)$均在 x_0 连续,则

$$f(x)\pm g(x),\quad f(x)\cdot g(x),\quad \frac{f(x)}{g(x)}(g(x_0)\neq 0)$$

都在 x_0 连续.

例 2.30 因为 $\tan x=\dfrac{\sin x}{\cos x}$,$\cot x=\dfrac{\cos x}{\sin x}$,而 $\sin x$ 和 $\cos x$ 都在区间$(-\infty,+\infty)$内连续,故由定理 2.18 知,$\tan x$ 和 $\cot x$ 在其定义域内是连续的.

定理 2.19(反函数的连续性) 如果函数 $y=f(x)$在区间 I_x 上单增(或单减)且连续,则其反函数 $x=f^{-1}(y)$也在对应的区间 $I_y=\{y\,|\,y=f(x),x\in I_x\}$上单增(或单减)且连续.

例 2.31 由于 $y=\sin x$ 在闭区间$\left[-\dfrac{\pi}{2},\dfrac{\pi}{2}\right]$上单调增加且连续,所以

$y=\arcsin x$在闭区间$[-1,1]$上也是单调增加且连续的．

定理 2.20　设函数 $u=\varphi(x)$在点 x_0 处连续，并且 $\varphi(x_0)=u_0$，而函数 $y=f(u)$在点 u_0 处连续，则复合函数 $y=f(\varphi(x))$在点 x_0 处连续．

定理 2.20 说明了复合函数的连续性，它的结论也可以写为

$$\lim_{x\to x_0} f(\varphi(x))=f(\varphi(x_0))=f(\lim_{x\to x_0}\varphi(x)).$$

2. *初等函数的连续性*

已经知道，三角函数及反三角函数在它们的定义域内是连续的．可以证明，指数函数 $y=a^x(a>0,a\neq1)$在其定义域$(-\infty,+\infty)$内是严格单调且连续的，从而对数函数 $y=\log_a x(a>0,a\neq1)$在其定义域$(0,+\infty)$内也是连续的．幂函数 $y=x^\mu=a^{\mu\log_a x}$（其中 μ 为常数），从而 $y=x^\mu$ 在$(0,+\infty)$内是连续的，对 μ 取各种不同值加以分别讨论，可以证明，$y=x^\mu$ 在其定义域内是连续的．

综上，**基本初等函数在其定义域内都是连续的**．进一步，**一切初等函数在其有定义的区间内都是连续的**．

上述结论提供了一个求极限的方法，即如果 $f(x)$**是初等函数，并且** x_0 **是** $f(x)$ **有定义的区间内的点，则**

$$\lim_{x\to x_0} f(x)=f(x_0).$$

例 2.32　求$\lim\limits_{x\to0}\dfrac{\arcsin(1+x)}{e^x\cos x}$.

解　$\lim\limits_{x\to0}\dfrac{\arcsin(1+x)}{e^x\cos x}=\dfrac{\arcsin1}{e^0\cos0}=\dfrac{\pi}{2}$.

例 2.33　求$\lim\limits_{x\to0}\dfrac{\ln(1+x)}{x}$.

解　$\lim\limits_{x\to0}\dfrac{\ln(1+x)}{x}=\lim\limits_{x\to0}\ln(1+x)^{\frac{1}{x}}=\ln e=1$.

例 2.34　求$\lim\limits_{x\to0}(1+2x)^{\frac{1}{\sin x}}$.

解　$\lim\limits_{x\to0}(1+2x)^{\frac{1}{\sin x}}=\lim\limits_{x\to0}(1+2x)^{\frac{1}{2x}\cdot\frac{2x}{\sin x}}=\lim\limits_{x\to0}e^{\frac{2x}{\sin x}\ln(1+2x)^{\frac{1}{2x}}}=e^{\lim\limits_{x\to0}\left[\frac{2x}{\sin x}\ln(1+2x)^{\frac{1}{2x}}\right]}=e^2$.

2.4.3　闭区间上连续函数的性质

本小节不加证明地给出几个几何上很直观，并且对后面发展知识很有用的结果．

定理 2.21（最值定理）　若函数 $f(x)$在闭区间$[a,b]$上连续，则在闭区间$[a,b]$上，至少存在两点 ξ 与 η，使得当 $x\in[a,b]$时，都有

$$f(\xi)\leqslant f(x)\leqslant f(\eta),$$

即 $f(x)$在闭区间$[a,b]$上取得最小值 $m=f(\xi)$,最大值 $M=f(\eta)$(图 2-10).

推论 2.6(有界性) 闭区间$[a,b]$上的连续函数是有界函数.

定理 2.22(介值定理) 设函数 $f(x)$在闭区间$[a,b]$上连续,并且 $f(a)\neq f(b)$,则对介于 $f(a)$和 $f(b)$之间的任一实数 C,至少存在一点 $\xi\in(a,b)$,使得 $f(\xi)=C$(图 2-11).

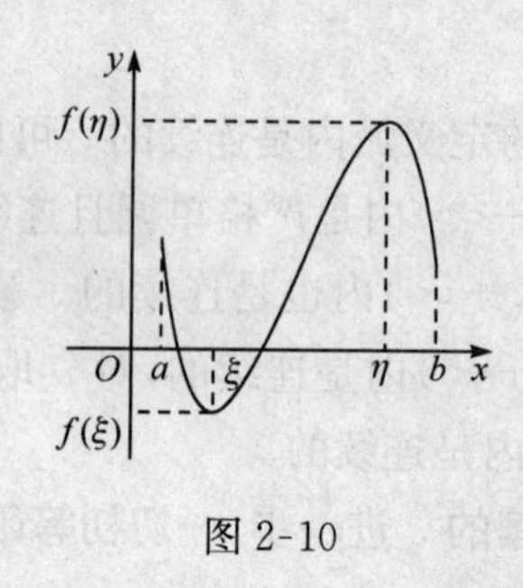

图 2-10

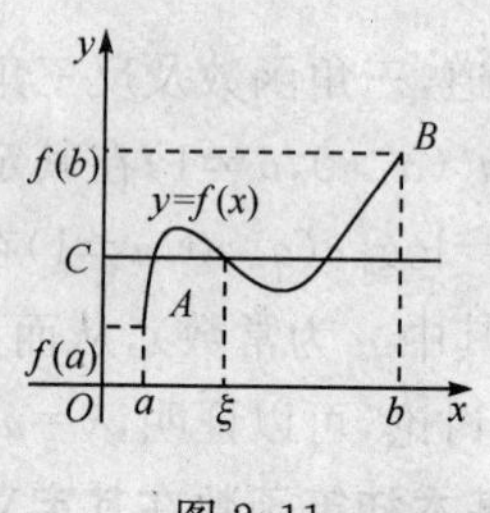

图 2-11

介值定理的几何解释如下:如图 2-11 所示,若点 $A(a,f(a))$与点 $B(b,f(b))$在直线 $y=C$ 的上、下两侧,则连接 A,B 的连续曲线 $y=f(x)$与此直线 $y=C$ 至少相交一次.

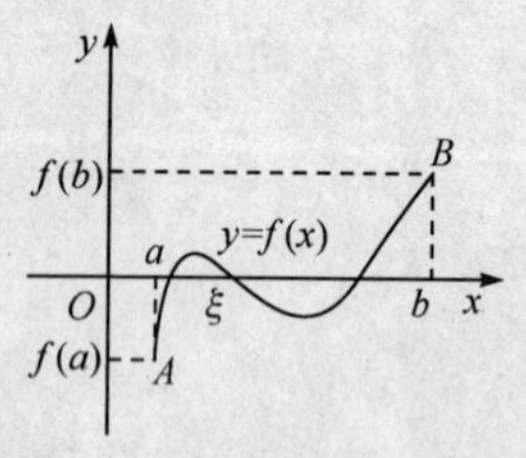

图 2-12

推论 2.7 在闭区间$[a,b]$上连续的函数必取得介于最小值 m 与最大值 M 之间的任何值至少一次.

当定理 2.22 中的 $f(a)$与 $f(b)$为异号值,并且取 $C=0$时,可得下述定理:

定理 2.23(零点定理) 若函数 $f(x)$在闭区间$[a,b]$上连续,并且 $f(a)\cdot f(b)<0$,即 $f(a)$与 $f(b)$异号,则在开区间(a,b)内,至少存在一点 ξ,使得 $f(\xi)=0$,即方程 $f(x)=0$ 在(a,b)内至少存在一个实根(图 2-12).

例 2.35 证明方程 $x^5-3x=1$ 在区间$(1,2)$内至少有一个根.

证 设

$$f(x)=x^5-3x-1,$$

$f(x)$在闭区间$[1,2]$上连续,并且 $f(1)\cdot f(2)=-3\times25<0$,根据零点定理,在$(1,2)$内,至少存在一点 ξ,使得 $f(\xi)=0$,即方程 $x^5-3x=1$ 在区间$(1,2)$内至少有一个根.

习 题 2.4

1. 求下列函数的间断点,并判断间断点的类型:

(1) $f(x)=\dfrac{x^2}{1-x}$；　　(2) $f(x)=\dfrac{x^2-1}{x^2-3x+2}$；

(3) $f(x)=\dfrac{1-\cos x}{x^2}$；　　(4) $f(x)=\arctan\dfrac{1}{x}$；

(5) $f(x)=\mathrm{e}^{-\frac{1}{x}}$；　　(6) $f(x)=\dfrac{1}{1+\mathrm{e}^{\frac{1}{1-x}}}$.

*2. 讨论函数 $f(x)=\dfrac{2^{\frac{1}{x}}-1}{2^{\frac{1}{x}}+1}$ 的连续性，若有间断点，判断其类型.

3. 设

$$f(x)=\begin{cases} x\sin\dfrac{1}{x}, & x>0, \\ x^2+2x+a, & x\leqslant 0, \end{cases}$$

要使 $f(x)$ 在 $(-\infty,+\infty)$ 内连续，应当怎样选择数 a?

*4. 设

$$f(x)=\begin{cases} x^2-7, & |x|\leqslant a, \\ \dfrac{6}{|x|}, & |x|>a, \end{cases}$$

要使 $f(x)$ 在 $(-\infty,+\infty)$ 内连续，应当怎样选择数 a?

5. 求下列各极限：

(1) $\lim\limits_{x\to \mathrm{e}}\dfrac{\ln x-1}{x-\mathrm{e}}$；　　(2) $\lim\limits_{x\to 0}\sqrt[x]{1-2x}$；

(3) $\lim\limits_{x\to 0}\dfrac{\sqrt{1+\tan x}-\sqrt{1+\sin x}}{x\sqrt{1+\sin^2 x}-x}$；　　(4) $\lim\limits_{x\to\infty}\left(\sin\dfrac{1}{x}+\cos\dfrac{1}{x}\right)^x$.

6. 证明方程 $3x^3-6x^2+2=0$ 在区间 $(0,1)$ 内至少有一个根.

7. 证明方程 $x=a\sin x+b\,(a>0,b>0)$ 至少有一个不超过 $a+b$ 的正根.

8. 设函数 $f(x)=\mathrm{e}^x-2$，证明在区间 $(0,2)$ 内至少有一点 x_0，使得 $\mathrm{e}^{x_0}-2=x_0$.

9. 设 $f(x)$ 在 $[0,2a]$ 上连续，并且 $f(0)=f(2a)$，证明至少有一点 $\xi\in[0,a]$，使得 $f(\xi)=f(\xi+a)$，其中 $a>0$.

第3章　导数与微分

导数与微分是一元函数微分学中的两个基本概念．导数是函数值对自变量的变化率，是研究函数性态的一个非常重要的工具；微分是函数改变量的最佳线性近似，是近似计算和微分符号运算的工具．导数与微分和今后要学习的一元函数积分学有密切的联系．本章主要介绍导数的基本概念、计算方法，微分的概念及其在近似计算方面的一些简单应用．

3.1　导数的概念

导数的思想最初是由法国数学家费马（Fermat）研究极值问题时引入的，与导数概念最直接的联系是以下两个问题：已知运动规律求速度和已知曲线求它的切线．这是英国数学家牛顿（Newton）和德国数学家莱布尼茨（Leibniz）分别在研究力学和几何学的过程中建立起来的．下面以这两个问题为背景引入导数的定义．

3.1.1　引例

例 3.1　瞬时速度．设质点做变速直线运动，其运动规律为 $s=s(t)$，求质点在 $t=t_0$ 时刻的瞬时速度．

解　设 Δt 为一小段时间间隔，在 t_0 到 $t_0+\Delta t$ 这一时间段内，质点所经过的位移为 $s(t_0+\Delta t)-s(t_0)$，则在 t_0 到 $t_0+\Delta t$ 这一时间段内，质点的**平均速度**为

$$\frac{s(t_0+\Delta t)-s(t_0)}{\Delta t}.$$

当时间间隔 Δt 足够小时，质点在 t_0 时刻的瞬时速度可以近似地用平均速度来代替，并且 Δt 越小，近似程度就越高．因此，考虑如下极限：

$$\lim_{\Delta t\to 0}\frac{s(t_0+\Delta t)-s(t_0)}{\Delta t}.$$

当此极限存在时，其极限值规定为质点在 t_0 时刻的瞬时速度．

例 3.2　平面曲线的切线．如图 3-1 所示，设曲线 C 是函数 $y=f(x)$ 的图形，求曲线 C 在点 $M(x_0,y_0)$ 处的切线的斜率．

解　设点 $N(x_0+\Delta x,y_0+\Delta y)$ 为曲线 C 上的另一点，连接点 M 和点 N 的直

线 MN 称为曲线 C 的割线．在曲线 C 上 M 点处的切线 MT 是割线 MN 当点 N 沿此曲线趋近于点 M 时的极限位置．MN 的倾斜角为 φ，则割线 MN 的斜率为

$$\tan\varphi=\frac{\Delta y}{\Delta x}=\frac{f(x_0+\Delta x)-f(x_0)}{\Delta x}.$$

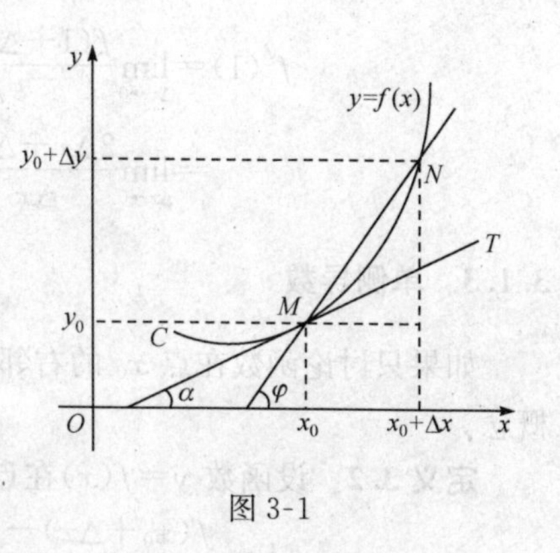

图 3-1

当点 N 沿曲线 C 趋近于点 M 时，MN 的倾斜角趋近于切线 MT 的倾斜角 α，即 $\tan\varphi$ 趋近于 $\tan\alpha$. 因此，曲线 C 在点 M 处的切线的斜率规定为

$$\tan\alpha=\lim_{\Delta x\to 0}\tan\varphi=\lim_{\Delta x\to 0}\frac{f(x_0+\Delta x)-f(x_0)}{\Delta x}.$$

3.1.2 导数的定义

以上两个例子的实际意义完全不同，但从数学的角度来看，其实质都是在自变量改变量趋于零时，函数的改变量与自变量的改变量之比的极限．下面给出导数的定义．

定义 3.1 设函数 $y=f(x)$ 在点 x_0 的某个邻域内有定义，如果

$$\lim_{\Delta x\to 0}\frac{f(x_0+\Delta x)-f(x_0)}{\Delta x} \tag{3.1}$$

存在极限，则称函数 $y=f(x)$ 在点 x_0 处**可导**，称这个极限值为 $y=f(x)$ 在点 x_0 处的**导数**，也称为**微商**，并记作

$$f'(x_0),\quad y'(x_0),\quad \left.\frac{\mathrm{d}y}{\mathrm{d}x}\right|_{x=x_0} \quad 或 \quad \left.\frac{\mathrm{d}f}{\mathrm{d}x}\right|_{x=x_0},$$

即

$$f'(x_0)=\lim_{\Delta x\to 0}\frac{f(x_0+\Delta x)-f(x_0)}{\Delta x}.$$

如果极限(3.1)不存在，则称函数 $y=f(x)$ 在 x_0 点**不可导**．

如果记 $x=x_0+\Delta x$，则 $\Delta x\to 0$ 等价于 $x\to x_0$，所以可以定义导数的另一种形式为

$$f'(x_0)=\lim_{x\to x_0}\frac{f(x)-f(x_0)}{x-x_0}. \tag{3.2}$$

例 3.3 求函数 $f(x)=x^2$ 在点 $x=1$ 处的导数．

解 由导数的定义，

$$f'(1)=\lim_{\Delta x\to 0}\frac{f(1+\Delta x)-f(1)}{\Delta x}=\lim_{\Delta x\to 0}\frac{(1+\Delta x)^2-1}{\Delta x}$$

$$=\lim_{\Delta x\to 0}\frac{2\Delta x+\Delta x^2}{\Delta x}=\lim_{\Delta x\to 0}(2+\Delta x)=2.$$

3.1.3　单侧导数

如果只讨论函数在点 x_0 的右邻域(左邻域)上的变化率,则需引入单侧导数的概念.

定义 3.2　设函数 $y=f(x)$在点 x_0 的某个右邻域内有定义,如果

$$\lim_{\Delta x\to 0^+}\frac{f(x_0+\Delta x)-f(x_0)}{\Delta x}\left(=\lim_{x\to x_0^+}\frac{f(x)-f(x_0)}{x-x_0}\right)\tag{3.3}$$

存在极限,则称该极限值为 $y=f(x)$在点 x_0 处的**右导数**,记作 $f'_+(x_0)$.

类似地,可定义**左导数**为

$$f'_-(x_0)=\lim_{\Delta x\to 0^-}\frac{f(x_0+\Delta x)-f(x_0)}{\Delta x}\left(=\lim_{x\to x_0^-}\frac{f(x)-f(x_0)}{x-x_0}\right)\tag{3.4}$$

的极限.

右导数和左导数统称为**单侧导数**.

如同左、右极限与函数极限之间的关系,有如下结论:

定理 3.1　$f'(x_0)$存在 $\Leftrightarrow$ $f'_+(x_0)$和 $f'_-(x_0)$都存在且相等.

注 3.1　定理 3.1 常用于判断分段函数在分段点处是否可导.

例 3.4　求函数 $f(x)=\begin{cases}\sin x, & x<0,\\ x, & x\geqslant 0\end{cases}$ 在 $x=0$ 处的导数.

解　注意到 $x=0$ 是函数 $f(x)$的分段点,考虑其左、右导数. 由于

$$f'_+(0)=\lim_{\Delta x\to 0^+}\frac{f(0+\Delta x)-f(0)}{\Delta x}=\lim_{\Delta x\to 0^+}\frac{\Delta x}{\Delta x}=1,$$

$$f'_-(0)=\lim_{\Delta x\to 0^-}\frac{f(0+\Delta x)-f(0)}{\Delta x}=\lim_{\Delta x\to 0^+}\frac{\sin\Delta x}{\Delta x}=1,$$

所以 $f'_+(0)=f'_-(0)=1$. 由定理 3.1 知,$f'(0)=1$.

类似地可知,函数

$$f(x)=\begin{cases}1-\cos x, & x\geqslant 0,\\ x, & x<0\end{cases}$$

在 $x=0$ 处,$f'_-(0)=1$,$f'_+(0)=0$,故 $f'(0)$不存在.

3.1.4　导函数

定义 3.3　若函数 $y=f(x)$在区间 I 上的每一点都可导(对于区间的端点,相

应地考虑单侧可导)，则称 f 为 I 上的可导函数．此时，对 $\forall x\in I$，都有 f 的一个导数 $f'(x)$(或单侧导数)与之对应．这样就定义了一个在 I 上的函数，称为 f 在 I 上的**导函数**，简称为导数，记作 f'，y'，y'_x 或 $\frac{\mathrm{d}y}{\mathrm{d}x}$，即

$$f'(x)=\lim_{\Delta x\to 0}\frac{f(x+\Delta x)-f(x)}{\Delta x},\quad x\in I. \tag{3.5}$$

由导函数的定义，函数 $f(x)$ 在 x_0 的导数 $f'(x_0)$ 和它的导函数 $f'(x)$ 存在如下关系：

$$f'(x_0)=f'(x)\big|_{x=x_0}.$$

$f'(x_0)$ 有时也写作 $y'\big|_{x=x_0}$ 或 $\left.\frac{\mathrm{d}y}{\mathrm{d}x}\right|_{x=x_0}$.

例 3.5　(1) 求 $\ln x$ 的导数；(2) 求 $\sin x$，$\cos x$ 的导数．

解　(1) $f'(x)=\lim\limits_{\Delta x\to 0}\frac{f(x+\Delta x)-f(x)}{\Delta x}=\lim\limits_{\Delta x\to 0}\frac{\ln(x+\Delta x)-\ln x}{\Delta x}$

$$=\lim_{\Delta x\to 0}\frac{\ln\left(1+\frac{\Delta x}{x}\right)}{\Delta x}=\lim_{\Delta x\to 0}\frac{\ln\left(1+\frac{\Delta x}{x}\right)^{\frac{x}{\Delta x}}}{x}=\frac{1}{x},$$

即 $(\ln x)'=\frac{1}{x}$.

(2) 对于 $\sin x$，

$$f'(x)=\lim_{\Delta x\to 0}\frac{f(x+\Delta x)-f(x)}{\Delta x}=\lim_{\Delta x\to 0}\frac{\sin(x+\Delta x)-\sin x}{\Delta x}$$

$$=\lim_{\Delta x\to 0}\frac{1}{\Delta x}\cdot 2\cos\left(x+\frac{\Delta x}{2}\right)\sin\frac{\Delta x}{2}=\lim_{\Delta x\to 0}\cos\left(x+\frac{\Delta x}{2}\right)\cdot\frac{\sin\frac{\Delta x}{2}}{\frac{\Delta x}{2}}=\cos x,$$

即 $(\sin x)'=\cos x$.

类似地，$(\cos x)'=-\sin x$.

两个重要极限 $\lim\limits_{x\to 0}\frac{\sin x}{x}=1$，$\lim\limits_{x\to 0}(1+x)^{\frac{1}{x}}=\mathrm{e}$ 在上面两个函数的导数公式建立过程中起到的关键作用，这也正是它们被称为重要极限的原因．

下面的定理给出了函数可导与函数连续之间的关系．

定理 3.2　若函数 $f(x)$ 在点 x_0 处可导，则 $f(x)$ 在点 x_0 处连续．

***证**　函数 $f(x)$ 在点 x_0 处可导及导数的定义，

$$f'(x_0)=\lim_{\Delta x\to 0}\frac{f(x_0+\Delta x)-f(x_0)}{\Delta x},$$

于是

$$\lim_{\Delta x\to 0}[f(x_0+\Delta x)-f(x)]=\lim_{\Delta x\to 0}\frac{f(x_0+\Delta x)-f(x)}{\Delta x}\cdot\Delta x=f'(x_0)\lim_{\Delta x\to 0}\Delta x=0,$$

即

$$\lim_{\Delta x\to 0}f(x_0+\Delta x)=\lim_{x\to x_0}f(x)=f(x_0),$$

所以 $f(x)$在点 x_0 处连续.

由定理 3.2 可知,函数的可导性是一个很强的条件,由它可推出函数的连续性.但是要注意的是,由函数的连续性不能推出可导性.例如,$f(x)=|x|$在 $x=0$ 处是连续的,但在 $x=0$ 处是不可导的.事实上,

$$f'_+(0)=\lim_{\Delta x\to 0^+}\frac{f(0+\Delta x)-f(0)}{\Delta x}=\lim_{\Delta x\to 0^+}\frac{|\Delta x|}{\Delta x}=\lim_{\Delta x\to 0^+}\frac{\Delta x}{\Delta x}=1,$$

$$f'_-(0)=\lim_{\Delta x\to 0^-}\frac{f(0+\Delta x)-f(0)}{\Delta x}=\lim_{\Delta x\to 0^-}\frac{|\Delta x|}{\Delta x}=\lim_{\Delta x\to 0^+}\frac{-\Delta x}{\Delta x}=-1.$$

这表明函数 $f(x)=|x|$在 $x=0$ 处的左、右导数不相等.因此,$f(x)=|x|$在 $x=0$ 处是不可导的.

3.1.5 导数的几何意义

由例 3.2 已经知道,$f(x)$在 $x=x_0$ 点的切线的斜率 k,是割线斜率当 $x\to x_0$ 时的极限,即

$$k=f'(x)=\lim_{\Delta x\to 0}\frac{f(x_0+\Delta x)-f(x_0)}{\Delta x},$$

所以曲线 $y=f(x)$在点(x_0,y_0)的**切线方程**为

$$y-y_0=f'(x_0)(x-x_0). \tag{3.6}$$

当 $f'(x_0)\neq 0$ 时,$y=f(x)$在点(x_0,y_0)的**法线方程**为

$$y-y_0=-\frac{1}{f'(x_0)}(x-x_0). \tag{3.7}$$

例 3.6 求曲线 $y=\ln x$ 在点$(\mathrm{e},1)$处的切线的斜率,并写出在该点处的切线方程和法线方程.

解 由于 $y'=\dfrac{1}{x}$,所以在点$(\mathrm{e},1)$处,所求切线和法线的斜率分别为

$$k_1=\frac{1}{x}\bigg|_{x=\mathrm{e}}=\frac{1}{\mathrm{e}},\quad k_2=-\frac{1}{k_1}=-\mathrm{e},$$

所求切线方程为 $y-1=\frac{1}{e}(x-e)$，法线方程为 $y-1=-e(x-e)$.

3.1.6　基本求导公式

为便于今后学习和计算，务必熟记以下初等函数导数公式，它们可由导数的定义方法或结合后面的求导法则导出：

(1) $(c)'=0$；　(2) $(x^{\alpha})'=\alpha x^{\alpha-1}$；

(3) $(\sin x)'=\cos x$；　(4) $(\cos x)'=\sin x$；

(5) $(\tan x)'=\sec^2 x$；　(6) $(\cot x)'=-\csc^2 x$；

(7) $(\sec x)'=\sec x\tan x$；　(8) $(\csc x)'=-\csc x\cot x$；

(9) $(a^x)'=a^x\ln a$；　(10) $(e^x)'=e^x$；

(11) $(\log_a x)'=\frac{1}{x\ln a}$；　(12) $(\ln x)'=\frac{1}{x}$；

(13) $(\arcsin x)'=\frac{1}{\sqrt{1-x^2}}$；　(14) $(\arccos x)'=-\frac{1}{\sqrt{1-x^2}}$；

(15) $(\arctan x)'=\frac{1}{1+x^2}$；　(16) $(\text{arccot} x)'=-\frac{1}{1+x^2}$.

习　题　3.1

1. 一质点以初速度 v_0 向上做弹射，其运动方程为

$$s=s(t)=v_0 t-\frac{1}{2}gt^2,\quad v_0>2 \text{ 为常数}.$$

试求：

(1) 质点在 t 时刻的瞬时速度；

(2) 何时质点的速度为 0；

(3) 质点回到出发点时的速度.

2. 根据导数的定义求下列函数的导数：

(1) $y=(1+x)^2$；　(2) $y=\sin(3x+1)$.

3. 设 $f(x_0)=0, f'(x_0)=4$，试求极限 $\lim\limits_{\Delta x\to 0}\frac{f(x_0+\Delta x)}{\Delta x}$.

4. 设 $f'(x_0)$ 存在，试利用导数的定义求下列极限：

(1) $\lim\limits_{\Delta x\to 0}\frac{f(x_0-\Delta x)-f(x_0)}{\Delta x}$；　(2) $\lim\limits_{\Delta x\to 0}\frac{f(x_0+\Delta x)-f(x_0-\Delta x)}{\Delta x}$；

(3) $\lim\limits_{h\to 0}\frac{f(x_0+h)-f(x_0-2h)}{2h}$.

5. 设

$$f(x)=\begin{cases} x^2, & x\geqslant 3, \\ ax+b, & x<3, \end{cases}$$

试确定 a,b 的值,使得 $f(x)$ 在 $x=3$ 处可导.

6. 求抛物线 $y=x^2-x+2$ 在点(1,2)处的切线方程和法线方程.

7. 设

$$f(x)=\begin{cases} \sin x, & x<0, \\ x, & x\geqslant 0, \end{cases}$$

求 $f'(x)$.

8. 讨论函数

$$f(x)=\begin{cases} x^2\sin\dfrac{1}{x}, & x\neq 0, \\ 0, & x=0 \end{cases}$$

在 $x=0$ 处的连续性和可导性.

*9. 设函数在其定义域上可导,证明若 $f(x)$ 是偶函数,则 $f'(x)$ 是奇函数;若 $f(x)$ 是奇函数,则 $f'(x)$ 是偶函数.

3.2 求导法则

导数计算可以通过导数的定义直接求得. 在实际计算中,通常是利用导数的基本公式和导数的四则运算法则、复合函数求导法则.

3.2.1 导数的四则运算法则

导数是用极限来定义的,利用极限运算的四则运算法则可以推导出导数的四则运算法则.

定理 3.3 若函数 $u(x)$ 和 $v(x)$ 在点 x 处可导,则函数 $u(x)\pm v(x)$, $u(x)\cdot v(x)$ 和 $\dfrac{u(x)}{v(x)}$ 在点 x 处也可导,并且

(1) $[u(x)\pm v(x)]'=u'(x)\pm v'(x)$; (3.8)

(2) $[u(x)\cdot v(x)]'=u'(x)v(x)+u(x)v'(x)$; (3.9)

(3) $\left(\dfrac{u(x)}{v(x)}\right)'=\dfrac{u'(x)v(x)-u(x)v'(x)}{v^2(x)}\ (v(x)\neq 0)$. (3.10)

证 这里只证明(2),其他公式读者可作为练习自行证明.

$[u(x)\cdot v(x)]'$

$$
\begin{aligned}
&=\lim_{\Delta x\to 0}\frac{u(x+\Delta x)v(x+\Delta x)-u(x)v(x)}{\Delta x}\\
&=\lim_{\Delta x\to 0}\frac{u(x+\Delta x)v(x+\Delta x)-u(x)v(x+\Delta x)+u(x)v(x+\Delta x)-u(x)v(x)}{\Delta x}\\
&=\lim_{\Delta x\to 0}\left[\frac{u(x+\Delta x)-u(x)}{\Delta x}v(x+\Delta x)+u(x)\frac{v(x+\Delta x)-v(x)}{\Delta x}\right]\\
&=\lim_{\Delta x\to 0}\frac{u(x+\Delta x)-u(x)}{\Delta x}\lim_{\Delta x\to 0}v(x+\Delta x)+u(x)\lim_{\Delta x\to 0}\frac{v(x+\Delta x)-v(x)}{\Delta x}\\
&=u'(x)v(x)+u(x)v'(x).
\end{aligned}
$$

特别地，若令 $u(x)\equiv c$，则由式(3.9)可知

$$
[cv(x)]'=cv'(x). \tag{3.11}
$$

这表明，常数可以从求导运算符号内提出来．

此外，利用数学归纳法可以将求导法则(3.9)推广到任意有限个函数乘积的情形．例如，

$$
(uvw)'=u'vw+uv'w-uvw'.
$$

例 3.7　已知 $f(x)=x^3+4\cos x-\sin\frac{\pi}{2}$，求 $f'(x)$，$f'\left(\frac{\pi}{2}\right)$.

解　$f'(x)=(x^3)'+(4\cos x)'-(\sin\frac{\pi}{2})'=3x^2-4\sin x$，

所以

$$
f'\left(\frac{\pi}{2}\right)=\frac{3}{4}\pi^2-4.
$$

例 3.8　$y=\mathrm{e}^x(\sin x+\cos x)$，求 y'.

解　$y'=(\mathrm{e}^x)'(\sin x+\cos x)+\mathrm{e}^x(\sin x+\cos x)'=2\mathrm{e}^x\cos x$.

例 3.9　$y=\tan x$，求 y'.

解　$y'=(\tan x)'=\left(\frac{\sin x}{\cos x}\right)'=\frac{(\sin x)'\cos x-\sin x(\cos x)'}{\cos^2 x}$

$$
=\frac{\cos^2 x+\sin^2 x}{\cos^2 x}=\frac{1}{\cos^2 x}=\sec^2 x.
$$

3.2.2　反函数的导数

定理 3.4　设函数 $x=\varphi(y)$ 在区间 I_y 内单调可导且 $\varphi'(x)\neq 0$，则其反函数 $y=f(x)$ 在对应区间 I_x 内也可导，并且

$$
f'(x)=\frac{1}{\varphi'(y)}\quad 或\quad \frac{\mathrm{d}y}{\mathrm{d}x}=\frac{1}{\frac{\mathrm{d}x}{\mathrm{d}y}}, \tag{3.12}
$$

即反函数的导数等于函数导数的倒数.

例 3.10 由公式$(\sin x)'=\cos x$推导$y=\arcsin x$的导数公式.

解 由于$y=\arcsin x(x\in(-1,1))$是$x=\sin y\left(y\in\left(-\frac{\pi}{2},\frac{\pi}{2}\right)\right)$的反函数,故由式(3.12)得到

$$(\arcsin x)'=\frac{1}{(\sin y)'}=\frac{1}{\cos y}=\frac{1}{\sqrt{1-\sin^2 y}}=\frac{1}{\sqrt{1-x^2}},\quad x\in(-1,1).$$

类似地可得

$$(\arccos x)'=-\frac{1}{\sqrt{1-x^2}}.$$

***例 3.11** 由公式$(\ln x)'=\frac{1}{x}$推导$y=\mathrm{e}^x$的导数公式.

解 $y=\mathrm{e}^x$是$x=\ln y(y\in(-\infty,+\infty))$的反函数,所以

$$(\mathrm{e}^x)'=\frac{1}{(\ln y)'}=y=\mathrm{e}^x.$$

3.2.3 复合函数的求导法则

定理 3.5 如果函数$u=g(x)$在点x可导,而$y=f(u)$在点$u=g(x)$可导,则复合函数$y=f(g(x))$在点x可导,并且其导数为

$$\frac{\mathrm{d}y}{\mathrm{d}x}=f'(u)g'(x)\quad 或\quad \frac{\mathrm{d}y}{\mathrm{d}x}=\frac{\mathrm{d}y}{\mathrm{d}u}\cdot\frac{\mathrm{d}u}{\mathrm{d}x},\tag{3.13}$$

即

$$(f(g(x)))'=f'(u)\big|_{u=g(x)}g'(x)=f'(g(x))g'(x).\tag{3.13$'$}$$

如上定理也可叙述为:**复合函数的导数等于函数对中间变量的导数乘以中间变量对自变量的导数**.这一法则通常称为**求导链式法则**.

例 3.12 设$y=\mathrm{e}^{x^3}$,求$\frac{\mathrm{d}y}{\mathrm{d}x}$.

解 函数$y=\mathrm{e}^{x^3}$可看成是由$y=\mathrm{e}^u,u=x^3$复合而成的,因此,

$$\frac{\mathrm{d}y}{\mathrm{d}x}=\frac{\mathrm{d}y}{\mathrm{d}u}\cdot\frac{\mathrm{d}u}{\mathrm{d}x}=\mathrm{e}^u\cdot 3x^2=3x^2\mathrm{e}^{x^3}.$$

例 3.13 设$y=\sin\frac{2x}{1+x^2}$,求$\frac{\mathrm{d}y}{\mathrm{d}x}$.

解 函数$y=\sin\frac{2x}{1+x^2}$是由$y=\sin u,u=\frac{2x}{1+x^2}$复合而成的,因此,

$$\frac{dy}{dx}=\frac{dy}{du}\cdot\frac{du}{dx}=\cos u\cdot\frac{2(1+x^2)-(2x)^2}{(1+x^2)^2}=\frac{2(1-x^2)}{(1+x^2)^2}\cdot\cos\frac{2x}{1+x^2}.$$

在复合函数求导的计算中，中间变量的引入不是必要的，可利用式(3.13)′直接计算，省去写出中间变量的过程．

例 3.14　设 $y=\ln\sin x$，求 $\frac{dy}{dx}$.

解　$\frac{dy}{dx}=(\ln\sin x)'=\frac{1}{\sin x}\cdot(\sin x)'=\frac{1}{\sin x}\cdot\cos x=\cot x.$

例 3.15　设 $y=\sqrt[3]{1-2x^2}$，求 $\frac{dy}{dx}$.

解　$\frac{dy}{dx}=\left((1-2x^2)^{\frac{1}{3}}\right)'=\frac{1}{3}(1-2x^2)^{-\frac{2}{3}}\cdot(1-2x^2)'=\frac{-4x}{3\sqrt[3]{(1-2x^2)^2}}.$

复合函数的求导法则可以推广到多个中间变量的情形．例如，设

$$y=f(u),\quad u=g(v),\quad v=h(x),$$

则复合函数 $y=f(g(h(x)))$ 的导数为

$$\frac{dy}{dx}=\frac{dy}{du}\cdot\frac{du}{dv}\cdot\frac{dv}{dx}=f'(g(h(x)))g'(h(x))h'(x).$$

例 3.16　设 $y=\ln(\cos e^x)$，求 $\frac{dy}{dx}$.

解　$\frac{dy}{dx}=\frac{1}{\cos e^x}\cdot(-\sin e^x)\cdot e^x=\frac{-e^x\sin e^x}{\cos e^x}=-e^x\tan e^x.$

例 3.17　设 $u=e^{\sin\frac{1}{x}}$，求 $\frac{du}{dx}$.

解　方法一　$\frac{du}{dx}=(e^{\sin\frac{1}{x}})'=e^{\sin\frac{1}{x}}\cdot\left(\sin\frac{1}{x}\right)'$

$$=e^{\sin\frac{1}{x}}\cdot\cos\frac{1}{x}\cdot\left(\frac{1}{x}\right)'=-\frac{1}{x^2}\cdot e^{\sin\frac{1}{x}}\cdot\cos\frac{1}{x}.$$

方法二　由 $u=e^{\sin\frac{1}{x}}$ 取对数有 $\ln u=\sin\frac{1}{x}$，两边对 x 求导数得

$$\frac{1}{u}u'=-\frac{1}{x^2}\cos\frac{1}{x},$$

即

$$u'=-\frac{u}{x^2}\cos\frac{1}{x},$$

也即

$$\frac{du}{dx}=-\frac{1}{x^2}\cdot e^{\sin\frac{1}{x}}\cdot\cos\frac{1}{x}.$$

例 3.18 求 $y=x^{\sin x}(x>0)$的导数.

解 此函数既非幂函数,又非指数函数,通常称为**幂指函数**.

首先,等式 $y=x^{\sin x}$两边取对数,

$$\ln y=\sin x\ln x.$$

其次,上式两边对 x 求导得

$$\frac{1}{y}y'=\cos x\cdot\ln x+\frac{1}{x}\sin x,$$

从而

$$y'=y\left(\cos x\ln x+\frac{\sin x}{x}\right)=x^{\sin x}\left(\cos x\ln x+\frac{\sin x}{x}\right).$$

上述例题的计算方法称为**对数求导法**,其步骤是先对函数进行对数运算,然后再求导. 该方法常用于求幂指函数 $y=u(x)^{v(x)}$ $(u(x)>0)$的导数,在 $y=u(x)^{v(x)}$两边取对数得

$$\ln y=v(x)\ln u(x).$$

再对上式两边关于 x 求导得

$$\frac{1}{y}y'=v'(x)\ln u(x)+\frac{u'(x)v(x)}{u(x)},$$

从而

$$y'=u(x)^{v(x)}\left(v'(x)\ln u(x)+\frac{u'(x)v(x)}{u(x)}\right).$$

例 3.19 设 $y=\sqrt{\frac{(x-1)(x-2)}{(x-3)(x-4)}}(x>4)$,求 y'.

解 两边取对数得

$$\ln y=\frac{1}{2}[\ln(x-1)+\ln(x-2)-\ln(x-3)-\ln(x-4)].$$

上式两边对 x 求导得

$$\frac{1}{y}\cdot y'=\frac{1}{2}\left(\frac{1}{x-1}+\frac{1}{x-2}-\frac{1}{x-3}-\frac{1}{x-4}\right).$$

因此,

$$y'=\frac{1}{2}\sqrt{\frac{(x-1)(x-2)}{(x-3)(x-4)}}\left(\frac{1}{x-1}+\frac{1}{x-2}-\frac{1}{x-3}-\frac{1}{x-4}\right).$$

例 3.20　设 $y=x^x$,求 y'.

解　两边取对数得 $\ln y=x\ln x$,再两边对 x 求导得 $\frac{1}{y}y'=\ln x+1$,于是 $y'=(\ln x+1)y$.

***例 3.21**　已知 $f(x)$可导,$y=f(\tan x)$,求$\frac{\mathrm{d}y}{\mathrm{d}x}$.

解　$\frac{\mathrm{d}y}{\mathrm{d}x}=\frac{\mathrm{d}y}{\mathrm{d}u}\cdot\frac{\mathrm{d}u}{\mathrm{d}x}=f'(u)\cdot(\tan x)'=f'(\tan x)\cdot\sec^2 x$.

习　题　3.2

1. 求下列函数的导函数:

(1) $y=3x^2+2$;　(2) $y=\frac{1-x^2}{1+x+x^2}$;

(3) $y=x^n+nx$;　(4) $y=\frac{x}{m}+\frac{m}{x}+2\sqrt{x}+\frac{2}{\sqrt{x}}$;

(5) $y=x^3\log_3 x$;　(6) $y=\mathrm{e}^x\cos x$;

(7) $y=(x^2+1)(3x-1)(1-x^3)$;　(8) $y=\frac{\tan x}{x}$;

(9) $y=\frac{x}{1-\cos x}$;　(10) $y=\frac{1+\ln x}{1-\ln x}$;

(11) $y=(\sqrt{x}+1)\arctan x$;　(12) $y=\frac{1+x^2}{\sin x+\cos x}$.

2. 求下列函数的导函数:

(1) $y=x\sqrt{1-x^2}$;　(2) $y=(3x^3+5)^5$;

(3) $y=\left(\frac{1+x^2}{1-x}\right)^3$;　(4) $y=\sin(3x^2+1)$;

(5) $y=\cos^3 4x$;　(6) $y=\left(\frac{1+x^3}{1-x^3}\right)^{\frac{1}{3}}$;

(7) $y=\ln(x+\sqrt{1+x^2})$;　(8) $y=[\ln(x\sec x)]^2$;

(9) $y=(\sin x+\cos x)^3$;　(10) $y=\arctan\mathrm{e}^{\sqrt{x}}$;

(11) $y=\sin\sqrt{1+x^2}$;　(12) $y=\tan(\ln x)$;

(13) $y=\arcsin\frac{1}{x}$;　(14) $y=\sqrt{x+\sqrt{x}}$;

(15) $y=\operatorname{arccot}\frac{1+x}{1-x}$;　(16) $y=x^2\sin(\ln x)$;

(17) $y=\arctan(\sin x+2e^{\cos x})$;　　(18) $y=(\ln x)^x$;

(19) $y=x^{x^x}$;　　(20) $y=\frac{x^2}{1-x}\sqrt{\frac{3-x}{3+x}}$;

(21) $y=x(3x-1)^2(5x-2)^4(7x-3)^6$.

3. 设 $f(x)$ 可导且 $f(x+1)=x^2$,求 $f'(x)$,$f'(x+1)$,$f'(x-1)$.

4. 已知 $g(x)$ 为可导函数,a 为实常数,试求下列函数的导数:

(1) $f(x)=g(x+g(a))$;　　(2) $f(x)=g(x+g(x))$;

(3) $f(x)=g(x\cdot g(a))$;　　(4) $f(x)=g(x\cdot g(x))$.

3.3 隐函数 参变量函数的导数和高阶导数

3.3.1 隐函数的导数

用函数解析表达式来表示 y 和 x 之间的函数关系可分为两种方式:一种是形如 $y=f(x)$ 的描述方式,如 $y=\sin x$,$y=\ln(x+\sqrt{1+x^2})$,称为显函数表示;另一种是通过方程 $F(x,y)=0$ 的形式来确定 y 和 x 之间的函数关系,如 $x+y^3-1=0$,$e^{xy}+\sin(x+y)=0$,称为**隐函数表示**. 一些隐函数可以解出 y 关于 x(或者 x 关于 y)的关系式,使之化为显函数 $y=f(x)$(或 $x=\varphi(y)$),称为**隐函数的显化**. 例如,$x+y^3-1=0$ 可以确定一个显函数 $y=\sqrt[3]{1-x}$. 但更多的隐函数无法或者很难被显化,如 $e^{xy}+\sin(x+y)=0$. 在实际问题中,往往需要计算隐函数的导数,希望无论隐函数能否显化,都能计算出其导数来.

下面通过一些例子解析对隐函数的求导方法.

例 3.22 设方程 $e^{xy}+\sin(x+y)=0$ 确定了一个隐函数 $y=f(x)$,求 y'.

解 所给方程两边对变量 x 求导,注意到 y 是关于 x 的函数,根据复合函数的求导法则有

$$e^{xy}(xy)'+\cos(x+y)(x+y)'=0,$$

即

$$e^{xy}(y+xy')+\cos(x+y)(1+y')=0.$$

通过上面的方程解出 y',则有

$$y'=-\frac{ye^{xy}+\cos(x+y)}{xe^{xy}+\cos(x+y)}.$$

例 3.23 求椭圆 $\frac{x^2}{16}+\frac{y^2}{9}=1$ 在点 $\left(2,\frac{3}{2}\sqrt{3}\right)$ 处的切线方程.

解 设所求切线的斜率为 k,根据导数的几何意义可知,$k=y'|_{x=2}$. 所给椭圆方程两边对 x 求导得

$$\frac{x}{8}+\frac{2y}{9}y'=0,$$

即 $y'=-\frac{9x}{16y}$. 因此，

$$y'|_{x=2}=-\frac{18}{24\sqrt{3}}=-\frac{3}{4\sqrt{3}}=-\frac{\sqrt{3}}{4},$$

所以在点$\left(2,\frac{3}{2}\sqrt{3}\right)$处，所求切线方程为

$$y-\frac{3}{2}\sqrt{3}=-\frac{\sqrt{3}}{4}(x-2),$$

即

$$\sqrt{3}x+4y-8\sqrt{3}=0.$$

通过例 3.22 和例 3.23，不难总结出如下关于隐函数求导的方法：

假设函数 $y=f(x)$ 由方程 $F(x,y)=0$ 所确定，求 $y'=f'(x)$ 的方法就是利用复合函数的求导法则，对 $F(x,y)=0$ 所表示的方程两边关于变量 x 求导（注意：其中 $y=f(x)$），得到关于 x,y,y' 的一个方程，再解出导数 y'. 这就是**隐函数求导法**.

3.3.2　参变量函数的导数

已经知道，方程组

$$\begin{cases}x=\varphi(t),\\ y=\psi(t),\end{cases}\quad \alpha\leqslant t\leqslant\beta \tag{3.14}$$

表示平面上的一条曲线 C，方程组(3.14)称为曲线的**参数方程**. 方程组(3.14)确定的 y 与 x 之间的函数关系 $y=y(x)$，称为**参数方程表示的函数**.

在实际问题中，需要计算由参数方程(3.14)所表示的函数的导数. 一般来说，要从式(3.14)中消去参数 t 有时会很困难，如何利用参数方程直接去求 y 关于 x 的导数，即计算$\frac{\mathrm{d}y}{\mathrm{d}x}$，分析如下：

设 $\varphi(t),\psi(t)$ 都为可导函数，$x=\varphi(t)$ 具有反函数 $t=\varphi^{-1}(x)$ 且 $\varphi'(t)\neq0$，则变量 y 与 x 之间构成复合函数关系

$$y=\psi(\varphi^{-1}(x)),$$

其中参量 t 作为中间变量. 利用复合函数及反函数的求导法则有

$$\frac{\mathrm{d}y}{\mathrm{d}x}=\frac{\mathrm{d}y}{\mathrm{d}t}\cdot\frac{\mathrm{d}t}{\mathrm{d}x}=\frac{\mathrm{d}y}{\mathrm{d}t}\cdot\frac{1}{\frac{\mathrm{d}x}{\mathrm{d}t}}=\frac{\psi'(t)}{\phi'(t)},$$

即

$$\frac{dy}{dx}=\frac{\frac{dy}{dt}}{\frac{dx}{dt}}=\frac{\psi'(t)}{\phi'(t)}. \tag{3.15}$$

称式(3.15)为参数方程(3.14)所表示函数 $y=y(x)$ 的求导公式.

例 3.24 已知椭圆参数方程为$\begin{cases}x=a\cos t,\\ y=b\sin t,\end{cases}$求椭圆在 $t=\frac{\pi}{4}$ 相应的点处的切线方程.

解 当 $t=\frac{\pi}{4}$ 时,椭圆上相应的点 M_0 的坐标为

$$x_0=\frac{\sqrt{2}}{2}a,\quad y_0=\frac{\sqrt{2}}{2}b,$$

椭圆在点 M_0 处的切线的斜率为

$$\left.\frac{dy}{dx}\right|_{t=\frac{\pi}{4}}=\left.\frac{b\cos t}{-a\sin t}\right|_{t=\frac{\pi}{4}}=-\frac{b}{a},$$

故所求切线方程为

$$y-\frac{\sqrt{2}}{2}b=-\frac{b}{a}\left(x-\frac{\sqrt{2}}{2}a\right),$$

即

$$bx+ay-\sqrt{2}ab=0.$$

***例 3.25** 已知一质点的运动轨迹可由参数方程$\begin{cases}x=v_1t,\\ y=v_2t-\frac{1}{2}gt^2\end{cases}$来表示,求该质点的运动速度的大小和方向.

解 将质点的运动速度在 t 时刻作水平方向和竖直方向的分解,则水平分速度为$\frac{dx}{dt}=v_1$,竖直分速度为$\frac{dy}{dt}=v_2-gt$. 在 t 时刻,质点运动速度的大小为

$$v=\sqrt{\left(\frac{dx}{dt}\right)^2+\left(\frac{dy}{dt}\right)^2}=\sqrt{{v_1}^2+(v_2-gt)^2}.$$

速度的方向也就是轨道的切线方向. 设切线的倾斜角为 α,则由导数的几何意义得

$$\tan\alpha=\frac{dy}{dx}=\frac{\frac{dy}{dt}}{\frac{dx}{dt}}=\frac{v_2-gt}{v_1}.$$

3.3.3　高阶导数

设物体的运动方程为 $s=s(t)$，则它的运动速度为 $v(t)=s'(t)$，而速度在 t_0 时刻的变化率

$$\lim_{\Delta x\to 0}\frac{v(t_0+\Delta t)-v(t_0)}{\Delta t}$$

就是运动物体在 t_0 时刻的加速度．因此，加速度就是速度函数的导数，也就是路程 $s=s(t)$ 的**导函数的导数**，这就产生了所谓的高阶导数的概念．

定义 3.4（高阶导数）　函数 $f(x)$ 的导函数 $f'(x)$ 在点 x 处的导数，称为 $f(x)$ 在点 x 处的**二阶导数**，记作 $f''(x)$，即

$$f''(x)=(f'(x))'=\lim_{\Delta x\to 0}\frac{f'(x+\Delta x)-f'(x)}{\Delta x}. \tag{3.16}$$

类似地，$f(x)$ 的二阶导函数在点 x 处的导数称为**三阶导数**，记作 $f'''(x)$，即

$$f'''(x)=(f''(x))'=\lim_{\Delta x\to 0}\frac{f''(x+\Delta x)-f''(x)}{\Delta x}.$$

一般地，称 $f'(x)$ 为函数 $f(x)$ 的**一阶导数**，$f(x)$ 的 n **阶导数**由 $f(x)$ 的 $n-1$ 阶导函数定义，二阶以及二阶以上的导数统称为**高阶导数**，n 阶导数记作 $f^{(n)}$，$y^{(n)}$ 或 $\frac{\mathrm{d}^n y}{\mathrm{d}x^n}$. 按照高阶导数的定义，

$$\frac{\mathrm{d}^2 y}{\mathrm{d}x^2}=\frac{\mathrm{d}}{\mathrm{d}x}\left(\frac{\mathrm{d}y}{\mathrm{d}x}\right),\quad \frac{\mathrm{d}^3 y}{\mathrm{d}x^3}=\frac{\mathrm{d}}{\mathrm{d}x}\left(\frac{\mathrm{d}^2 y}{\mathrm{d}x^2}\right),\quad \cdots,\quad \frac{\mathrm{d}^n y}{\mathrm{d}x^n}=\frac{\mathrm{d}}{\mathrm{d}x}\left(\frac{\mathrm{d}^{n-1} y}{\mathrm{d}x^{n-1}}\right),$$

即 n 阶导数 $\frac{\mathrm{d}^n y}{\mathrm{d}x^n}$ 是对 y 相继进行 n 次求导运算"$\frac{\mathrm{d}}{\mathrm{d}x}$"的结果．

例 3.26　求函数 $y=x^n$（其中 n 为正整数）的各阶导数．

解　由幂函数的求导公式得

$$\begin{aligned}
&y'=nx^{n-1},\\
&y''=n(n-1)x^{n-2},\\
&\cdots\cdots\\
&y^{(n-1)}=(y^{(n-2)})'=n(n-1)\cdots 2x,\\
&y^{(n)}=(y^{(n-1)})'=n(n-1)\cdots 2\cdot 1=n!,\\
&y^{(n+1)}=y^{(n+2)}=\cdots=0.
\end{aligned}$$

例 3.27　求 $y=\sin x$ 的 n 阶导数．

解　$y'=\cos x=\sin\left(x+\frac{\pi}{2}\right)$，

$$y''=\cos\left(x+\frac{\pi}{2}\right)=\sin\left(x+\frac{\pi}{2}+\frac{\pi}{2}\right)=\sin\left(x+2\cdot\frac{\pi}{2}\right),$$

$$y'''=\cos\left(x+2\cdot\frac{\pi}{2}\right)=\sin\left(x+2\cdot\frac{\pi}{2}+\frac{\pi}{2}\right)=\sin\left(x+3\cdot\frac{\pi}{2}\right),$$

$$y^{(4)}=\cos\left(x+3\cdot\frac{\pi}{2}\right)=\sin\left(x+4\cdot\frac{\pi}{2}\right).$$

一般地,

$$y^{(n)}=\sin\left(x+\frac{n\pi}{2}\right),\quad n=0,1,2,\cdots.$$

类似地可得

$$(\cos x)^{(n)}=\cos\left(x+\frac{n\pi}{2}\right),\quad n=0,1,2,\cdots.$$

例 3.28 求 $y=\mathrm{e}^x$ 的各阶导数.

解 $y'=\mathrm{e}^x,\quad y''=\mathrm{e}^x,\cdots,\quad y^{(n)}=\mathrm{e}^x,\quad \cdots,$

所以

$$(\mathrm{e}^x)^{(n)}=\mathrm{e}^x,\quad n=0,1,2,\cdots.$$

下面给出高阶导数的运算法.

$$(u\pm v)^{(n)}=u^{(n)}\pm v^{(n)}.$$

如果设 $y=u(x)v(x)$,则

$$(uv)'=u'v+uv',$$
$$(uv)''=u''v+2u'v'+uv'',$$
$$(uv)'''=u'''v+3u''v'+3u'v''+uv''',$$
$$\cdots\cdots$$

不难发现,这里的结果与二项式 $(u+v)^n$ 的展开式极为相似.利用数学归纳法,可以证明

$$(uv)^{(n)}=u^{(n)}v+nu^{(n-1)}v+\frac{n(n-1)}{2!}u^{(n-2)}v''+\cdots+\frac{n(n-1)\cdots(n-k+1)}{k!}u^{(n-k)}v^{(k)}+\cdots+uv^{(n)}$$

$$=\sum_{k=0}^{n}\mathrm{C}_n^k u^{(n-k)}v^{(k)},\tag{3.17}$$

其中 $u^{(0)}=u,v^{(0)}=v$. 式(3.17)称为**莱布尼茨公式**.

***例 3.29** $y=x^2\mathrm{e}^{2x}$,求 $y^{(20)}$.

解 记 $u=\mathrm{e}^{2x},v=x^2$,则

$$u^{(n)}=(\mathrm{e}^{2x})^{(n)}=2^n\mathrm{e}^{2x},\quad v'=(x^2)'=2x,\quad v''=(x^2)''=2,\quad v'''=0.$$

代入莱布尼茨公式,得

$$y^{(20)}=(x^2\mathrm{e}^{2x})^{(20)}$$

$$=2^{20}e^{2x}\cdot x^2+20\cdot 2^{19}\cdot e^{2x}+C_{20}^2\cdot 2^{18}\cdot e^{2x}\cdot 2=e^{2x}\cdot 2^{20}\cdot(x^2+20x+95).$$

最后来讨论关于参量方程的高阶导数问题.

设 $\varphi(t)$,$\psi(t)$都是二阶可导的,则由参量方程

$$\begin{cases}x=\varphi(t),\\ y=\psi(t)\end{cases}$$

所表示的函数的一阶导数为$\frac{\mathrm{d}y}{\mathrm{d}x}=\frac{\psi'(t)}{\varphi'(t)}$. 考虑如下的参量方程:

$$\begin{cases}x=\varphi(t),\\ Y=\dfrac{\psi'(t)}{\varphi'(t)}.\end{cases}$$

利用参量方程的求导公式,注意到

$$\frac{\mathrm{d}Y}{\mathrm{d}x}=\frac{\mathrm{d}}{\mathrm{d}x}\left(\frac{\mathrm{d}y}{\mathrm{d}x}\right)=\frac{\mathrm{d}^2y}{\mathrm{d}x^2}$$

所以

$$\frac{\mathrm{d}^2y}{\mathrm{d}x^2}=\frac{\mathrm{d}Y}{\mathrm{d}x}=\frac{\left(\dfrac{\psi'(t)}{\varphi'(t)}\right)'}{\varphi'(t)}=\frac{\psi''(t)\varphi'(t)-\psi'(t)\varphi''(t)}{(\varphi'(t))^3}. \tag{3.18}$$

例 3.30　计算由摆线的参量方程$\begin{cases}x=a(\theta-\sin\theta),\\ y=a(1-\cos\theta)\end{cases}$所表示的函数的二阶导数.

解　由参量方程求导公式(3.15),

$$\frac{\mathrm{d}y}{\mathrm{d}x}=\frac{\dfrac{\mathrm{d}y}{\mathrm{d}\theta}}{\dfrac{\mathrm{d}x}{\mathrm{d}\theta}}=\frac{a\sin\theta}{a(1-\cos\theta)}=\frac{\sin\theta}{1-\cos\theta}=\cot\frac{\theta}{2}.$$

再由式(3.18),

$$\frac{\mathrm{d}^2y}{\mathrm{d}x^2}=\frac{\left(\cot\dfrac{\theta}{2}\right)'}{[a(\theta-\sin\theta)]'}=\frac{-\dfrac{1}{2}\csc^2\dfrac{\theta}{2}}{a(1-\cos\theta)}=-\frac{1}{4a}\csc^4\frac{\theta}{2}.$$

习　题　3.3

1. 试求下列方程所确定的隐函数 $y=y(x)$的导数:

(1) $x^2+xy+y^3=3$;　　(2) $xy+e^y=1$;

(3) $x^y=y^x$.

2. 设曲线 $y=y(x)$由方程 $y-xe^y=1$ 所确定,试求该曲线在点(0,1)处的切线方程和法线方程.

3. 试求曲线 $y=x\ln x$ 平行于直线 $2x-2y+3=0$ 的法线方程.

4. 证明曲线 $\sqrt{x}+\sqrt{y}=\sqrt{a}$ $(a>0)$ 上任意一点的切线截两坐标轴的截距之和恒等于 a.

5. 求下列参数方程所确定的函数的导数 $\frac{dy}{dx}$:

(1) $\begin{cases} x=3e^{-t}, \\ y=2e^{t}; \end{cases}$ (2) $\begin{cases} x=e^{t}\sin t, \\ y=e^{t}\cos t; \end{cases}$ (3) $\begin{cases} x=\ln(1+t^{2}), \\ y=t-\arctan t. \end{cases}$

6. 求下列函数的二阶导数:

(1) $y=e^{3x-2}$; (2) $y=e^{-t}\sin t$;

(3) $y=\ln(1-x^{2})$; (4) $y=\frac{1}{1+x^{2}}$.

7. 求方程 $y^{2}+x^{3}y=2x$ 所确定的隐函数 $y=y(x)$ 的二阶导数 $\frac{d^{2}y}{dx^{2}}$.

3.4 函数的微分

3.4.1 微分的概念

首先来看一个具体问题. 一块正方形金属薄片因受温度变化的影响,其边长由 x_0 变到 $x_0+\Delta x$,问:此薄片的面积改变了多少?

设正方形金属薄片的边长为 x_0,面积为 S,则 $S=x_0^2$. 薄片受温度变化的影响时面积的改变量可以看成是当自变量 x 自 x_0 取得增量 Δx 时,因变量 S 取得相应的增量 ΔS,

$$\Delta S=(x_0+\Delta x)^2-x_0{}^2=2x_0\Delta x+(\Delta x)^2.$$

从上式可以看出,ΔS 由两部分组成. 第一部分是 $2x_0\Delta x$;第二部分 $(\Delta x)^2$ 是关于 Δx 高阶的无穷小量,即 $(\Delta x)^2=o(\Delta x)(\Delta x\to 0)$. 当边长改变 $|\Delta x|$ 足够小时,ΔS 可以近似地用第一部分(Δx 的线性部分 $2x_0\Delta x$)来代替,由此产生的误差是一个关于 Δx 的高阶无穷小量(在实际中,通常可以忽略不计).

把上述问题抽象为一个数学问题,就是下面将要介绍的微分.

定义 3.5 设函数 $y=f(x)$ 在 x_0 的某邻域 $U(x_0)$ 内有定义,当给 x_0 一个增量 Δx,并且 $x_0+\Delta x\in U(x_0)$ 时,函数的增量为 $\Delta y=f(x_0+\Delta x)-f(x_0)$. 如果存在一个与 Δx 无关的常数 A,使得 Δy 能表示为

$$\Delta y=A\Delta x+o(\Delta x), \tag{3.19}$$

则称函数 $f(x)$ 在 x_0 **可微**,并且称 $A\Delta x$ 为 $f(x)$ 在 x_0 处相应于自变量增量 Δx 的

微分，记作$\mathrm{d}y|_{x=x_0}$或 $\mathrm{d}f(x_0)$，即

$$\mathrm{d}y|_{x=x_0}=A\Delta x. \tag{3.20}$$

3.4.2　函数可微的条件

定理 3.6　函数 $y=f(x)$在点 x_0 可微，当且仅当函数 $y=f(x)$可导，并且函数的微分等于函数在 x_0 的导数与自变量的增量 Δx 的乘积，即

$$\mathrm{d}f(x_0)=f'(x_0)\Delta x.$$

*__证__　必要性．若 $f(x)$在 x_0 可微，则当 $\Delta x\neq 0$ 时，由式(3.19)得

$$\frac{\Delta y}{\Delta x}=A+\frac{o(\Delta x)}{\Delta x}.$$

当 $\Delta x\to 0$ 时，由上式得

$$A=\lim_{\Delta x\to 0}\frac{\Delta y}{\Delta x}=f'(x_0),$$

即函数 $y=f(x)$在点 x_0 可导，并且 $A=f'(x_0)$.

充分性．若 $y=f(x)$在点 x_0 可导，则

$$\alpha=\frac{\Delta y}{\Delta x}-f'(x_0)$$

是当 $\Delta x\to 0$ 时的无穷小量，于是 $\alpha\cdot\Delta x=o(\Delta x)$，即

$$\Delta y=f'(x_0)\Delta x+o(\Delta x).$$

注意到 $f'(x_0)$不依赖于 Δx，由微分的定义可知，$f(x)$在 x_0 可微．

例 3.31　求函数 $y=x^3$ 当 $x=2$，$\Delta x=0.02$ 时的微分．

解　$\mathrm{d}y|_{x=2}=3x^2\cdot\Delta x|_{\Delta x=0.02}=0.24$.

定义 3.6　若函数 $y=f(x)$在区间 I 上的每一点都可微，则称 f 为 I 上的可微函数．函数 $y=f(x)$在区间 I 上任一点 x 处的**微分**记作

$$\mathrm{d}y=f'(x)\Delta x,\quad x\in I. \tag{3.21}$$

特别地，当 $y=x$ 时，$\mathrm{d}y=\mathrm{d}x=1\cdot\Delta x=\Delta x$. 这表明，对函数自变量的微分 $\mathrm{d}x$ 就等于自变量的增量 Δx. 因此，也约定式(3.21)有如下等价记法：

$$\mathrm{d}y=f'(x)\mathrm{d}x, \tag{3.22}$$

即**函数的微分等于函数的导数与自变量微分的积**．也有 $f'(x)=\dfrac{\mathrm{d}y}{\mathrm{d}x}$，即有：

函数的导数等于函数的微分 $\mathrm{d}y$ 与自变量的微分 $\mathrm{d}x$ 之商．

注 3.2　在微分之前，总把$\dfrac{\mathrm{d}y}{\mathrm{d}x}$作为一个运算记号的整体来看待．有了微分概念之后，我们便可将它看成一个分式，即函数微分与自变量微分的商(微商).

微分的几何意义如下：如图 3-2 所示，TM_0 是曲线 $y=f(x)$ 在点 M_0 处的切线，并且 TM_0 的斜率 $k=\tan\alpha=f'(x_0)$，

$$\Delta y=f(x_0+\Delta x)-f(x_0)=MN,$$
$$\mathrm{d}y=f'(x_0)\Delta x=\tan\alpha\cdot\Delta x=KN.$$

由此可知，当 x_0 处自变量的改变量为 Δx 时，$\Delta y=MN$ 是曲线 $y=f(x)$ 纵坐标的改变量，而微分 $\mathrm{d}y=KN$ 则是曲线 $y=f(x)$ 在点 M_0 的切线 TM_0 纵坐标的改变量．因此，用 $\mathrm{d}y$ 近似代替 Δy 就是 $|KN|$ 近似代替 $|MN|$，其误差为

$$|MN|-|KN|=|MK|=o(\Delta x).$$

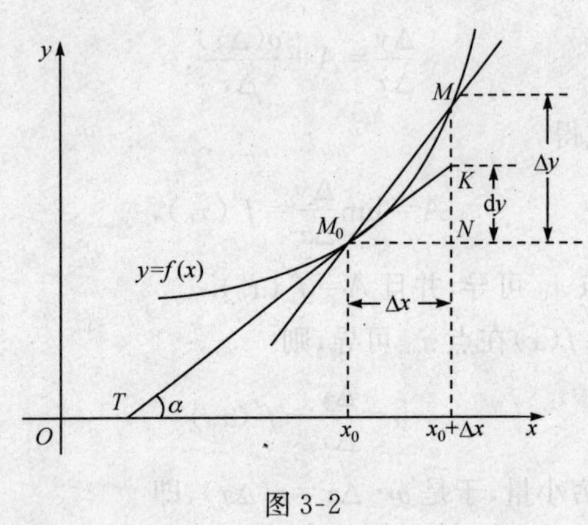

图 3-2

3.4.3 微分的运算法则

由 $\mathrm{d}y=f'(x)\mathrm{d}x$ 可以看出，计算函数的微分，实际上也是求函数的导数．只要计算出函数的导数，再乘以自变量的微分即可．利用导数与微分的关系，不难得到如下的微分运算法则：

$$\mathrm{d}[u(x)\pm v(x)]=\mathrm{d}u(x)\pm\mathrm{d}v(x),$$
$$\mathrm{d}[u(x)v(x)]=u(x)\mathrm{d}v(x)+v(x)\mathrm{d}u(x),$$
$$\mathrm{d}\left[\frac{u(x)}{v(x)}\right]=\frac{v(x)\mathrm{d}u(x)-u(x)\mathrm{d}v(x)}{v^2(x)},$$
$$\mathrm{d}[f(g(x))]=f'(g(x))g'(x)\mathrm{d}x.$$

在上述复合函数的微分运算法则中，记 $u=g(x)$，由于 $\mathrm{d}u=g'(x)\mathrm{d}x$，所以

$$\mathrm{d}(f(g(x)))=f'(g(x))g'(x)\mathrm{d}x==f'(g(x))\mathrm{d}g(x),$$

即

$$\mathrm{d}f(u)=f'(u)\mathrm{d}u.$$

由此可见，无论 u 是自变量还是复合函数的中间变量，函数 $y=f(u)$ 的微分都

可以写为 $df(u)=f'(u)du$. 这个性质通常称为**一阶微分形式的不变性**.

例 3.32 求 $y=\ln\cos x^2$ 的微分.

解 $$dy=d(\ln\cos x^2)=\frac{1}{\cos x^2}d(\cos x^2)$$

$$=\frac{-\sin x^2}{\cos x^2}d(x^2)=\frac{-\sin x^2}{\cos x^2}2x dx=-2x\tan x^2 dx.$$

例 3.33 利用一阶微分形式的不变性,求 $y=e^{\sin(ax+b)}$ 的微分.

解 $$\begin{aligned}dy&=e^{\sin(ax+b)}d(\sin(ax+b))\\&=e^{\sin(ax+b)}\cos(ax+b)d(ax+b)\\&=ae^{\sin(ax+b)}\cos(ax+b)dx.\end{aligned}$$

3.4.4 微分在近似计算中的应用

设 $y=f(x)$ 在点 x_0 处可微,由微分的定义可知

$$\Delta y=f(x_0+\Delta x)-f(x_0)=f'(x_0)\Delta x+o(\Delta x).$$

当 $|\Delta x|$ 很小时有 $\Delta y\approx dy$,于是

$$f(x_0+\Delta x)\approx f(x_0)+f'(x_0)\Delta x, \tag{3.23}$$

即当 $x\approx x_0$ 时,

$$f(x)\approx f(x_0)+f'(x_0)(x-x_0). \tag{3.24}$$

注意到曲线 $y=f(x)$ 在点 $(x_0,f(x_0))$ 处的切线方程为

$$f(x)=f(x_0)+f'(x_0)(x-x_0).$$

这表明,当 x 充分接近 x_0 时,可以用切线近似代替曲线,即"**以直代曲**". 在实际应用中,常用这种线性近似的思想来对复杂问题进行简化处理.

一般地,为了求得 $f(x)$ 的近似值,可找一充分接近 x 的点 x_0,只要 $f(x_0)$ 和 $f'(x_0)$ 易于计算,利用式(3.24)就可方便求得 $f(x)$ 的近似值.

例 3.34 求 $\sqrt[3]{998.5}$ 的近似值.

解 设 $f(x)=\sqrt[3]{x}$,由式(3.24)得

$$\sqrt[3]{998.5}=f(1000-1.5)\approx f(1000)+f'(1000)\cdot(-1.5)=10-\frac{1.5}{300}=9.995.$$

例 3.35 求 $\sin 33°$ 的近似值.

解 设 $f(x)=\sin x$,由式(3.24)得

$$\sin 33°=f(30°+3°)\approx f\left(\frac{\pi}{6}\right)+f'\left(\frac{\pi}{6}\right)\frac{\pi}{60}=\frac{1}{2}+\frac{\sqrt{3}}{120}\approx 0.545.$$

习 题 3.4

1. 若 $x=1$,而 $\Delta x=0.1,0.01$,则对于 $y=x^2$,Δy 与 dy 之差分别是多少?

2. 将合适的函数填入下列括号,使等式成立:

(1) d(　　)$=5x\mathrm{d}x$;　　(2) d(　　)$=\sin ax\mathrm{d}x$;

(3) d(　　)$=\dfrac{\mathrm{d}x}{2+x}$;　　(4) d(　　)$=\mathrm{e}^{-2x}\mathrm{d}x$;

(5) d(　　)$=\dfrac{\mathrm{d}x}{\sqrt{x}}$;　　(6) d(　　)$=\sec^2 2x\mathrm{d}x$.

3. 求下列函数的微分:

(1) $y=x\sin 2x$;　　(2) $y=\ln\sqrt{1-x^3}$;

(3) $y=\sqrt{x-\sqrt{x}}$;　　(4) $y=\ln(x+\sqrt{x^2\pm a^2})$.

4. 利用微分求下列近似值:

(1) $\sqrt[3]{1.02}$;　(2) lg11;　(3) $\tan 45°10'$;　(4) $\sqrt{26}$.

*5. 设钟摆的周期是1s,在冬季摆长至多缩短0.01cm,试问:此钟每天最多快几秒(单摆周期 T 与摆长 l 的关系为 $T=2\pi\sqrt{\dfrac{l}{g}}$,其中 g 为重力加速度)?

第 4 章　微分中值定理与导数应用

微分中值定理是微分学理论的基石，是应用函数的导数研究函数性质的纽带．微分中值定理实现了函数的导数和函数之间的联系，为全面、深刻地研究函数的性质开辟了道路．本章首先介绍微分中值定理，然后介绍用导数方法研究函数的单调、极值、凹凸等性质．

4.1　微分中值定理

4.1.1　罗尔定理

微分中值定理有三种形式，其中罗尔定理是最基本、最特殊的形式．

定理 4.1（罗尔定理）　若函数 $f(x)$满足

(1) 在$[a,b]$上连续；

(2) 在(a,b)内可导；

(3) $f(a)=f(b)$，

则存在 $\xi\in(a,b)$，使得 $f'(\xi)=0$.

罗尔定理的几何意义如下：如图 4-1 所示，若曲线段 AB 的弦 AB 是水平的，则 AB 上至少存在一点，曲线在该点的切线是水平的．

分析　在图 4-1 中，闭区间$[a,b]$上的连续函数的图形的最高点和最低点存在切线．从直观可以看到，函数在这样的点处的导数等于零．这就启发我们讨论函数在这些点处的导数．

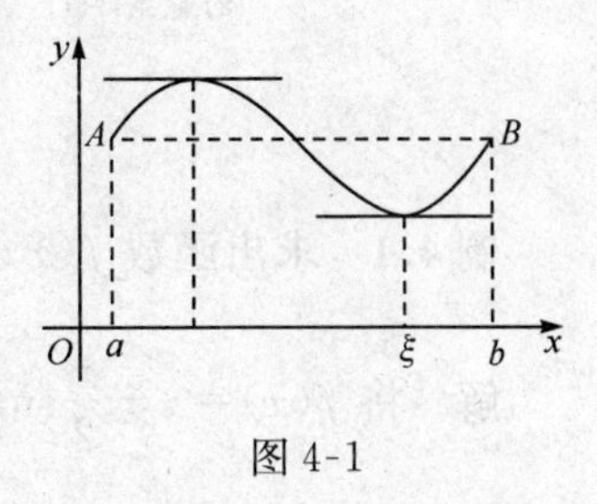

图 4-1

***证**　由 $f(x)$的连续条件和闭区间$[a,b]$上连续函数的最值性知，$f(x)$在$[a,b]$上存在最大值 M 和最小值 m. 下面分为两种情况证明．

(1) 若 $M=m$，则 $f(x)$是常数函数．可设 $f(x)=M$，则 $\forall x\in[a,b]$，都有 $f'(x)\equiv0$. 此时，ξ 可选(a,b)内任一点，都有

$$f'(\xi)=0.$$

(2) 若 $M\neq m$，则 $m<M$. 由 $f(a)=f(b)$知，函数 $f(x)$在闭区间$[a,b]$上的最大值或最小值必然在(a,b)内的某点 ξ 处取得，点 ξ 必为函数 $f(x)$在(a,b)内的一个极值点．可以证明，$f'(\xi)=0$.

事实上,不妨设 $f(\xi)=M(\xi\in(a,b))$,即 ξ 是 $f(x)$ 在 (a,b) 上的最大值点. 于是与 $\Delta x>0$ 时有

$$\frac{f(\xi+\Delta x)-f(\xi)}{\Delta x}\leqslant 0;$$

当 $\Delta x<0$ 时有

$$\frac{f(\xi+\Delta x)-f(\xi)}{\Delta x}\geqslant 0.$$

而 $f(x)$ 在 $\xi\in(a,b)$ 处可导,所以有

$$f'(\xi)=f'_{+}(\xi)=\lim_{\Delta x\to 0^{+}}\frac{f(\xi+\Delta x)-f(\xi)}{\Delta x}\leqslant 0,$$

$$f'(\xi)=f'_{-}(\xi)=\lim_{\Delta x\to 0^{-}}\frac{f(\xi+\Delta x)-f(\xi)}{\Delta x}\geqslant 0,$$

所以

$$f'(\xi)=0.$$

在应用罗尔定理时,需要注意定理的三个条件缺一不可,否则结论不成立(图 4-2).

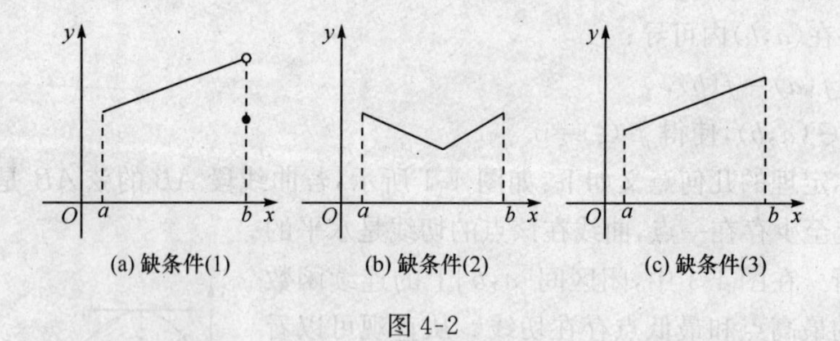

图 4-2

例 4.1 求出函数 $f(x)=x-\frac{\pi}{2}\sin x$ 在区间 $\left[0,\frac{\pi}{2}\right]$ 内满足罗尔定理的 ξ.

解 将 $f(x)=x-\frac{\pi}{2}\sin x$ 代入 $f'(\xi)=0$ 得 $1-\frac{\pi}{2}\cos\xi=0$,进而可解得

$$\xi=\arccos\frac{2}{\pi}\in\left[0,\frac{\pi}{2}\right].$$

4.1.2 拉格朗日中值定理

对于罗尔定理,也可用几何语言描述如下:若一条可微曲线弧的两个端点所连的直线平行于 x 轴,则在该弧上端点之外至少存在一点,曲线在该点的切线平行于 x 轴. 也即还可以如下理解:在一条可微的曲线弧上,端点之外至少存在一点,

曲线在该点的切线平行于两个端点所连的直线．这样，在罗尔定理中去掉条件(3)（即两端点的函数值相等），如图 4-3 所示，可给出如下中值定理：

定理 4.2（拉格朗日中值定理）　若函数 $f(x)$ 在闭区间 $[a,b]$ 上连续，在开区间 (a,b) 内可导，则至少存在一点 $\xi\in(a,b)$，使得

$$f'(\xi)=\frac{f(b)-f(a)}{b-a},$$

即

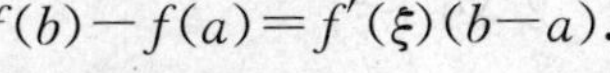

$$f(b)-f(a)=f'(\xi)(b-a).$$

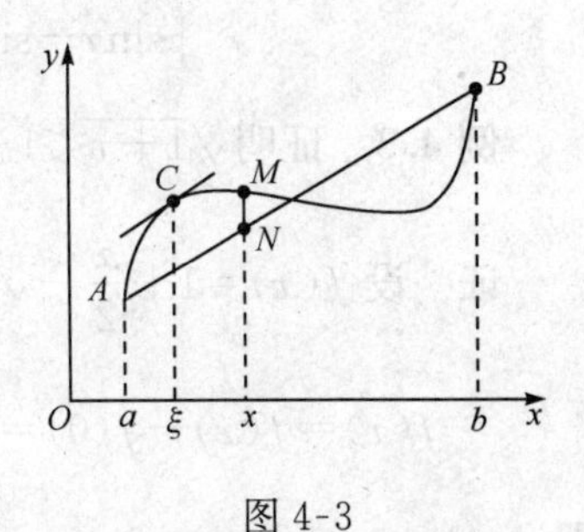

图 4-3

上式称为**拉格朗日中值公式**．

分析　注意到罗尔定理中的结论可以写成 $f'(x)|_{x=\xi}=0$，拉格朗日中值定理中的结论可以写成 $f'(\xi)(b-a)-[f(b)-f(a)]=0$，即

$$\{f(x)(b-a)-[f(b)-f(a)]x\}'|_{x=\xi}=0.$$

证　考虑辅助函数

$$\varphi(x)=(b-a)f(x)-[f(b)-f(a)]x,$$

由函数 $\varphi(x)$ 在 $[a,b]$ 上连续，在 (a,b) 内可导，并且 $\varphi(a)-\varphi(b)=0$. 根据罗尔定理，至少存在一点 $\xi\in(a,b)$，使得 $\varphi'(\xi)=0$，即

$$f(b)-f(a)=f'(\xi)(b-a).$$

注 4.1　当 $f(a)=f(b)$ 时，$f'(\xi)=0$，拉格朗日中值定理就成为罗尔定理．

拉格朗日中值定理也称为**微分中值定理**，它是微分学理论最重要的定理之一，是连接函数及其导数的纽带，是应用导数的局部性质研究其整体性质的重要数学工具．

推论 4.1　若函数 $f(x)$ 在区间 I 上的导数恒为 0，则 $f(x)=C$（即常数函数）.

证　$\forall x_1,x_2\in I(x_1<x_2)$，在闭区间 $[x_1,x_2]$ 上对函数 $f(x)$ 应用拉格朗日中值定理有

$$f(x_2)-f(x_1)=f'(\xi)(x_2-x_1),\quad \xi\in(x_1,x_2).$$

注意到 $\forall x\in I$，$f'(x)\equiv 0$，所以 $f'(\xi)=0$，于是 $f(x_2)=f(x_1)$. 由 x_1 与 x_2 的任意性知，函数 $f(x)=C$.

推论 4.2　若函数 $f(x)$ 和 $g(x)$ 在区间 I 上的导数相等，则

$$f(x)=g(x)+C,\ C\text{ 为常数},$$

即导数相等的函数只相差一个常数．

例 4.2　证明 $|\sin x-\sin y|\leqslant|x-y|$.

证　设 $f(x)=\sin x$，$\forall x,y\in\mathbf{R}(x<y)$，函数 $f(x)=\sin x$ 在闭区间 $[x,y]$ 上连续，在开区间 (x,y) 内可导．由拉格朗日中值定理有

$$\sin x-\sin y=\cos\xi\cdot(x-y),\quad x<\xi<y,$$

于是

$$|\sin x-\sin y|=|\cos\xi||x-y|\leqslant|x-y|.$$

例 4.3　证明$\sqrt{1+x}<1+\dfrac{x}{2},x>0.$

证　设 $f(x)=1+\dfrac{x}{2}-\sqrt{1+x}$,则

$$f(x)=f(x)-f(0)=f'(\xi)x=\left(\frac{1}{2}-\frac{1}{2\sqrt{1+\xi}}\right)x<0,\quad \xi\in(0,x),$$

即

$$\sqrt{1+x}<1+\frac{x}{2},\quad x>0.$$

4.1.3　柯西中值定理

根据拉格朗日中值定理的几何意义,在一条可微曲线弧上端点之外至少存在一点,曲线在该点的切线平行于两个端点所连的直线. 如图 4-4 所示,如果这条曲线由参数方程

$$\begin{cases}X=F(x),\\ Y=f(x),\end{cases}\quad a\leqslant x\leqslant b$$

给出,由于 $Y=Y(X)$ 在 XOY 平面上表示的曲线弧的两个端点 A 与 B 所连直线的斜率为$\dfrac{f(b)-f(a)}{F(b)-F(a)}$,结合拉格朗日中值定理,可得如下定理:

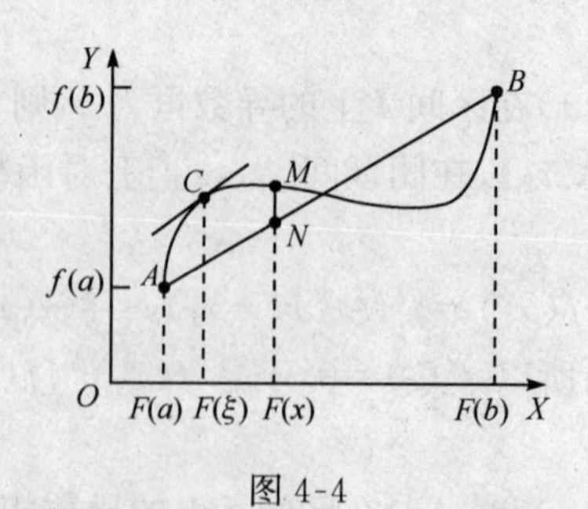

图 4-4

定理 4.3(柯西中值定理)　若函数 $F(x),f(x)$满足

(1) 在$[a,b]$上连续;

(2) 在(a,b)内可导;

(3) $f'(x)\neq 0$,

则至少存在一点 $\xi\in(a,b)$,使得

$$\frac{F(b)-F(a)}{f(b)-f(a)}=\frac{F'(\xi)}{f'(\xi)}.$$

*证　首先由拉格朗日中值定理和条件 $f'(x)\neq 0$ 可得

$$f(b)-f(a)=f'(\xi)(b-a)\neq 0,\quad \xi\in(a,b),$$

即要证

$$\left(F(x)-\frac{F(b)-F(a)}{f(b)-f(a)}f(x)\right)'\Bigg|_{x=\xi}=0.$$

考虑辅助函数

$$\varphi(x)=F(x)-\frac{F(b)-F(a)}{f(b)-f(a)}f(x),$$

它满足在$[a,b]$上连续,在(a,b)内可导,并且 $\varphi(a)-\varphi(b)=0$,所以在(a,b)内至少 ξ,使得 $\varphi'(\xi)=0$,进而得

$$\frac{F(b)-F(a)}{f(b)-f(a)}=\frac{F'(\xi)}{f'(\xi)}.$$

不难看出,在柯西中值定理中,当取 $g(x)=x$ 时,$g'(x)=1,g(a)=a,g(b)=b$,柯西中值定理就变为拉格朗日中值定理.

例 4.4　求函数 $F(x)=x^3-x^2-2x$ 和 $f(x)=2x+1$ 在区间$[0,2]$上满足柯西中值定理的 ξ.

解　将 $F(x)=x^3-x^2-2x,f(x)=2x+1$ 代入$\dfrac{F(2)-F(0)}{f(2)-f(0)}=\dfrac{F'(\xi)}{f'(\xi)}$可得

$$\frac{2^3-2^2-2\cdot 2}{2\cdot 2+1-1}=\frac{3\xi^2-2\xi-2}{2},$$

进而可解得 $\xi=\dfrac{1+\sqrt{7}}{3}\in(0,2)$.

例 4.5　若函数 $f(x)$在$[a,b]$上连续,在(a,b)内可导且 $f(a)=0(a>0)$,则 $\exists\xi\in(a,b)$,使得

$$f(\xi)=\frac{b-\xi}{a}f'(\xi).$$

分析　由 $f(\xi)=\dfrac{b-\xi}{a}f'(\xi)$联想到

$$\frac{f'(x)}{f(x)}=\frac{a}{b-x},\quad [\ln f(x)]'=[-a\ln(b-x)]',\quad [\ln f(x)(b-x)^a]'=0.$$

证　考虑辅助函数

$$\varphi(x)=f(x)(b-x)^a,$$

它满足在$[a,b]$上连续,在(a,b)内可导,并且 $\varphi(a)=\varphi(b)=0$,所以在(a,b)内至少存在一点 ξ,使得 $\varphi'(\xi)=0$,进而得

$$f(\xi)=\frac{b-\xi}{a}f'(\xi).$$

习　题　4.1

1. 填空题.

(1) 罗尔定理中的条件是其结论成立的________条件;

(2) 函数 $f(x)=x-\frac{\pi}{2}\sin x$ 在区间 $\left[0,\frac{\pi}{2}\right]$ 内满足罗尔定理的________;

(3) 函数 $f(x)=lx^2+mx+n$ 在区间 $[a,b]$ 上满足拉格朗日中值定理的________;

(4) 函数 $f(x)=x^3-x^2-2x$ 和 $F(x)=2x+1$ 在区间 $[0,2]$ 上满足柯西定理的________;

(5) 在区间 $[a,b]$ 内,若 $f'(x)=g'(x)$,则 $f(x)-g(x)=$________;

(6) 方程 $x^3+x^2+x-1=0$ 在区间 $(0,1)$ 内________.

2. 选择题.

(1)方程 $e^x-x-1=0$(　　);

A. 有三个不同实根　　B. 有两个不同实根

C. 只有一个实根　　D. 没有实根

(2) 下列函数在区间 $[-1,1]$ 内满足罗尔定理条件的是(　　);

A. $y=1+|x|$　　B. $y=x^2+1$　　C. $y=\frac{1}{x}-x$　　D. $y=x-1$

(3) 函数 $y=x(1-x)$ 在区间 $[0,1]$ 上满足罗尔定理的 $\xi=$(　　);

A. 0　　B. $\frac{1}{3}$　　C. $\frac{1}{2}$　　D. 1

(4) 下列函数在区间 $[1,e]$ 内满足拉格朗日中值定理条件的是(　　);

A. $y=\ln(\ln x)$　　B. $y=\ln(2-x)$　　C. $y=\ln x$　　D. $y=\frac{1}{\ln x}$

(5) 若函数 $y=f(x)$ 在区间 $[a,b]$ 上满足拉格朗日中值定理的条件,则至少存在一个 $\xi\in(a,b)$,使得 $f'(\xi)=$(　　).

A. 0　　B. $\frac{f(b)-f(a)}{2}$　　C. $f(b)-f(a)$　　D. $\frac{f(b)-f(a)}{b-a}$

4.2　不定式极限

若约定用"0"表示无穷小,用"∞"表示无穷大.在求函数极限的过程中,会遇到两个无穷小之比$\frac{0}{0}$或两个无穷大之比$\frac{\infty}{\infty}$的极限，其结果可能会有各种不同的情况．

$\frac{0}{0}$与$\frac{\infty}{\infty}$都称为**不定式**．若约定用“1”表示以 1 为极限的一类函数，不定式还有 $0\cdot\infty, 1^{\infty}, 0^0, \infty^0, \infty-\infty$ 5 种不定式，注意到有如下形式转换：

$$0\cdot\infty=\frac{0}{\frac{1}{\infty}}=\frac{0}{0} \quad 或 \quad 0\cdot\infty=\frac{\infty}{\frac{1}{0}}=\frac{\infty}{\infty},$$

$$1^{\infty}=e^{\infty\ln 1}=e^{\infty\cdot 0}\quad\cdot\ 0^0=e^{0\ln 0}=e^{0\cdot\infty}\quad\cdot\ \infty^0=e^{0\ln\infty}=e^{0\cdot\infty},$$

$$\infty-\infty=\frac{1}{0}-\frac{1}{0}=\frac{0-0}{0\cdot 0}=\frac{0}{0}.$$

因此，下面先研究两种基本的不定式$\frac{0}{0}$与$\frac{\infty}{\infty}$.

求不定式$\frac{0}{0}$与$\frac{\infty}{\infty}$的极限的有效方法是**洛必达**(L’Hospital)**法则**．

4.2.1　$\frac{0}{0}$型不定式

定理 4.4(洛必达法则 1)　若函数 $f(x)$与 $g(x)$满足下列条件：

(1) 在 a 的某去心邻域$\mathring{U}(a)$内可导，并且 $g'(x)\neq 0$；

(2) $\lim\limits_{x\to a}f(x)=0$ 与$\lim\limits_{x\to a}g(x)=0$；

(3) $\lim\limits_{x\to a}\frac{f'(x)}{g'(x)}=l$ 或∞，

则$\lim\limits_{x\to a}\frac{f(x)}{g(x)}=\lim\limits_{x\to a}\frac{f'(x)}{g'(x)}=l$ 或∞.

分析　这里涉及两个函数之比与这两个函数的导数之比的联系，柯西中值定理正是实现这种联系的桥梁．为了应用柯西中值定理证明定理 4.4，必须使函数 $f(x)$与$g(x)$在 a 满足柯西中值定理的条件．注意到讨论函数$\frac{f(x)}{g(x)}$在 a 的极限与 $f(x)$和 $g(x)$在 a 的函数值无关，而条件并没有要求函数 $f(x)$与 $g(x)$在 a 连续，于是将函数 $f(x)$与 $g(x)$在 a 作连续延拓．

***证**　将函数 $f(x)$与 $g(x)$在 a 作连续延拓，设

$$f_1(x)=\begin{cases}f(x), & x\neq a,\\ 0, & x=a.\end{cases}\qquad g_1(x)=\begin{cases}g(x), & x\neq a,\\ 0, & x=a,\end{cases}$$

则

$$\lim_{x\to a}\frac{f(x)}{g(x)}=\lim_{x\to a}\frac{f_1(x)-f_1(a)}{g_1(x)-g_1(a)}=\lim_{x\to a}\frac{f_1'(\xi)}{g_1'(\xi)},\ \xi\text{介于}x\text{与}a\text{之间}.$$

又由于 ξ 介于 x 与 a 之间，当 $x\to a$ 时，有 $\xi\to a$，所以

$$\lim_{x\to a}\frac{f(x)}{g(x)}=\lim_{\xi\to a}\frac{f'_1(\xi)}{g'_1(\xi)}=\lim_{x\to a}\frac{f'(x)}{g'(x)}=l.$$

定理 4.5（洛必达法则 2）　若函数 $f(x)$ 与 $g(x)$ 满足下列条件：

(1) $\exists A>0$，在 $(-\infty,-A)$ 与 $(A,+\infty)$ 内可导，并且 $g'(x)\neq 0$；

(2) $\lim\limits_{x\to\infty}f(x)=0$ 与 $\lim\limits_{x\to\infty}g(x)=0$；

(3) $\lim\limits_{x\to\infty}\dfrac{f'(x)}{g'(x)}=l$ 或 ∞，

则

$$\lim_{x\to\infty}\frac{f(x)}{g(x)}=\lim_{x\to\infty}\frac{f'(x)}{g'(x)}=l\text{ 或 }\infty.$$

* **证**　设 $x=\dfrac{1}{y}$，则有 $x\to\infty\Leftrightarrow y\to 0$. 于是

$$\lim_{x\to\infty}\frac{f(x)}{g(x)}=\lim_{y\to 0}\frac{f\left(\frac{1}{y}\right)}{g\left(\frac{1}{y}\right)},$$

其中 $\lim\limits_{y\to 0}f\left(\dfrac{1}{y}\right)=0$，$\lim\limits_{y\to 0}g\left(\dfrac{1}{y}\right)=0$. 根据洛必达法则 1 有

$$\lim_{y\to 0}\frac{f\left(\frac{1}{y}\right)}{g\left(\frac{1}{y}\right)}=\lim_{y\to 0}\frac{\left[f\left(\frac{1}{y}\right)\right]'}{\left[g\left(\frac{1}{y}\right)\right]'}=\lim_{y\to 0}\frac{f'\left(\frac{1}{y}\right)\left(-\frac{1}{y^2}\right)}{g'\left(\frac{1}{y}\right)\left(-\frac{1}{y^2}\right)}$$

$$=\lim_{y\to 0}\frac{f'\left(\frac{1}{y}\right)}{g'\left(\frac{1}{y}\right)}=\lim_{x\to\infty}\frac{f'(x)}{g'(x)}=l,$$

即

$$\lim_{x\to\infty}\frac{f(x)}{g(x)}=\lim_{x\to\infty}\frac{f'(x)}{g'(x)}=l.$$

在定理 4.4，定理 4.5 及后面的定理 4.6 中，将 $x\to a$ 或 $x\to\infty$ 换成 $x\to a^+$，$x\to a^-$，$x\to+\infty$，$x\to-\infty$，也有类似的结果.

例 4.6　求极限$\lim\limits_{x\to 0}\dfrac{2^x-x^2-1}{x}$.

解　该极限是$\dfrac{0}{0}$型不定式,由定理 4.4 有

$$\lim_{x\to 0}\frac{2^x-x^2-1}{x}=\lim_{x\to 0}\frac{2^x\ln 2-2x}{1}=\ln 2.$$

例 4.7　求极限$\lim\limits_{x\to \pi}\dfrac{\sin 3x}{\tan 5x}$.

解　该极限是$\dfrac{0}{0}$型不定式,由定理 4.4 有

$$\lim_{x\to \pi}\frac{\sin 3x}{\tan 5x}=\lim_{x\to \pi}\frac{3\cos 3x}{5\sec^2 5x}=-\frac{3}{5}.$$

在应用洛必达法则时,若极限 $\lim\limits_{\substack{x\to a\\(x\to\infty)}}\dfrac{f'(x)}{g'(x)}$还是$\dfrac{0}{0}$型不定式,并且导函数 $f'(x)$ 与 $g'(x)$仍满足洛必达法则的条件则可以继续应用洛必达法则.

例 4.8　求极限 $\lim\limits_{x\to +\infty}\dfrac{\dfrac{\pi}{2}-\arctan x}{\sin\dfrac{1}{x}}$.

解　$$\lim_{x\to +\infty}\frac{\dfrac{\pi}{2}-\arctan x}{\sin\dfrac{1}{x}}=\lim_{x\to +\infty}\frac{-\dfrac{1}{1+x^2}}{-\dfrac{1}{x^2}\cos\dfrac{1}{x}}=\lim_{x\to +\infty}\frac{x^2}{1+x^2}\cdot\frac{1}{\cos\dfrac{1}{x}}=1.$$

4.2.2　$\dfrac{\infty}{\infty}$型不定式

定理 4.6(洛必达法则 3)　若函数 $f(x)$与 $g(x)$满足下列条件:

(1) 在 a 的某去心邻域$\mathring{U}(a)$内可导,并且 $g'(x)\neq 0$;

(2) $\lim\limits_{x\to a}f(x)=\infty$,$\lim\limits_{x\to a}g(x)=\infty$;

(3) $\lim\limits_{x\to a}\dfrac{f'(x)}{g'(x)}=l$ 或∞,

则

$$\lim_{x\to a}\frac{f(x)}{g(x)}=\lim_{x\to a}\frac{f'(x)}{g'(x)}=l \text{ 或}\infty.$$

例 4.9　求极限 $\lim\limits_{x\to +\infty}\dfrac{\ln x}{x^n}(n\in\mathbf{N}^+)$.

解　$$\lim_{x\to +\infty}\frac{\ln x}{x^n}=\lim_{x\to +\infty}\frac{\dfrac{1}{x}}{nx^{n-1}}=\lim_{x\to +\infty}\frac{1}{nx^n}=0.$$

例 4.10　求极限 $\lim\limits_{x\to+\infty}\dfrac{x^n}{e^x}(n\in\mathbf{N}^+)$.

解　$\lim\limits_{x\to+\infty}\dfrac{x^n}{e^x}=\lim\limits_{x\to+\infty}\dfrac{nx^{n-1}}{e^x}=\cdots=\lim\limits_{x\to+\infty}\dfrac{n!}{e^x}=0.$

4.2.3　其他不定式

其他 5 种不定式 $0\cdot\infty,1^\infty,0^0,\infty^0,\infty-\infty$ 的极限计算,都可以转化为 $\dfrac{0}{0}$ 与 $\dfrac{\infty}{\infty}$ 型进行分析.

例 4.11　求极限 $\lim\limits_{x\to1}(1-x)\tan\dfrac{\pi x}{2}$.

解　此极限是 $0\cdot\infty$ 型不定式,所以

$$\lim_{x\to1}(1-x)\tan\frac{\pi x}{2}=\lim_{x\to1}\frac{1-x}{\dfrac{1}{\tan\dfrac{\pi x}{2}}}=\lim_{x\to1}\frac{-1}{-\dfrac{\pi}{2}\tan^{-2}\dfrac{\pi x}{2}\sec^2\dfrac{\pi x}{2}}$$

$$=\frac{2}{\pi}\lim_{x\to1}\frac{1}{\sin^2\dfrac{\pi x}{2}}=\frac{2}{\pi}.$$

例 4.12　求极限 $\lim\limits_{x\to\infty}\left(1-\dfrac{1}{x^2}\right)^x$.

解　此极限是 1^∞ 型不定式. 因为

$$\lim_{x\to\infty}\left(1-\frac{1}{x^2}\right)^x=\lim_{x\to\infty}e^{x\ln\left(1-\frac{1}{x^2}\right)},$$

并且

$$\lim_{x\to\infty}x\ln\left(1-\frac{1}{x^2}\right)=\lim_{x\to\infty}\frac{\ln\left(1-\dfrac{1}{x^2}\right)}{\dfrac{1}{x}}=\lim_{x\to\infty}\frac{\dfrac{x^2}{x^2-1}\cdot\dfrac{2}{x^3}}{-\dfrac{1}{x^2}}=\lim_{x\to\infty}\frac{-2x}{x^2-1}=0,$$

所以

$$\lim_{x\to\infty}\left(1-\frac{1}{x^2}\right)^x=\lim_{x\to\infty}e^{x\ln\left(1-\frac{1}{x^2}\right)}=e^{\lim\limits_{x\to\infty}x\ln\left(1-\frac{1}{x^2}\right)}=1.$$

例 4.13　求极限 $\lim\limits_{x\to0^+}(\sin x)^x$.

解　此极限是 0^0 型不定式. 因为

$$\lim_{x\to0^+}(\sin x)^x=\lim_{x\to0^+}e^{x\ln(\sin x)},$$

并且

$$\lim_{x\to 0^+} x\ln(\sin x)=\lim_{x\to 0^+}\frac{\ln(\sin x)}{\frac{1}{x}}=\lim_{x\to 0^+}\frac{\cos x}{\sin x}\cdot(-x^2)=-\lim_{x\to 0^+}x\cos x\cdot\frac{x}{\sin x}=0,$$

所以

$$\lim_{x\to 0^+}(\sin x)^x=\lim_{x\to 0^+}e^{x\ln(\sin x)}=e^{\lim\limits_{x\to 0^+}x\ln(\sin x)}=1.$$

例 4.14　求极限 $\lim\limits_{x\to 0^+}\left(\frac{1}{x}\right)^{\tan x}$.

解　此极限是 ∞^0 型不定式．因为

$$\lim_{x\to 0^+}\left(\frac{1}{x}\right)^{\tan x}=\lim_{x\to 0^+}e^{\tan x\ln\frac{1}{x}},$$

并且

$$\lim_{x\to 0^+}\tan x\ln\frac{1}{x}=\lim_{x\to 0^+}\frac{\ln\frac{1}{x}}{\frac{1}{\tan x}}=\lim_{x\to 0^+}\frac{x\cdot\left(-\frac{1}{x^2}\right)}{-\tan^{-2}x\cdot\sec^2 x}=\lim_{x\to 0^+}\frac{\frac{1}{x}}{\frac{\cos^2 x}{\sin^2 x}\cdot\frac{1}{\cos^2 x}}$$

$$=\lim_{x\to 0^+}\frac{\sin^2 x}{x}=\lim_{x\to 0^+}\frac{\sin x}{x}\cdot\sin x=0,$$

所以

$$\lim_{x\to 0^+}\left(\frac{1}{x}\right)^{\tan x}=\lim_{x\to 0^+}e^{\tan x\ln\frac{1}{x}}=e^{\lim\limits_{x\to 0^+}\tan x\ln\frac{1}{x}}=1.$$

例 4.15　求极限 $\lim\limits_{x\to 1}\left(\frac{2}{x^2-1}-\frac{1}{x-1}\right)$.

解　此极限是 $\infty-\infty$ 型不定式，所以

$$\lim_{x\to 1}\left(\frac{2}{x^2-1}-\frac{1}{x-1}\right)=\lim_{x\to 1}\frac{2-(x+1)}{x^2-1}=\lim_{x\to 1}\frac{1-x}{x^2-1}=-\lim_{x\to 1}\frac{1}{x+1}=-\frac{1}{2}.$$

例 4.16　求极限 $\lim\limits_{x\to 1}\left(\frac{1}{\ln x}-\frac{1}{x-1}\right)$.

解　此极限是 $\infty-\infty$ 型不定式，所以

$$\lim_{x\to 1}\left(\frac{1}{\ln x}-\frac{1}{x-1}\right)=\lim_{x\to 1}\frac{x-1-\ln x}{(x-1)\ln x}$$

$$=\lim_{x\to 1}\frac{1-\frac{1}{x}}{\ln x+\frac{x-1}{x}}=\lim_{x\to 1}\frac{x-1}{x\ln x+x-1}\overset{\frac{0}{0}}{=}\lim_{x\to 1}\frac{1}{\ln x+1+1}=\frac{1}{2}.$$

从上述例题可以看到，洛必达法则是求不定式极限的有力工具．

习 题 4.2

1. 填空题.

(1) $\lim\limits_{x\to\frac{\pi}{2}}\dfrac{\cos 3x}{\cos x}=$________; (2) $\lim\limits_{x\to\pi}\dfrac{\sin x}{\tan 3x}=$________.

2. 选择题.

(1) 极限$\lim\limits_{x\to\infty}\dfrac{x-\sin x}{x+\sin x}=(\quad)$;

A. 1 B. 0 C. -1 D. 不存在

(2) 当$x\to+\infty$时,幂函数$x^n(n>0)$趋于无穷大的速度比指数函数e^x趋于无穷大的速度( );

A. 快得多 B. 慢得多 C. 一样快 D. 不能确定

(3) 当$x\to+\infty$时,幂函数$x^n(n>0)$趋向于无穷大的速度比对数函数$\ln x$趋于无穷大的速度( ).

A. 快得多 B. 慢得多 C. 一样快 D. 不能确定

3. 用洛必达法则求下列极限:

(1) $\lim\limits_{x\to 0}\dfrac{\ln(1+x)}{\sin 2x}$; (2) $\lim\limits_{x\to 0}\dfrac{x-\sin x}{x^3}$;

(3) $\lim\limits_{x\to a}\dfrac{\sin x-\sin a}{x-a}$; (4) $\lim\limits_{x\to 0}\dfrac{e^{2x}-1}{\tan 3x}$;

(5) $\lim\limits_{x\to 0^+}\dfrac{\ln(\cot x)}{\ln x}$; (6) $\lim\limits_{x\to+\infty}\dfrac{\ln x}{x^n}(n\in\mathbf{N}^+)$;

(7) $\lim\limits_{x\to 0}\dfrac{\sin x-x\cos x}{\sin x^3}$; (8) $\lim\limits_{x\to 1}(1-x)\tan\dfrac{\pi x}{2}$;

(9) $\lim\limits_{x\to 1}\left(\dfrac{2}{x^2-1}-\dfrac{1}{x-1}\right)$; (10) $\lim\limits_{x\to\infty}\left(1-\dfrac{1}{x^2}\right)^x$;

(11) $\lim\limits_{x\to 0^+}(\sin x)^x$; (12) $\lim\limits_{x\to 0^+}\left(\dfrac{1}{x}\right)^{\tan x}$.

4. 设$f(x)=(e^x-1)(e^{3x}-3)(e^{5x}-5)(e^{7x}-7)$,求$f'(0)$.

4.3 函数的单调性和极值

4.3.1 函数的单调性

函数的导数和微分中值定理为深刻、全面地研究函数性态提供了有力的数学工具.下面借助几何直观揭示函数在某区间上的单调性与其导函数符号之间的关系,并进一步应用导数工具研究函数的单调性和极值.

设曲线$y=f(x)$其定义域上的每一点都可导,即曲线上每一点都存在切线.

若切线与 x 轴正方向的夹角是锐角，即切线的斜率 $f'(x)>0$，则曲线 $y=f(x)$ 必然严格增加，如图 4-5 所示；若切线与 x 轴正方向的夹角是钝角，即切线的斜率 $f'(x)<0$，则曲线 $y=f(x)$ 必然严格减少，如图 4-6 所示．可以建立根据导数的符号判别函数的单调性结果．

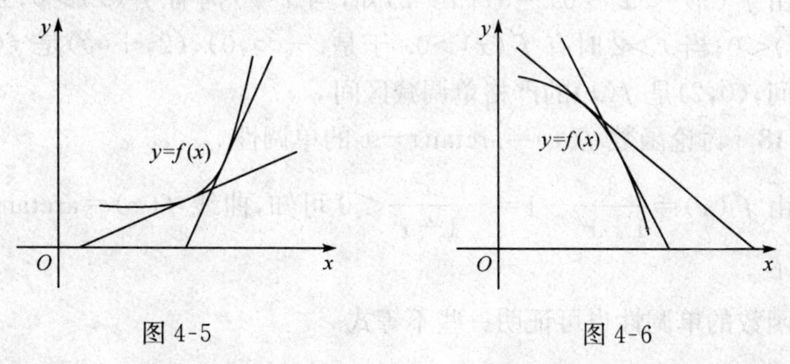

图 4-5　　图 4-6

定理 4.7　设函数 $f(x)$ 在区间 I 上可导，函数 $f(x)$ 在区间 I 上单调增加（单调减少）$\Leftrightarrow \forall x\in I$ 有 $f'(x)\geqslant 0$（$f'(x)\leqslant 0$）.

证　只给出单调增加情况的证明，同理可证单调减少的情况．

必要性．$\forall x\in I$，取 $x+\Delta x\in I(\Delta x\neq 0)$（若 x 是区间 I 的左（右）端点，则只讨论 $\Delta x>0(\Delta x<0)$）．已知函数 $f(x)$ 在区间 I 上单调增加，于是当 $\Delta x>0$ 时有 $f(x+\Delta x)-f(x)\geqslant 0$；当 $\Delta x<0$ 时有 $f(x+\Delta x)-f(x)\leqslant 0$. 无论哪一种情况，都有

$$\frac{f(x+\Delta x)-f(x)}{\Delta x}\geqslant 0,$$

所以由函数 $f(x)$ 在 I 上可导与极限的保序性可得

$$f'(x)=\lim_{\Delta x\to 0}\frac{f(x+\Delta x)-f(x)}{\Delta x}\geqslant 0.$$

充分性．$\forall x_1,x_2\in I$ 且 $x_1<x_2$，已知 $\forall x\in I$ 有 $f'(x)\geqslant 0$，对 $f(x)$ 在区间 $[x_1,x_2]$ 上应用微分中值定理有

$$f(x_2)-f(x_1)=f'(\xi)(x_2-x_1)\geqslant 0,\quad x_1<\xi<x_2,$$

即 $f(x_2)\geqslant f(x_1)$，所以 $f(x)$ 在区间 I 上单调增加．

定理 4.8（严格单调的充分条件）　设函数 $f(x)$ 在区间 (a,b) 内可导，若 $f'(x)>0$（$f'(x)<0$）（$\forall x\in(a,b)$），则函数 $f(x)$ 在区间 (a,b) 内严格单调增加（严格单调减少）.

证　略．

注 4.2　定理 4.8 的逆命题不成立，即 $f'(x)>0$（$f'(x)<0$）（$\forall x\in(a,b)$）只是函数 $f(x)$ 在区间 (a,b) 内严格单调增加（严格单调减少）的充分条件，而非必要条件．也就是说，若函数 $f(x)$ 在区间 (a,b) 内严格单调增加（严格单调减少），则

$f'(x)$可能等于零,也可能不存在. 例如,函数 $f(x)=x^3$ 在 $\mathbf{R}$ 内严格单调增加,但 $\forall x\in\mathbf{R}, f'(x)=3x^2\geqslant 0$.

例 4.17 确定函数 $f(x)=x^3-3x^2$ 的单调增、减区间.

解 由 $f'(x)=3x^2-6x=3x(x-2)$知,当 $x<0$ 时有 $f'(x)>0$;当 $0<x<2$ 时有 $f'(x)<0$;当 $x>2$ 时有 $f'(x)>0$. 于是$(-\infty,0)$,$(2,+\infty)$是 $f(x)$的严格单调增区间,$(0,2)$是 $f(x)$的严格单调减区间.

例 4.18 讨论函数 $f(x)=\arctan x-x$ 的单调性.

解 由 $f'(x)=\dfrac{1}{1+x^2}-1=-\dfrac{x^2}{1+x^2}\leqslant 0$ 可知,曲线 $f(x)=\arctan x-x$ 在 $\mathbf{R}$ 上单调减少.

利用函数的单调性也可证明一些不等式.

例 4.19 证明不等式$\dfrac{x}{1+x}<\ln(1+x)$,$x>0$.

证 考虑函数

$$f(x)=\ln(1+x)-\frac{x}{1+x}.$$

由于

$$f'(x)=\frac{1}{1+x}-\frac{(1+x)-x}{(1+x)^2}=\frac{x}{(1+x)^2}>0,\quad x>0,$$

所以 $f(x)$在$(0,+\infty)$上严格增加. 又由 $f(x)$在$[0,+\infty)$上连续,$f(0)=0$,所以 $\forall x>0$ 有 $f(x)>f(0)$,从而$\dfrac{x}{1+x}<\ln(1+x)$.

在例 4.19 中,设 $f(x)=x-(1+x)\ln(1+x)$,由 $f'(x)=-\ln(1+x)<0$ 也可确定$\dfrac{x}{1+x}<\ln(1+x)$.

4.3.2 函数的极值

函数的极值是一个局部概念,它描述的是在函数在其定义域内某些点与附近点相比较,而达到最大或最小的状态.

定义 4.1 设函数 $f(x)$在区间 I 上有定义,若对 $x_0\in I$,$U(x_0)\subset I$,$\forall x\in U(x_0)$有

$$f(x)\leqslant f(x_0)\ \ (f(x)\geqslant f(x_0)),$$

则称 x_0 为函数 $f(x)$的**极大点(极小点)**,称 $f(x_0)$为函数 $f(x)$的**极大值(极小值)**.

注 4.3 极值是函数的局部性质,极值点是相对于它附近的点而言的. 因此,极值不一定是函数在给定区间上的最值. 极值点,从局部来看,对应曲线上的局部

最高点或局部最低点,这使我们想到,在极值点处的切线应该是水平的.

定理 4.9(极值的必要条件)　设函数 $f(x)$在 $x=x_0$ 可导,并且 x_0 是 $f(x)$的极值点,则 $f'(x_0)=0$.

证　只证明 x_0 是 $f(x)$的极大点的情况.由导数的定义和极限的保号性有

$$f'(x_0)=f'_-(x_0)=\lim_{x\to x_0^-}\frac{f(x)-f(x_0)}{x-x_0}\geqslant 0,$$

$$f'(x_0)=f'_+(x_0)=\lim_{x\to x_0^+}\frac{f(x)-f(x_0)}{x-x_0}\leqslant 0,$$

于是 $f'(x_0)=0$.

同理可证 x_0 是 $f(x)$的极小点的情况.

使得 $f'(x_0)=0$ 的点 x_0 称为函数 $f(x)$的**驻点或稳定点**.可导函数 $f(x)$的极值点都是 $f(x)$的驻点,但反之不成立.例如,对于函数 $f(x)=x^3$ 有 $f'(0)=0$,于是可知 $x=0$ 是 $f(x)=x^3$ 的驻点,但不是极值点.另外,有些函数的极值点也可能在不可导点处取得.例如,$x=0$ 是 $f(x)=|x|$的不可导的极小值点.

那么什么样的稳定点才是极值点呢?

定理 4.10(极值充分性第一判别法)　若函数 $f(x)$在 $U(a)$可导,并且 $f'(a)=0$,$\exists\delta>0$,使得

$$f'(x)\begin{cases}>0(<0), & x\in(a-\delta,a),\\ <0(>0), & x\in(a,a+\delta).\end{cases}$$

则 a 是函数 $f(x)$的极大点(极小点),$f(a)$是极大值(极小值).

证　只证明极大点的情形,极小点的情形同理可证.

由 a 是函数 $f(x)$的稳定点知,函数 $f(x)$在 a 连续,并且 $\forall x\in(a-\delta,a)$,当 $f'(x)>0$ 时,函数 $f(x)$在$(a-\delta,a]$上严格增加,即 $\forall x\in(a-\delta,a]$有 $f(x)\leqslant f(a)$. $\forall x\in(a,a+\delta)$,当 $f'(x)<0$ 时,$f(x)$在$[a,a+\delta)$上严格减少,即 $\forall x\in[a,a+\delta)$有 $f(x)\leqslant f(a)$.于是 $\exists\delta>0$,$\forall x\in(a-\delta,a+\delta)$有 $f(x)\leqslant f(a)$,a 是函数 $f(x)$的极大点,$f(a)$是极大值.

由极值充分性第一判别法可知,若导函数 $f'(x)$在 a 的左、右两侧的符号改变,则 a 必是函数 $f(x)$的极值点;若导函数 $f'(x)$在 a 的左、右两侧的符号没有改变,则 a 不是函数 $f(x)$的极值点.

例 4.20　求函数 $f(x)=(x^2-1)^3$ 的极值点和极值.

解　由于

$$f'(x)=3(x^2-1)^2\cdot 2x=6x(x-1)^2(x+1)^2,$$

令

$$f'(x)=6x(x-1)^2(x+1)^2=0,$$

解得驻点为 $x_1=-1$,$x_2=0$,$x_3=1$. 三个驻点将定义域$(-\infty,+\infty)$分成 4 个部

分，现列表讨论，如表 4-1 所示.

表 4-1

x	$(-\infty,-1)$	-1	$(-1,0)$	0	$(0,1)$	1	$(1,+\infty)$
$f'(x)$	$-$	0	$-$	0	$+$	0	$+$
$f(x)$	↘		↘	极小	↗		↗

因此，只有 $x=0$ 是 $f(x)=(x^2-1)^3$ 的极小点，极小值为 $f(0)=-1$；无极大值.

定理 4.11(极值充分性第二判别法) 设函数 $f(x)$ 在 a 存在二阶导数，并且 $f'(a)=0, f''(a)\neq 0$，则当 $f''(a)>0$ 时，a 是 $f(x)$ 的极小点；当 $f''(a)<0$ 时，a 是 $f(x)$ 的极大点.

证 只证极小点的情况，同理可证极大点的情况.

若 $f''(a)>0$，则

$$f''(a)=\lim_{x\to a}\frac{f'(x)-f'(a)}{x-a}>0.$$

根据极限的性质可知，在 a 的某邻域内有 $\frac{f'(x)-f'(a)}{x-a}>0$. 又 $f'(a)=0$，从而有 $\frac{f'(x)}{x-a}>0\,(x\neq a)$，这表明当 $x<a$ 时有 $f'(x)<0$；当 $x>a$ 时有 $f'(x)>0$. 于是 a 是 $f(x)$ 的极小点.

注 4.4 在定理 4.11 中，当 $f''(a)=0$ 时，不能判定 a 是否为函数 $f(x)$ 的极值点.

例 4.21 求函数 $f(x)=2e^x+e^{-x}$ 的极值点和极值.

解 由 $f'(x)=2e^x-e^{-x}$，令 $f'(x)=2e^x-e^{-x}=0$，解得驻点为 $x=\ln\frac{\sqrt{2}}{2}$. 又 $f''(x)=2e^x+e^{-x}$，于是 $f''\left(\ln\frac{\sqrt{2}}{2}\right)=2\sqrt{2}>0$，所以 $x=\ln\frac{\sqrt{2}}{2}$ 是函数 $f(x)=2e^x+e^{-x}$ 的极小点，极小值为 $f\left(\ln\frac{\sqrt{2}}{2}\right)=2\sqrt{2}$.

例 4.22 求函数 $f(x)=x-1+\frac{1}{x-1}$ 的极值点和极值.

解 由 $f'(x)=1-\frac{1}{(x-1)^2}$，令 $f'(x)=1-\frac{1}{(x-1)^2}=0$，解得驻点为 $x_1=0$，$x_2=2$. 由 $f''(x)=\frac{2}{(x-1)^3}$ 得 $f''(0)=-2<0$，$f''(2)=2>0$，所以函数 $f(x)=x-1+$

$\frac{1}{x-1}$的极大值点为 $x=0$,极大值为 $f(0)=-2$;极小值点为 $x=2$,极小值为 $f(2)=2$.

4.3.3　函数的最值

函数 $f(x)$在区间 I 上的最大值和最小值统称为函数 $f(x)$的**最值**. 在生产实际中,“最省”、“最好”、“最优”等很多问题都可归结为最值问题.

设函数 $f(x)$是闭区间$[a,b]$上的连续函数,由闭区间上连续函数的性质可知,$f(x)$在$[a,b]$上某点 x_0 处必然取得最大值(最小值),x_0 可能是$[a,b]$的端点 a 或 b,也可能是(a,b)内的某一点,此时 x_0 必然是 $f(x)$在(a,b)内的极值点. 于是求 $f(x)$在区间$[a,b]$上的最值,只需求出 $f(x)$在(a,b)内的所有驻点和不可导点 x_1,x_2,…,x_n,然后比较 $f(a)$,$f(x_1)$, $f(x_2)$, …,$f(x_n)$,$f(b)$的大小,其中最大者(最小者)就是函数 $f(x)$是闭区间$[a,b]$上的**最大值**(**最小值**).

例 4.23　求函数 $f(x)=2x^3-3x^2$ 在 $x\in[-1,4]$上的最大值和最小值.

解　由 $f'(x)=6x^2-6x=6x(x-1)$,令 $f'(x)=6x(x-1)=0$ 解得驻点为 $x_1=0$,$x_2=1$. 又 $f(0)=0$, $f(1)=-1$,$f(-1)=-5$,$f(4)=80$,比较可知,$f(x)$在$[-1,4]$上的最大值为 80,最小值为-5.

例 4.24　细胞繁殖的增长速度与变化的细胞数 n 有如下关系:

$$v(n)=kn-\frac{k}{a}n^2,\quad n\in\mathbf{N}^+,$$

其中 k 为非负常数,a 为细胞繁殖最大数. 问当 n 为何值时,繁殖速度 $v(n)$最快?

解　考虑函数 $v(x)=kx-\frac{k}{a}x^2(x>0)$,由 $v'(x)=k-\frac{2k}{a}x=k\left(1-\frac{2x}{a}\right)=0$ 解得 $x=\frac{a}{2}$是 $v(x)$的唯一的极值点. 根据实际问题应该有解便知,$n=\left[\frac{a}{2}\right]$,即细胞数达到细胞繁殖最大数的一半时,繁殖速度 $v(n)$最快.

例 4.25　将边长为 a 的一块正方形铁皮四角各截去一个大小相同的小正方形,然后将四边折起做成一个无盖的方盒. 问截掉的小正方形边长为多大时,所得方盒的容积最大?

解　设小正方形的边长为 x,则盒底的边长为 $a-2x$. 设方盒的容积为 V,则

$$V=x(a-2x),\quad 0<x<\frac{a}{2}.$$

由 $V'=(a-2x)(a-6x)$,令 $V'=0$ 得 $x_1=\frac{a}{6}$,$x_2=\frac{a}{2}$(舍),并且 $V''|_{x=\frac{a}{6}}=12>0$,所以函数 V 在 $x_1=\frac{a}{6}$处取得最大值,即当截掉的小正方形的边长等于所给正方形

铁皮边长的$\frac{1}{6}$时，所得方盒的容积最大．

***例 4.26**　测量某个量A，由于仪器的精度和测量的技术等原因，对量A做了n次测量，测量的数值分别为$a_1,a_2,\cdots,a_n$．取数x作为量A的近似值，问x取何值时，才能使x与$a_i(i=1,2,\cdots,n)$之差的平方和最小？

解　由题意，问题归结为求函数

$$f(x)=(x-a_1)^2+(x-a_2)^2+\cdots+(x-a_n)^2$$

的最小值．由

$$f'(x)=2(x-a_1)+2(x-a_2)+\cdots+2(x-a_n)=2[nx-(a_1+a_2+\cdots+a_n)],$$

令$f'(x)=0$解得$x=\frac{1}{n}(a_1+a_2+\cdots+a_n)$是函数$f(x)$的唯一驻点．根据实际问题应该有解便知，取$x=\frac{1}{n}(a_1+a_2+\cdots+a_n)$，即取$a_1,a_2,\cdots,a_n$的算术平均值时，可使得$x$与$a_1,a_2,\cdots,a_n$的偏差平方和最小．

注 4.5　例 4.26 说明了初等数学中对一个量的测定为什么采用一组测量值的算术平均值作为近似值的原因．

4.3.4　泰勒公式

设函数$f(x)$在点x_0处可导，由微分的知识可知

$$f(x)-f(x_0)=f'(x_0)(x-x_0)+o(x-x_0),\quad x\to x_0.$$

这表明函数$f(x)$可用$(x-x_0)$的一次多项式$f(x_0)+f'(x_0)(x-x_0)$近似表示，并且误差$f(x)-[f(x_0)+f'(x_0)(x-x_0)]=o(x-x_0)$是比$(x-x_0)(x\to x_0)$高阶的无穷小．

这给我们带来两点启示．第一，可以用多项式近似表示一个函数，尤其是比较复杂的函数．这对进一步研究函数很有理论价值，毕竟多项式函数只涉及加、减、乘三种运算，特别是针对分析运算来说比较容易．第二，仅仅用一次多项式近似表示一个函数，虽然形式上很简单，但只知道误差是比$(x-x_0)$高阶的无穷小还不能满足实际的需要，自然希望找到一个$(x-x_0)$的n次多项式来近似表示函数$f(x)$，并且当$x\to x_0$时，不仅知道$f(x)$与这个n次多项式的差是$(x-x_0)^n$的高阶无穷小，而且还能够进一步找到这个误差的具体表达形式．

定理 4.12(泰勒定理)　设函数$f(x)$在$x=x_0$点有直到$n+1$阶连续导数，则在$x=x_0$的某邻域内有

$$f(x)=f(x_0)+f'(x_0)(x-x_0)+\frac{1}{2!}f''(x_0)(x-x_0)^2+\cdots$$

$$+\frac{1}{n!}f^{(n)}(x_0)(x-x_0)^n+\frac{1}{(n+1)!}f^{(n+1)}(\xi)(x-x_0)^{n+1},\quad(4.1)$$

其中 ξ 介于 x_0 与 x 之间．

* **证**　考虑函数

$$R_n(x)=f(x)-P_n(x),$$

其中

$$P_n(x)=f(x_0)+f'(x_0)(x-x_0)+\frac{1}{2!}f''(x_0)(x-x_0)^2+\cdots+\frac{1}{n!}f^{(n)}(x_0)(x-x_0)^n, \tag{4.2}$$

只需证明

$$\frac{R_n(x)}{(x-x_0)^{n+1}}=\frac{1}{(n+1)!}f^{(n+1)}(\xi).$$

容易验证，

$$R_n(x_0)=R'_n(x_0)=\cdots=R_n^{(n)}(x_0)=0.$$

反复应用柯西中值定理有

$$\begin{aligned}\frac{R_n(x)}{(x-x_0)^{n+1}}&=\frac{R_n(x)-R_n(x_0)}{(x-x_0)^{n+1}}=\frac{R'_n(\xi_1)}{(n+1)(\xi_1-x_0)^n}\\&=\frac{R'_n(\xi_1)-R'_n(x_0)}{(n+1)(\xi_1-x_0)^n}=\frac{R''_n(\xi_2)}{n(n+1)(\xi_2-x_0)^{n-1}}\\&=\frac{R''_n(\xi_2)-R''_n(x_0)}{n(n+1)(\xi_2-x_0)^{n-1}}=\cdots=\frac{1}{2\cdot 3\cdots n(n+1)}\cdot\frac{R_n^{(n)}(\xi_n)}{\xi_n-x_0}\\&=\frac{1}{2\cdot 3\cdots n(n+1)}\cdot\frac{R_n^{(n)}(\xi_n)-R_n^{(n)}(x_0)}{\xi_n-x_0}=\frac{1}{(n+1)!}f^{(n+1)}(\xi),\end{aligned}$$

其中 ξ_1 介于 x_0 与 x 之间，ξ_2 介于 x_0 与 ξ_1 之间，…，ξ 介于 x_0 与 ξ_n 之间．因此，ξ 介于 x_0 与 x 之间．

公式(4.1)，(4.2)分别称为函数 $f(x)$ 在 $x=x_0$ 处的**泰勒公式**和 **n 次泰勒多项式**，$R_n(x)=\frac{1}{(n+1)!}f^{(n+1)}(\xi)(x-x_0)^{n+1}$ 称为泰勒公式的**拉格朗日余项**．

若定性地记余项 $R_n(x)=o((x-x_0)^n)$，则称之为泰勒公式的**佩亚诺余项**．

$$f(x)=P_n(x)+\frac{1}{(n+1)!}f^{(n+1)}(\xi)(x-x_0)^{n+1}\quad 与\quad f(x)=P_n(x)+o((x-x_0)^n)$$

分别称为 $f(x)$ 在 $x=x_0$ 处**带拉格朗日余项的泰勒公式**和**带佩亚诺余项的泰勒公式**.

特别地，当 $n=0$ 时，泰勒公式(4.1)化为

$$f(x)=f(x_0)+f'(\xi)(x-x_0),$$

其中 ξ 介于 x_0 与 x 之间．正是拉格朗日公式．可见，泰勒公式是拉格朗日公式的推广．

若在泰勒公式(4.1)中,令 $x_0=0$,则 ξ 介于 0 与 x 之间.可设 $\xi=\theta x(0<\theta<1)$,于是有

$$f(x)=f(0)+f'(0)x+\frac{f''(0)}{2!}x^2+\cdots+\frac{f^{(n)}(0)}{n!}x^n+\frac{f^{(n+1)}(\theta x)}{(n+1)!}x^{(n+1)},\quad 0<\theta<1.$$

该公式称为**麦克劳林公式**,其中

$$\frac{f^{(n+1)}(\theta x)}{(n+1)!}x^{(n+1)},\quad 0<\theta<1$$

称为**麦克劳林余项**.麦克劳林公式是函数 $f(x)$ 在 $x=0$ 时的泰勒公式.

对于误差的定量估计,常采用拉格朗日余项

$$|R_n(x)|=\left|\frac{1}{(n+1)!}f^{(n+1)}(\xi)(x-x_0)^{n+1}\right|.$$

若对于确定的 n,$\forall x\in(a,b)$,都有 $|f^{(n+1)}(x)|\leqslant M$(其中 M 为常数),则

$$|R_n(x)|\leqslant\frac{M}{(n+1)!}|x-x_0|^{n+1}.$$

也就是说,只要 x 与 x_0 充分接近,误差 $|R_n(x)|$ 就可小于预先给定的任意正数.

例 4.27　求 $f(x)=\mathrm{e}^x$ 的麦克劳林公式.

解　由 $f(x)=\mathrm{e}^x$,$f^{(n)}(0)=1$ 可得 $f(x)=\mathrm{e}^x$ 的麦克劳林公式为

$$\mathrm{e}^x=1+x+\frac{1}{2!}x^2+\cdots+\frac{1}{n!}x^n+\frac{1}{(n+1)!}\mathrm{e}^{\xi}x^{n+1},\xi\text{ 介于 0 与 }x\text{ 之间}.$$

例 4.28　求 $f(x)=\sin x$ 的麦克劳林公式.

解　因为由

$$f'(x)=\cos x=\sin\left(x+\frac{\pi}{2}\right),$$

$$f''(x)=\cos\left(x+\frac{\pi}{2}\right)=\sin\left(x+2\cdot\frac{\pi}{2}\right),$$

$$\cdots\cdots$$

$$f^{(n)}(x)=\sin\left(x+n\cdot\frac{\pi}{2}\right)$$

可得

$$f^{(2k)}(0)=\sin k\pi=0,\quad f^{(2k+1)}(0)=\sin\left(k\pi+\frac{\pi}{2}\right)=(-1)^k,\quad k=0,1,2,\cdots.$$

因此,$f(x)=\sin x$ 的麦克劳林公式为

$$\sin x=x-\frac{x^3}{3!}+\frac{x^5}{5!}+\cdots+\frac{(-1)^k}{(2k+1)!}x^{2k+1}+\frac{x^{2k+3}}{(2k+3)!}\sin\left(\xi+\frac{2k+3}{2}\pi\right),$$

其中 ξ 介于 0 与 x 之间.

拉格朗日余项可写为下面的形式,以便估计误差:

$$R_{2k}(x)=\frac{x^{2k+3}}{(2k+3)!}\sin\left(\theta x+\frac{2k+3}{2}\pi\right)$$

$$=(-1)^k\frac{x^{2k+3}}{(2k+3)!}\cos\theta x,\quad 0<\theta<1,$$

$$|R_{2k}(x)|=\left|(-1)^k\frac{x^{2k+3}}{(2k+3)!}\cos\theta x\right|\leqslant\frac{|x|^{2k+3}}{(2k+3)!}.$$

当 $k=0$ 时,用多项式 $y=x$ 估计 $\sin x$,误差不超过$\frac{|x|^3}{3!}$;

当 $k=1$ 时, 用多项式 $y=x-\frac{x^3}{3!}$估计 $\sin x$,误差不超过$\frac{|x|^5}{5!}$;

当 $k=2$ 时, 用多项式 $y=x-\frac{x^3}{3!}+\frac{x^5}{5!}$估计 $\sin x$,误差不超过$\frac{|x|^7}{7!}$.

类似地,可得 $f(x)=\cos x$ 的麦克劳林公式为

$$\cos x=1-\frac{x^2}{2!}+\frac{x^4}{4!}+\cdots+\frac{(-1)^k}{(2k)!}x^{2k}+\frac{x^{2k+2}}{(2k+2)!}\cos[\xi+(k+1)\pi],$$

其中 ξ 介于 0 与 x 之间.

例 4.29　求 $f(x)=(1+x)^\alpha$ 的麦克劳林公式,其中 $\alpha\in(-\infty,+\infty)$.

解　由

$$f^{(k)}(x)=\alpha(\alpha-1)\cdots(\alpha-k+1)(1+x)^{\alpha-k},\quad k=1,2,\cdots$$

可得

$$f^{(k)}(0)=\alpha(\alpha-1)\cdots(\alpha-k+1),\quad k=1,2,\cdots.$$

于是 $f(x)=(1+x)^\alpha$ 的 n 阶麦克劳林公式为

$$(1+x)^\alpha=1+\alpha x+\frac{\alpha(\alpha-1)}{2!}x^2+\cdots+\frac{\alpha(\alpha-1)\cdots(\alpha-n+1)}{n!}x^n$$

$$+\frac{\alpha(\alpha-1)\cdots(\alpha-n)}{(n+1)!}(1+\xi)^{\alpha-n-1}x^{n+1},$$

其中 ξ 介于 0 与 x 之间.

特别地,$\alpha=n\in\mathbf{N}^+$,$f^{(n+1)}(x)\equiv 0$. 于是 $\forall k\geqslant n$ 有 $R_k(x)\equiv 0$,从而得到二项式公式

$$(1+x)^n=1+\frac{n}{1!}x+\frac{n(n-1)}{2!}x^2+\cdots+\frac{n(n-1)\cdots 3\cdot 2\cdot 1}{n!}x^n.$$

例 4.30　求 $f(x)=\ln(1+x)$的麦克劳林公式.

解　由 $f^{(n)}(x)=(-1)^{n-1}\frac{(n-1)!}{(1+x)^n}$可得

$$f^{(n)}(0)=(-1)^{n-1}(n-1)!,$$

于是

$$\ln(1+x)=x-\frac{x^2}{2}+\frac{x^3}{3}-\cdots+(-1)^{(n-1)}\frac{x^n}{n}+(-1)^n\frac{x^{n+1}}{(n+1)(1+\theta x)^{n+1}},\quad 0<\theta<1.$$

以上得出了 5 个常用的基本初等函数的麦克劳林公式,它们是以后求解较为复杂的函数的麦克劳林公式和泰勒公式的基础.

泰勒公式也可用于求一些比较复杂的函数的极限.

***例 4.31** 计算极限$\lim\limits_{x\to 0}\dfrac{\cos x-\mathrm{e}^{-\frac{x^2}{2}}}{x^4}$.

解 由基本初等函数的麦克劳林公式分别有

$$\cos x=1-\frac{x^2}{2}+\frac{x^4}{24}+o(x^5),\quad \mathrm{e}^{-\frac{x^2}{2}}=1-\frac{x^2}{2}+\frac{x^4}{8}+o(x^5),$$

从而有

$$\begin{aligned}\lim_{x\to 0}\frac{\cos x-\mathrm{e}^{-\frac{x^2}{2}}}{x^4}&=\lim_{x\to 0}\frac{1}{x^4}\left\{\left[1-\frac{x^2}{2}+\frac{x^4}{24}+o(x^5)\right]-\left[1-\frac{x^2}{2}+\frac{x^4}{8}+o(x^5)\right]\right\}\\&=\lim_{x\to 0}\left[-\frac{1}{12}+\frac{o(x^5)}{x^4}\right]=-\frac{1}{12}.\end{aligned}$$

4.3.5 曲线的凸性

对于函数 $y=f(x)$,仅知道它在区间 I 上严格增加还不够,函数 $y=f(x)$在区间 I 上严格增加的方式还有不同的情况. 例如,函数 $y=x^2$ 与 $y=\sqrt{x}$在区间$[0,+\infty)$上的图像,$y=x^2$ 的曲线呈向下凸地严格增加,$y=\sqrt{x}$的曲线呈向上凸地严格增加,如图 4-7 所示. 下面给出函数凸性的定量化描述及导数判定方法.

定义 4.2 若曲线段在它的每一点的切线都在该曲线的下方(上方),则称此曲线段为**下凸**(**上凸**)的,分别如图 4-8 和图 4-9 所示.

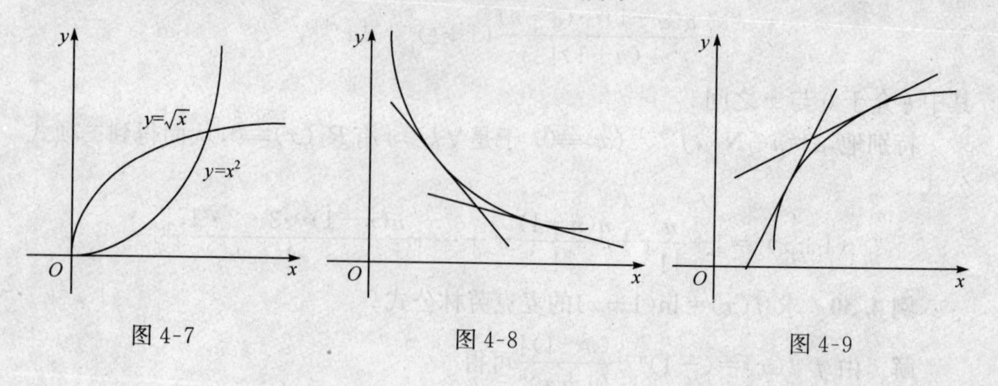

图 4-7　　图 4-8　　图 4-9

定理 4.13　若函数 $y=f(x)$ 在区间 (a,b) 内有二阶导数 $f''(x)>0(<0)$，则曲线段 $y=f(x)$ 在区间 (a,b) 是下凸（上凸）的．

证　考虑证明 $\forall x_0\in(a,b)$，曲线段 $y=f(x)$ 在 x_0 处的切线位于该曲线的下方（上方），即曲线段 $y=f(x)$ 是下凸（上凸）的．

考虑 x_0 附近的情况．$\forall x_1\in(a,b)$，$x_1\neq x_0$，对 $y=f(x)$ 在 x_0 处应用泰勒公式有

$$f(x_1)=f(x_0)+f'(x_0)(x_1-x_0)+\frac{f''(\xi)}{2!}(x_1-x_0)^2,$$

其中 ξ 介于 x_0 与 x_1 之间．这样就得到了曲线段上的另一点 $M_1(x_1,f(x_1))$．这里仅考察曲线段 $\overset{\frown}{M_0M_1}$ 与 x_0 处的切线（图 4-10）．

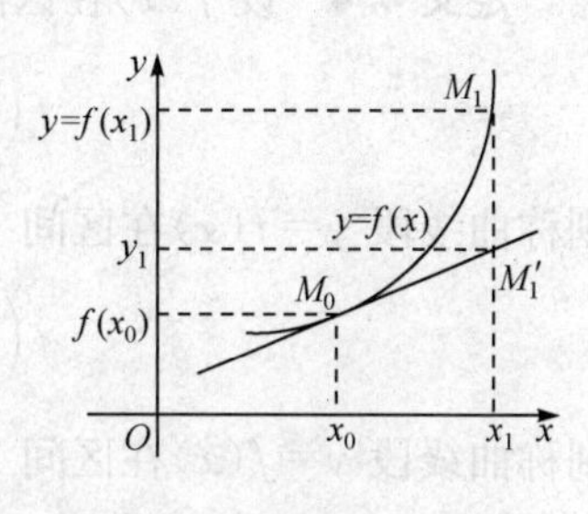

图 4-10

曲线在点 $M_0(x_0,f(x_0))$ 处的切线方程为

$$y-f(x_0)=f'(x_0)(x-x_0),$$

令 $x=x_1$ 有

$$y_1=f(x_0)+f'(x_0)(x_1-x_0),$$

从而得到切线上的点 $M'_1(x_1,y_1)$，满足

$$f(x_1)-y_1=\frac{f''(\xi)}{2!}(x_1-x_0)^2>0(<0),$$

即 $f(x_1)>y_1$（$f(x_1)<y_1$）．这表明曲线 $y=f(x)$ 在其上任一点 M_0 处的切线上方（下方）．根据定义 4.2 可知，曲线段 $y=f(x)$ 在 (a,b) 上是下凸（上凸）的．

例 4.32　讨论函数 $f(x)=\arctan x$ 的凸性．

解　因为

$$f'(x)=\frac{1}{1+x^2},\quad f''(x)=-\frac{2x}{(1+x^2)^2},$$

所以由判定 $f''(x)$ 的正负性知，$f(x)=\arctan x$ 在 $\mathbf{R}^-$ 上是下凸的，在 $\mathbf{R}^+$ 上是上凸的．

定义 4.3　若曲线 $y=f(x)$ 上点 $(x_0,f(x_0))$ 的两侧曲线具有不同的凸性，则称此点为其曲线的**拐点**．

也就是说，如果曲线 $y=f(x)$ 上某点附近左、右两侧的二阶导数的正、负符号相异，则此点必是该曲线的拐点．于是有下面的结论．

定理 4.14　设函数 $y=f(x)$ 在区间 (a,b) 内具有二阶导数，对于 $x_0\in(a,b)$，若其二阶导数 $f''(x)$ 在 x_0 附近左、右两侧的正、负符号相异，则点 $(x_0,f(x_0))$ 是曲线 $y=f(x)$ 的拐点．

例 4.33　讨论函数 $f(x)=x^4-2x^3+3$ 的凸性及拐点．

解 由

$$f'(x)=4x^3-6x^2,\quad f''(x)=12x(x-1),$$

令 $f''(x)=0$ 解得 $x_1=0,x_2=1$. $\forall x\in(-\infty,0),f''(x)>0$; $\forall x\in(0,1),f''(x)<0$; $\forall x\in(1,+\infty),f''(x)>0$. 于是函数 $f(x)=x^4-2x^3+3$ 在 $(-\infty,0)\cup(0,+\infty)$ 上下凸,在 $(0,1)$ 上上凸,$(0,3),(1,2)$ 都是曲线的拐点.

经常将曲线的上凸也简称为凸(下凹),下凸又称为凹(上凹). 关于曲线的凸凹性还有如下定量化的定义,它与上面的定义是等价的其证明略.

定义 4.4 设 $f(x)$ 在区间 I 上连续,若 $\forall x_1,x_2\in I$,恒有

$$f\left(\frac{x_1+x_2}{2}\right)>\frac{f(x_1)+f(x_2)}{2},$$

则称曲线段 $y=f(x)$ 在区间 I 为凸的(图 4-11(a));若 $\forall x_1,x_2\in I$,恒有

$$f\left(\frac{x_1+x_2}{2}\right)<\frac{f(x_1)+f(x_2)}{2},$$

则称曲线段 $y=f(x)$ 在区间 I 为凹的(图 4-11(b)).

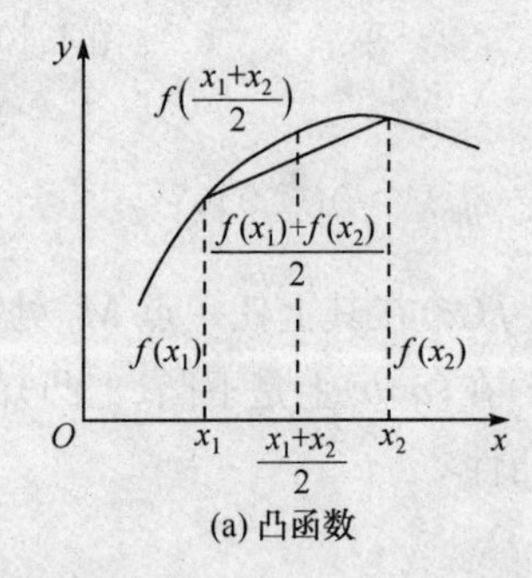

(a) 凸函数

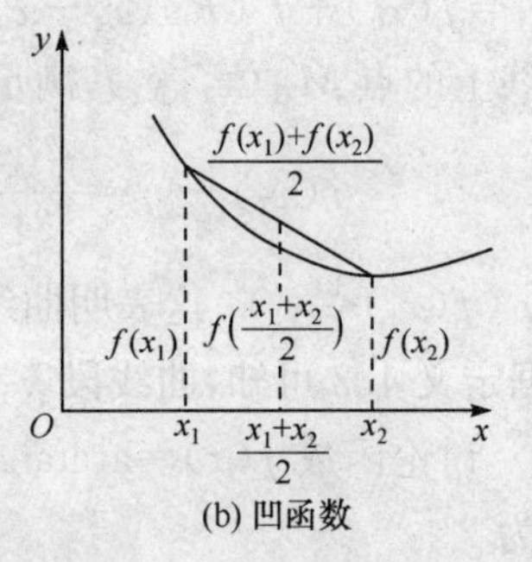

(b) 凹函数

图 4-11

习 题 4.3

1. 填空题.

(1) 曲线 $f(x)=\arctan x-x$ 在区间 $(-\infty,+\infty)$ 上单调________;

(2) 曲线 $y=\mathrm{e}^{-x^2}$ 在区间________上是上凸的;

(3) 曲线 $y=\dfrac{a}{1+x^2}$ 在区间 $\left(-\dfrac{1}{\sqrt{3}},\dfrac{1}{\sqrt{3}}\right)$ 内是下凸的,则________或________;

(4) 曲线 $y=1-(x-2)^3$ 的拐点是________;

(5) $f'(x_0)=0$ 是函数 $y=f(x)$ 在点 $x=x_0$ 处取得极值的________;

(6) 函数 $f(x)=x+2\cos x$ 在区间 $\left[0,\dfrac{\pi}{2}\right]$ 内的最大值点是 $x=$________;

(7) 函数 $y=e^x-x$ 的最小值是________.

2. 选择题.

(1) 函数 $f(x)=\frac{x}{1+x^2}$(　　)

A. 在$(-\infty,+\infty)$上单调减少　　B. 在$(-\infty,+\infty)$上单调增加

C. 在$(-1,1)$内单调减少　　D. 在$(-1,1)$内单调增加

(2) 函数 $y=x\ln x$ 在区间(　　)内单调减少

A. $\left(0,\frac{1}{e}\right)$　　B. $\left(\frac{1}{e},1\right)$　　C. $(1,e)$　　D. $(e,+\infty)$

(3) 不等式 $\tan x>x+\frac{x^3}{3}$ 成立的范围是(　　)

A. $x<\frac{\pi}{2}$　　B. $-\frac{\pi}{2}<x<0$　　C. $0<x<\frac{\pi}{2}$　　D. $x>\frac{\pi}{2}$

(4) 曲线 $y=3x^2-x^3$ 在(　　)

A. $(-\infty,1)$内是上凸的,$(1,+\infty)$内是下凸的

B. $(-\infty,1)$内是下凸的,$(1,+\infty)$内是上凸的

C. $(-\infty,0)$内是上凸的,$(0,+\infty)$内是下凸的

D. $(-\infty,0)$内是下凸的,$(0,+\infty)$内是上凸的

(5) 若函数 $f(x)$在区间(a,b)内有 $f'(x)<0,f''(x)>0$,则 $f(x)$在该区间内(　　)

A. 单调增加且曲线是下凸的　　B. 单调减少且曲线是下凸的

C. 单调增加且曲线是上凸的　　D. 单调减少且曲线是上凸的

(6) 点$(1,2)$是曲线 $y=ax^2+bx^3$ 的拐点,则(　　)

A. $a=0,b=2$　　B. $a=1,b=1$　　C. $a=2,b=0$　　D. $a=3,b=-1$

(7) 曲线 $y=\frac{e^x}{1+x}$(　　)

A. 无拐点　　B. 有一个拐点　　C. 有两个拐点　　D. 有三个拐点

(8) x_0 为 $f(x)$在$[a,b]$上的一点,并且 $f'(x_0)=0$,则点 x_0 是(　　)

A. 零点　　B. 极值点　　C. 驻点　　D. 拐点

(9) 函数 $y=x^2e^{-x}$(　　)

A. 无极值　　B. 既有极大值,也有极小值

C. 只有极大值,而无极小值　　D. 只有极小值,而无极大值

(10) 若连续函数 $f(x)$在闭区间上只有一个极大值和一个极小值,则(　　)

A. 极大值一定是最大值,并且极小值一定是最小值

B. 极大值一定是最大值，或极小值一定是最小值

C. 极大值不一定是最大值，极小值也不一定是最小值

D. 极大值必大于极小值

3. 求下列函数的单调区间：

(1) $y=x^3-3x^2-9x+14$； (2) $y=x+\frac{4}{x}(x\neq 0)$.

4. 讨论下列函数的单调性：

(1) 判定函数 $y=f(x)=x-\sin x$ 在$[0,2\pi]$上的单调性；

(2) 讨论函数 $f(x)=\mathrm{e}^x-x-1$ 的单调性；

(3) 讨论函数 $f(x)=\sqrt[3]{x^2}$ 的单调性.

5. 确定下列函数的单调区间，并求出它们的极值：

(1) $y=x^3(1-x)$； (2) $y=\frac{x}{1+x^2}$； (3) $y=\frac{2x}{\ln x}$.

6. 讨论下列函数的凹凸性，并求拐点及凹、凸区间：

(1) 判断曲线 $y=x^3$ 的凹凸性；

(2) 求曲线 $y=3x^4-4x^3+1$ 的拐点及凹、凸区间；

(3) 判断曲线 $y=x^4$ 是否有拐点；

(4) 求曲线 $y=\sqrt[3]{x}$ 的拐点.

7. 求下列函数的极值和最值：

(1) 求函数 $f(x)=(x^2-1)^3+1$ 的极值；

(2) 求函数 $f(x)=2x^3+3x^2-12x+14$ 在$[-3,4]$上的最大值与最小值.

8. 要建一个体积为 V 的有盖圆柱形氨水池，已知上、下底的造价是四周造价的 2 倍，问这个氨水池的底面半径为多大时，总造价最低？

9. 从半径为 R 的圆铁片上截下中心角为 φ 的扇形卷成一圆锥形漏斗，问 φ 取多大时，做成的漏斗的容积最大？

10. 如图 4-12 所示，已知 $AB=100\text{km}$，$AC=20\text{km}$，公路 CD 与铁路 DB 运费比为 3∶5，为使 CDB 的总运费最省，如何选择 D 点？

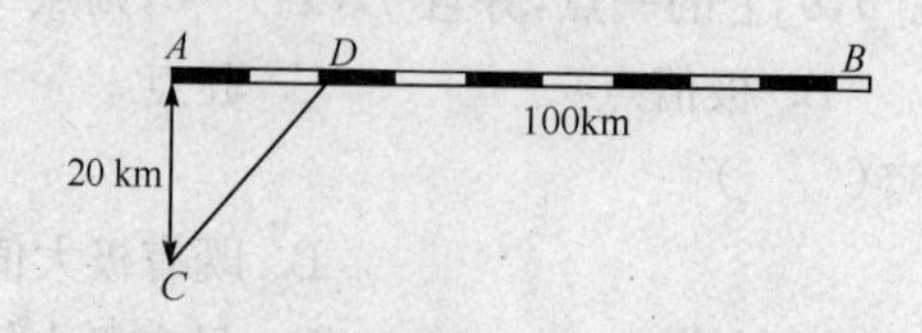

图 4-12

4.4 函数作图

正确描绘函数的图像对深刻地研究函数的性态具有重要意义,如何描绘函数 $y=f(x)$的图像呢? 以前学习了描点法,但显然不可能描出曲线上所有的点.在画二次函数的图像时,使用了“五点法”,即抓住了图像的关键点.这给了我们很大启发,即在描绘函数的图像时,抓住最能反映曲线变化特性的关键点.例如,函数的极值点和拐点.在极值点的两侧,函数通常具有不同的增减性;在拐点两侧,函数曲线具有不同的凸性.而这些关键点又将定义域区间分成若干个子区间,在每个子区间上,函数具有明显的单调性和凸性.若函数具有奇偶性,就可利用奇、偶函数图像的对称性作函数图像;若函数还具有周期性,就只需画出函数在一个周期内的图像,再向函数的整个定义域延拓即可.

另外,在画函数的图像时,还应考虑有些曲线具有渐近线,这对函数曲线的变化趋势的把握有着极其重要的参照作用.

定义 4.5 当 $x\to a(x\to+\infty,x\to-\infty)$时,若曲线 $y=f(x)$无限延伸,并且与某一条直线 L 的距离趋于零,则称此直线 L 为该曲线的**渐近线**.

例如,当 $x\to-\infty$时,$y=\mathrm{e}^x$ 无限趋于 0,称 $y=0$(x 轴)为 $y=\mathrm{e}^x$ 的水平渐近线;当 $x\to0^+$ 时,$y=\ln x$ 无限趋于$-\infty$,称 $x=0$(y 轴)为 $y=\ln x$ 的铅直渐近线.

曲线 $y=f(x)$的水平渐近线和铅直渐近线的求法如下:

(1) 若 $\lim\limits_{x\to+\infty}f(x)=A\left(\lim\limits_{x\to-\infty}f(x)=B\right)$,则 $y=A(y=B)$是曲线 $y=f(x)$的**水平渐近线**;

(2) 若 $\lim\limits_{x\to a^+}f(x)=\infty\left(\lim\limits_{x\to a^-}f(x)=\infty\right)$,则 $x=a$ 是曲线 $y=f(x)$的**铅直渐近线**.

有些曲线还有**斜渐近线**.设曲线 $y=f(x)$的点$(x,f(x))$到直线 $y=kx+b$ 的距离为 d,则

$$\text{直线 } y=kx+b \text{ 是曲线 } y=f(x) \text{ 的斜渐近线}$$

$$\Leftrightarrow \lim_{\substack{x\to+\infty\\(x\to-\infty)}}\frac{|f(x)-kx-b|}{\sqrt{1+k^2}}=0 \Leftrightarrow \lim_{\substack{x\to+\infty\\(x\to-\infty)}}(f(x)-kx-b)=0,$$

所以,直线 $y=kx+b$ 是曲线 $y=f(x)$的斜渐近线,则

$$b=\lim_{\substack{x\to+\infty\\(x\to-\infty)}}(f(x)-kx) \quad \text{且} \quad \lim_{\substack{x\to+\infty\\(x\to-\infty)}}\left(\frac{f(x)}{x}-k\right)=\lim_{\substack{x\to+\infty\\(x\to-\infty)}}\frac{f(x)-kx}{x}=0,$$

即

$$k=\lim_{\substack{x\to+\infty\\(x\to-\infty)}}\frac{f(x)}{x},\quad b=\lim_{\substack{x\to+\infty\\(x\to-\infty)}}(f(x)-kx).$$

例 4.34　描绘函数 $f(x)=\dfrac{(x-3)^2}{2(x-1)}$ 的图像．

解　函数的定义域是 $(-\infty,1)\cup(1,+\infty)$．由 $\lim\limits_{x\to1}\dfrac{(x-3)^2}{2(x-1)}=\infty$ 知，$x=1$ 是曲线的铅直渐近线．

由于

$$k=\lim_{x\to\infty}\frac{f(x)}{x}=\lim_{x\to\infty}\frac{(x-3)^2}{2x(x-1)}=\frac{1}{2},$$

$$b=\lim_{x\to\infty}(f(x)-kx)=\lim_{x\to\infty}\left(\frac{(x-3)^2}{2(x-1)}-\frac{x}{2}\right)=\lim_{x\to\infty}\frac{-5x+9}{2(x-1)}=-\frac{5}{2},$$

所以 $y=\dfrac{1}{2}x-\dfrac{5}{2}$，即 $x-2y-5=0$ 是曲线的斜渐近线．

由

$$f'(x)=\frac{(x-3)(x+1)}{2(x-1)^2},\quad f''(x)=\frac{4}{(x-1)^3},$$

令 $f'(x)=0$，解得驻点为 $x=-1$ 与 $x=3$，它们将定义域分成如下 4 个子区间：

$$(-\infty,-1),\quad(-1,1),\quad(1,3),\quad(3,+\infty).$$

令 $f''(x)=0$，无解，即曲线没有拐点．

上述函数分析性质和增减凹凸关系如表 4-2 所示．

表 4-2　函数分析性质和增减凹凸关系简表

x	$(-\infty,-1)$	-1	$(-1,1)$	$(1,3)$	3	$(3,+\infty)$
$f'(x)$	+	0	−	−	0	+
$f''(x)$	−	−	−	+	+	+
$f(x)$	↗	极大点	↘	↘	极小点	↗
	上凸		上凸	下凸		下凸

由表 4-2 可知，-1 是极大点，极大值是 $f(-1)=-4$；3 是极小点，极小值是 0．函数图像如图 4-13 所示．

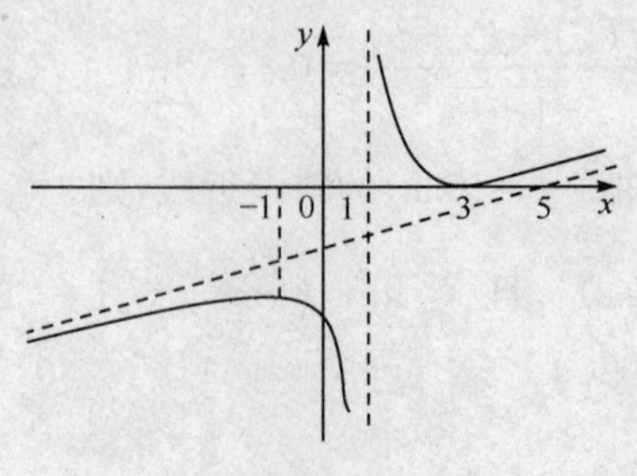

图 4-13

总结例 4.35,描绘函数的图像可按下列步骤进行:

(1) 确定函数 $y=f(x)$的定义域;

(2) 确定函数 $y=f(x)$的奇偶性、周期性;

(3) 确定函数 $y=f(x)$是否具有渐近线;

(4) 求出函数 $y=f(x)$的单调区间、极值、凹凸区间、拐点并列表;

(5) 确定一些特殊点,如对称点、曲线与坐标轴的交点等;

(6) 按照简表所提供函数性态逐段描绘整条曲线.

习　题　4.4

1. 填空题.

(1) 函数 $y=1+\frac{x}{1+x^2}$的图像有水平渐近线________;

(2) 函数 $y=4x^2+\frac{1}{x}$的图像有铅直渐近线________.

2. 选择题.

函数 $y=\frac{x}{1-x^2}$的图像(　　).

A. 只有水平渐近线,而无铅直渐近线

B. 只有铅直渐近线,而无水平渐近线

C. 既无水平渐近线,也无铅直渐近线

D. 既有水平渐近线,也有铅直渐近线

3. 描绘函数 $y=1+\frac{36x}{(x+3)^2}$的图像.

4.5　方程的近似解

对于高次代数方程或其他类型的方程 $f(x)=0$,要求出其精确解往往比较困难,甚至根本不可行,而且在实际问题中,有时没有必要求出方程的精确解,只要求出方程的近似解就可以了.下面来学习两种常用求方程近似解的方法——二分法和切线法(牛顿法).

4.5.1　二分法

设函数 $f(x)$在闭区间$[a,b]$上连续,$f(a)\cdot f(b)<0$,并且方程 $f(x)=0$ 在(a,b)内仅有一个实根 ξ,称$[a,b]$为这个根的一个**隔离区间**.

取$[a,b]$的中点 $\xi_1=\frac{a+b}{2}$,计算 $f(\xi_1)$.如果 $f(\xi_1)=0$,则 $\xi=\xi_1$;如果 $f(\xi_1)$

与 $f(a)$ 同号,则取 $a_1=\xi_1, b_1=b$. 由 $f(a_1)\cdot f(b_1)<0$ 知, $a_1<\xi<b_1$ 且 $b_1-a_1=\frac{1}{2}(b-a)$;如果 $f(\xi_1)$ 与 $f(b)$ 同号,则取 $a_1=a, b_1=\xi_1$,也有 $a_1<\xi<b_1$ 且 $b_1-a_1=\frac{1}{2}(b-a)$. 总之,当 $\xi\neq\xi_1$ 时,可求得 $a_1<\xi<b_1$ 且 $b_1-a_1=\frac{1}{2}(b-a)$. 以 $[a_1, b_1]$ 为新的隔离区间,重复上述做法,当 $\xi\neq\xi_2=\frac{1}{2}(a_1+b_1)$ 时,可求得 $a_2<\xi_2<b_2$ 且 $b_2-a_2=\frac{1}{2^2}(b-a)$. 继续重复 n 次,可求得 $a_n<\xi<b_n$ 且 $b_n-a_n=\frac{1}{2^n}(b-a)$. 因此,用 a_n 或 b_n 作为 ξ 的近似值,误差小于 $\frac{1}{2^n}(b-a)$.

例 4.35 用二分法求方程 $x^3+1.1x^2+0.9x-1.4=0$ 的实根的近似值,使误差不超过 10^{-3}.

解 令 $f(x)=x^3+1.1x^2+0.9x-1.4$,显然, $f(x)$ 在 $(-\infty,+\infty)$ 上连续. 由于 $f'(x)=3x^2+2.2x+0.9>0$,所以 $f(x)$ 在 $(-\infty,+\infty)$ 内单调增加,于是 $f(x)=0$ 在 $(-\infty,+\infty)$ 上至多有一个实根. 因为 $f(0)=-1.4<0, f(1)=1.6>0$,所以 $f(x)=0$ 在 $[0,1]$ 内有唯一的实根. $[0,1]$ 就是一个隔离区间. 经计算得

$\xi_1=0.5, f(\xi_1)=-0.55<0$,故 $a_1=0.5, b_1=1$;

$\xi_2=0.75, f(\xi_2)=0.32>0$,故 $a_2=0.5, b_2=0.75$;

$\xi_3=0.625, f(\xi_3)=-0.16<0$,故 $a_3=0.625, b_3=0.75$;

$\xi_4=0.687, f(\xi_4)=0.062>0$,故 $a_4=0.625, b_4=0.687$;

$\xi_5=0.656, f(\xi_5)=-0.054<0$,故 $a_5=0.565, b_5=0.687$;

$\xi_6=0.672, f(\xi_6)=0.005>0$,故 $a_6=0.656, b_6=0.672$;

$\xi_7=0.664, f(\xi_7)=-0.025<0$,故 $a_7=0.664, b_7=0.672$;

$\xi_8=0.668, f(\xi_8)=-0.010<0$,故 $a_8=0.668, b_8=0.672$;

$\xi_9=0.670, f(\xi_9)=-0.002<0$,故 $a_9=0.670, b_9=0.672$;

$\xi_{10}=0.671, f(\xi_{10})=0.001>0$,故 $a_{10}=0.670, b_{10}=0.671$,

从而 $0.670<\xi<0.671$,即 0.670 作为根的不足近似值,而 0.671 作为根的过剩近似值.

4.5.2 切线法

设 $f(x)$ 在 $[a,b]$ 上具有二阶导数, $f(a)\cdot f(b)<0$,并且 $f'(x)$ 和 $f''(x)$ 在 $[a,b]$ 上保持定号,则方程 $f(x)=0$ 在 (a,b) 内有唯一实根 ξ, $[a,b]$ 是根的一个隔离区间.

定义 4.6 用曲线弧一端的切线来代替曲线弧,从而求出方程实根的近似值,

这种方法叫做**切线法(牛顿法)**.

如图 4-14 所示,在纵坐标与 $f''(x)$的符号的那个端点(此端点记为$(x_0, f(x_0))$)作切线,该切线与 x 轴的交点的横坐标 x_1 比 x_0 更接近方程的根 ξ.

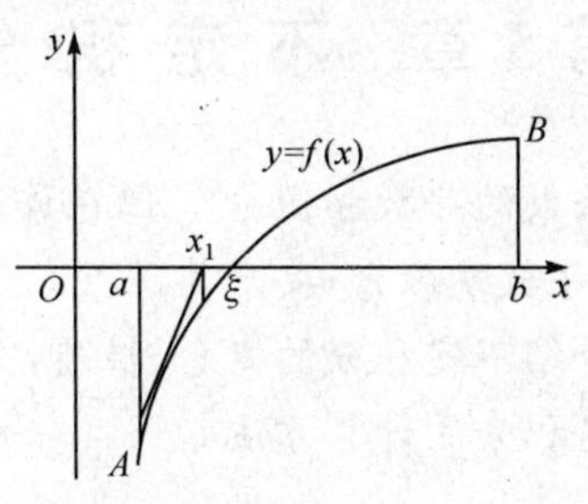

图 4-14

令 $x_0=a, f(a)<0, f(b)>0, f'(x)>0, f''(x)<0$,则切线方程为

$$y-f(x_0)=f'(x_0)(x-x_0).$$

令 $y=0$ 得 $x_1=x_0-\dfrac{f(x_0)}{f'(x_0)}$. 在点$(x_1, f(x_1))$作切线,得到根的近似值 $x_2=x_1-\dfrac{f(x_1)}{f'(x_1)}$. 如此继续下去,得到根的近似值 $x_n=x_{n-1}-\dfrac{f(x_{n-1})}{f'(x_{n-1})}$.

注 4.6　如果 $f(b)$与 $f''(x)$同号,则可记 $x_0=b$.

例 4.36　用切线法求方程 $x^3+1.1x^2+0.9x-1.4=0$ 的实根的近似值,使误差不超过 10^{-3}.

解　令 $f(x)=x^3+1.1x^2+0.9x-1.4$,$[0,1]$是隔离区间,$f(0)<0, f(1)>0$. 在$[0,1]$上,

$$f'(x)=3x^2+2.2x+0.9>0, \quad f''(x)=6x+2.2.$$

因为 $f''(x)$与 $f(x)$同号,令 $x_0=1$,于是有

$$x_1=1-\frac{f(1)}{f'(1)}\approx 0.738, \quad x_2=0.738-\frac{f(0.738)}{f'(0.738)}\approx 0.647,$$

$$x_3=0.647-\frac{f(0.647)}{f'(0.647)}\approx 0.671, \quad x_4=0.671-\frac{f(0.671)}{f'(0.671)}\approx 0.671.$$

计算终止,得到根的近似值为 0.671,其误差都小于 10^{-3}.

习　题　4.5

1. 用二分法求方程 $x^3+1.1x^2+0.9x-1.4=0$ 的实根近似值,使误差不超过 10^{-3}.

2. 用切线法求方程 $x^3+1.1x^2+0.9x-1.4=0$ 的实根近似值,使误差不超过 10^{-3}.

第5章 不定积分

微分运算就是求已知函数的导数和微分．但在许多实际问题中，往往会遇到相反的问题，即已知函数的导数或微分，要求其函数．这种运算就是微分运算的逆运算——不定积分．本章介绍不定积分的概念、性质，并研究不定积分运算的一般方法和一些特殊类型的不定积分的计算方法．

5.1 不定积分的概念与基本积分公式

5.1.1 原函数的概念

已知质点的运动速度 $v=v(t)$，求质点的运动路程 $s=f(t)$，即求函数 $f(t)$，使它的导数 $f'(t)$等于已知函数 $v(t)$. 这个问题从数学的角度来说，就是已知一个函数的导数，求原来的函数表达式．为了讨论这类问题，先引入原函数的概念．

定义 5.1 设 $f(x)$是定义在区间 I 上的函数，如果存在一个函数 $F(x)$，使得对于区间 I 上的任一点，都有

$$F'(x)=f(x) \quad \text{或} \quad \mathrm{d}F(x)=f(x)\mathrm{d}x,$$

则称 $F(x)$为已知函数 $f(x)$在区间 I 上的一个**原函数**．

例如，在 $\mathbf{R}$ 上有$(x^2)'=2x$，故 x^2 是 $2x$ 的一个原函数. 又由$(x^2+1)'=2x$，所以 x^2+1 也是 $2x$ 的一个原函数. 其实，x^2+C(其中 C 为任意常数)也是 $2x$ 的原函数．由此可见，如果函数的原函数存在，必有无穷多个．

关于原函数，自然要问：第一，一个函数要具备什么条件，才存在原函数？即原函数的存在性；第二，如果函数的原函数存在，那么它的无穷多个原函数该如何表达？

对于第一个问题，有如下定理，该定理将在第 6 章中证明：

定理 5.1 如果 $f(x)$在区间 I 上连续，则在 I 上一定存在 $f(x)$的原函数$F(x)$.

关于第二个问题，有下面的定理．

定理 5.2 如果 $F(x)$是 $f(x)$在区间 I 上的一个原函数，则在区间 I 上的任意原函数都可表示成 $F(x)+C$，其中 C 为任意常数．

证 设 $F(x)$，$G(x)$都是 $f(x)$在区间 I 上的原函数，则

$$(G(x)-F(x))'=G'(x)-F'(x)=f(x)-f(x)=0, \quad x\in I,$$

所以 $G(x)-F(x)=C$，即

$$G(x)=F(x)+C, \quad x\in I.$$

由定理5.2可知，要求$f(x)$的全部原函数，在求得它的一个原函数$F(x)$之后，加上一个任意常数C便完成．

5.1.2 不定积分概念

定义5.2 设$F(x)$是$f(x)$的原函数，则称$f(x)$的原函数的一般表达式$F(x)+C$为$f(x)$的**不定积分**，并记为

$$\int f(x)\mathrm{d}x=F(x)+C,$$

其中符号$\int$称为**积分号**，$f(x)$称为**被积函数**，$f(x)\mathrm{d}x$称为**被积表达式**，x称为**积分变量**，任意常数C称为**不定积分常数**．

例5.1 计算$\int x^3\mathrm{d}x$．

解 因为$\left(\frac{x^4}{4}\right)'=x^3$，所以

$$\int x^3\mathrm{d}x=\frac{x^4}{4}+C.$$

例5.2 证明$\int\frac{1}{x}\mathrm{d}x=\ln|x|+C$.

证 因为当$x>0$时，

$$(\ln|x|)'=(\ln x)'=\frac{1}{x};$$

当$x<0$时，

$$(\ln|x|)'=(\ln(-x))'=\frac{1}{-x}(-1)=\frac{1}{x}.$$

因此，$\ln|x|$为$\frac{1}{x}$的一个原函数，所以

$$\int\frac{1}{x}\mathrm{d}x=\ln|x|+C.$$

5.1.3 不定积分的几何意义

设$F(x)$是$f(x)$的一个原函数，称$y=F(x)$的图像为$f(x)$的积分曲线．这样，不定积分$\int f(x)\mathrm{d}x=F(x)+C$在几何上表示的是$f(x)$的积分曲线族．这个积分曲线族可由一条积分曲线$y=F(x)$沿$y$轴平行移动而得到．积分曲线族中的任意两条积分曲线在同一点x处的切线斜率都等于$f(x)$在点x处的函数值，如图5-1所示．

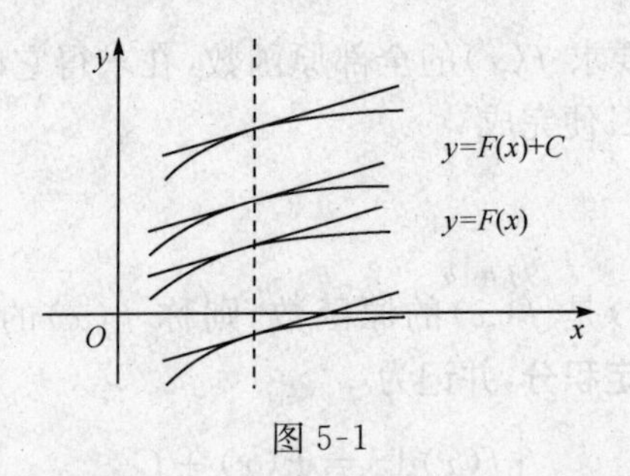

图 5-1

例 5.3　设曲线通过点(1,2),并且曲线上任一点处的切线斜率都等于该点横坐标的 2 倍,求此曲线方程.

解　设所求曲线方程为 $y=F(x)$,依题意有 $F'(x)=2x$,所以切线斜率为 $2x$ 的全部曲线为

$$y=\int 2x\mathrm{d}x=x^2+C.$$

又因为要求曲线通过点(1,2),代入有 $2=1^2+C$,即 $C=1$,故要求的曲线方程为

$$y=x^2+1.$$

例 5.4　设某一级化学反应的浓度 $c(t)$ 的变化速度 $v(t)=ak\mathrm{e}^{-kt}$,初始浓度为 $c(0)=0$,其中 a,k 为大于 0 的常数. 试求浓度函数 $c(t)$.

解　因为 $c'(t)=v(t)=ak\mathrm{e}^{-kt}$,$(-a\mathrm{e}^{-kt})'=ak\mathrm{e}^{-kt}$,所以

$$c(t)=\int ak\mathrm{e}^{-kt}\mathrm{d}x=-a\mathrm{e}^{-kt}+C.$$

将 $c(0)=0$ 代入上式得 $C=a$,所以要求的浓度函数为

$$c(t)=a(1-\mathrm{e}^{-kt}).$$

5.1.4　不定积分的性质

由不定积分的定义可得出以下性质:

性质 5.1　$\int f(x)\mathrm{d}x=F(x)+C\Leftrightarrow F'(x)=f(x)$.

性质 5.2　$\left(\int f(x)\mathrm{d}x\right)'=f(x)$　或　$\mathrm{d}\left(\int f(x)\mathrm{d}x\right)=f(x)\mathrm{d}x$,

$$\int f'(x)\mathrm{d}x=f(x)+C\quad 或\quad \int \mathrm{d}f(x)=f(x)+C.$$

性质 5.3　$\int (f(x)\pm g(x))\mathrm{d}x=\int f(x)\mathrm{d}x\pm\int g(x)\mathrm{d}x$.

性质 5.4　$\int kf(x)\mathrm{d}x=k\int f(x)\mathrm{d}x$ (其中 k 为常数,$k\neq 0$).

性质 5.1 是不定积分概念的符号化结果,性质 5.2～性质 5.4 的证明都可由性质 5.1 来解释.

5.1.5　基本积分公式

由性质 5.1 及导数基本公式即可得到如下基本积分公式：

(1) $\int k\mathrm{d}x = kx + C$ (k 为常数)；

(2) $\int x^k\mathrm{d}x = \dfrac{x^{k+1}}{k+1} + C(k \neq -1)$；

(3) $\int \dfrac{1}{x}\,\mathrm{d}x = \ln|x| + C(x \neq 0)$；

(4) $\int \mathrm{e}^x\,\mathrm{d}x = \mathrm{e}^x + C$　或　$\int a^x\mathrm{d}x = \dfrac{a^x}{\ln a} + C(a > 0, a \neq 1)$；

(5) $\int \sin x\mathrm{d}x = -\cos x + C$；

(6) $\int \cos x\mathrm{d}x = \sin x + C$；

(7) $\int \dfrac{1}{1+x^2}\mathrm{d}x = \arctan x + C$；

(8) $\int \dfrac{1}{\sqrt{1-x^2}}\,\mathrm{d}x = \arcsin x + C$；

(9) $\int \sec^2 x\mathrm{d}x = \int \dfrac{1}{\cos^2 x}\mathrm{d}x = \tan x + C$；

(10) $\int \csc^2 x\mathrm{d}x = \int \dfrac{1}{\sin^2 x}\mathrm{d}x = -\cot x + C$；

(11) $\int \sec x\tan x\mathrm{d}x = \sec x + C$；

(12) $\int \csc x\cot x\mathrm{d}x = -\csc x + C$；

(13) $\int \mathrm{sh}x\mathrm{d}x = \mathrm{ch}x + C$；

(14) $\int \mathrm{ch}x\mathrm{d}x = \mathrm{sh}x + C$.

以上公式是计算不定积分的基础，必须熟记．应用不定积分的性质和以上基本积分公式，可以计算一些简单的不定积分．这种求不定积分的方法称为**分项积分法**或**逐项积分法**．

例 5.5　计算 $\int(2x^2 + 1 + 3\sin x)\mathrm{d}x$．

解　$\int(2x^2 + 1 + 3\sin x)\mathrm{d}x = \int 2x^2\,\mathrm{d}x + \int 1\mathrm{d}x + \int 3\sin x\mathrm{d}x$

$$= 2\int x^2\,dx + \int dx + 3\int \sin x dx$$

$$= \frac{2}{3}x^3 + x - 3\cos x + C.$$

注 5.1 在分项积分后,每个不定积分的结果都含有一个任意常数,但是由于任意常数之和仍是任意常数,因此,在处理所有涉及的分项不定积分时只写与之对应的一个原函数,到最后再添上一个不定积分常数 C 即可.

例 5.6 计算 $\int \cos^2 \frac{x}{2}\,dx$.

解 $\int \cos^2 \frac{x}{2}\,dx = \int \frac{1+\cos x}{2}\,dx = \frac{1}{2}\int (1+\cos x)dx = \frac{1}{2}(x+\sin x) + C$.

例 5.7 计算 $\int \frac{x^4}{1+x^2}\,dx$.

解
$$\int \frac{x^4}{1+x^2}\,dx = \int \frac{x^4-1+1}{1+x^2}dx = \int\left(\frac{x^4-1}{1+x^2} + \frac{1}{1+x^2}\right)dx$$

$$= \int (x^2-1)dx + \int \frac{1}{1+x^2}\,dx = \frac{x^3}{3} - x + \arctan x + C.$$

例 5.8 计算 $\int \left(\frac{5}{\sqrt{1-x^2}} + \frac{(x+1)^2}{\sqrt{x}}\right)dx$.

解
$$原式 = 5\int \frac{1}{\sqrt{1-x^2}}dx + \int \frac{(x+1)^2}{\sqrt{x}}dx$$

$$= 5\arcsin x + \int (x^{\frac{3}{2}} + 2x^{\frac{1}{2}} + x^{-\frac{1}{2}})dx$$

$$= 5\arcsin x + \int x^{\frac{3}{2}}dx + 2\int x^{\frac{1}{2}}\,dx + \int x^{-\frac{1}{2}}\,dx$$

$$= 5\arcsin x + \frac{2}{5}x^{\frac{5}{2}} + \frac{4}{3}x^{\frac{3}{2}} + 2x^{\frac{1}{2}} + C.$$

习 题 5.1

计算下列不定积分:

(1) $\int \frac{x^2+1}{x\sqrt{x}}dx$; (2) $\int \sqrt{x}(x-3)dx$; (3) $\int 2^x e^x\,dx$;

(4) $\int \frac{dx}{1-\cos 2x}$; (5) $\int \frac{\cos 2x}{\cos^2 x\sin^2 x}\,dx$; (6) $\int \frac{1-x^2}{x\sqrt{x}}\,dx$;

(7) $\int (3^x + 2e^x)dx$; (8) $\int (\sqrt{x}+1)(\sqrt{x^3}-1)dx$; (9) $\int e^{x-4}\,dx$;

(10) $\int \frac{dx}{\sin^2 x\cos^2 x}$； (11) $\int \frac{\cos 2x}{\cos x - \sin x} dx$； (12) $\int \cot^2 x dx$；

(13) $\int \left(1-\frac{1}{x^2}\right)\sqrt{x\sqrt{x}}dx$； (14) $\int \frac{2^{x+1}-5^{x-1}}{10^x} dx$； (15) $\int \frac{x^2-1}{1+x^2} dx$；

(16) $\int \frac{dx}{1+\cos 2x}$； (17) $\int \frac{3x^4+3x^2+1}{x^2+1} dx$.

5.2 换元积分法

虽然利用不定积分公式和性质能求出一些不定积分，但毕竟是有限的．因此，需要进一步研究不定积分的方法．本节考察复合函数的求导公式，得到换元积分法．按其应用的侧重不同，又可分为第一类换元积分法与第二类换元积分法．

5.2.1 第一类换元积分法

求不定积分 $\int \cos 3x dx$，由积分性质和基本积分公式不方便计算，将积分变量视为 $3x$，即令 $u=3x$，则 $du=d(3x)=3dx$，即 $dx=\frac{1}{3}du$，代入可得

$$\int \cos 3x dx = \int \cos 3x \cdot \frac{1}{3}d(3x) = \frac{1}{3}\int \cos u du = \frac{1}{3}\sin u + C.$$

再换回原积分变量就得到

$$\int \cos 3x dx = \frac{1}{3}\sin 3x + C.$$

一般地，因为设 $u=\varphi(x)$，$F'(x)=f(x)$，则

$$[F(\varphi(x))]'=F'(u)u'_x=f(u)\varphi'(x)=f(\varphi(x))\varphi'(x),$$

所以给出如下定理：

定理 5.3（第一类换元积分法） 设 $\int f(u)du = F(u)+C$，$u=\varphi(x)$ 可微，则有换元积分公式

$$\int f(\varphi(x))\varphi'(x)dx = \int f(\varphi(x))d\varphi(x)$$

$$\xlongequal{令u=\varphi(x)} \int f(u)du = F(u)+C = F(\varphi(x))+C.$$

使用第一类换元积分法的关键是"凑微分".

例 5.9 计算 $\int (ax+b)^2 dx(a\neq 0)$.

解 设 $u=ax+b$，则 $du=adx$，$dx=\frac{1}{a}du$，于是

$$\int(ax+b)^2\,dx=\frac{1}{a}\int u^2\,du=\frac{1}{a}\cdot\frac{1}{1+2}u^3+C=\frac{1}{3a}(ax+b)^3+C.$$

例 5.10 计算 $\int\frac{2+3\ln x}{x}\,dx$.

解 设 $u=2+3\ln x$,则 $du=\frac{3}{x}dx,\frac{dx}{x}=\frac{1}{3}du$,于是

$$\int\frac{2+3\ln x}{x}\,dx=\frac{1}{3}\int u\,du=\frac{1}{6}u^2+C=\frac{1}{6}(2+3\ln x)^2+C.$$

等熟悉了凑微分法的换元积分法后,可不写出中间变量 u,只要在运算过程中注意将某个函数 $\varphi(x)$ 看成一个变量即可.

例 5.11 计算 $\int\sin^2 x\cos x\,dx$.

解 $\int\sin^2 x\cos x\,dx=\int\sin^2 x\,d(\sin x)=\frac{1}{3}\sin^3 x+C.$

例 5.12 计算 $\int x\sqrt{x^2-3}\,dx$.

解 $\int x\sqrt{x^2-3}\,dx=\frac{1}{2}\int\sqrt{x^2-3}\,d(x^2-3)=\frac{1}{3}(x^2-3)^{\frac{3}{2}}+C.$

例 5.13 计算 $\int\tan x\,dx$.

解 $\int\tan x\,dx=\int\frac{\sin x}{\cos x}\,dx=-\int\frac{d(\cos x)}{\cos x}=-\ln|\cos x|+C.$

类似地可得

$$\int\cot x\,dx=\ln|\sin x|+C.$$

例 5.14 计算二级化学反应中将用到的积分 $\int\frac{dx}{(x-a)(x-b)}\ (a\neq b)$.

解
$$\begin{aligned}\int\frac{dx}{(x-a)(x-b)}&=\int\frac{1}{(a-b)}\left(\frac{1}{x-a}-\frac{1}{x-b}\right)dx\\&=\frac{1}{a-b}\left(\int\frac{d(x-a)}{x-a}-\int\frac{d(x-b)}{x-b}\right)\\&=\frac{1}{a-b}(\ln|x-a|-\ln|x-b|)+C\\&=\frac{1}{a-b}\ln\left|\frac{x-a}{x-b}\right|+C.\end{aligned}$$

特别地,当 $b=-a\neq0$ 时,

$$\int\frac{dx}{x^2-a^2}=\frac{1}{2a}\ln\left|\frac{x-a}{x+a}\right|+C.$$

例 5.15　计算$\int \sec x \mathrm{d}x$.

解　利用例 5.14 的结果得

$$\int \sec x \mathrm{d}x = \int \frac{\mathrm{d}x}{\cos x} = \int \frac{\cos x}{1-\sin^2 x}\mathrm{d}x = -\int \frac{\mathrm{d}(\sin x)}{\sin^2 x - 1} = -\frac{1}{2}\ln\left|\frac{\sin x - 1}{\sin x + 1}\right| + C$$

$$= \frac{1}{2}\ln \frac{(1+\sin x)^2}{1-\sin^2 x} + C = \ln\left|\frac{1+\sin x}{\cos x}\right| + C = \ln|\sec x + \tan x| + C.$$

类似地可得

$$\int \csc x \mathrm{d}x = \ln|\csc x - \cot x| + C.$$

例 5.16　计算$\int \frac{1}{\sqrt{a^2 - x^2}}\mathrm{d}x (a > 0)$.

解　$\int \frac{1}{\sqrt{a^2-x^2}}\mathrm{d}x = \int \frac{1}{a\sqrt{1-\left(\frac{x}{a}\right)^2}}\mathrm{d}x$

$$= \int \frac{1}{\sqrt{1-\left(\frac{x}{a}\right)^2}}\mathrm{d}\left(\frac{x}{a}\right) = \arcsin\frac{x}{a} + C.$$

类似地可得

$$\int \frac{1}{a^2+x^2}\mathrm{d}x = \frac{1}{a}\arctan\frac{x}{a} + C.$$

例 5.17　计算$\int \sin^2 x \mathrm{d}x$.

解　$\int \sin^2 x \mathrm{d}x = \int \frac{1-\cos 2x}{2}\mathrm{d}x = \frac{1}{2}\int \mathrm{d}x - \frac{1}{2}\int \cos 2x \mathrm{d}x$

$$= \frac{1}{2}\int \mathrm{d}x - \frac{1}{4}\int \cos 2x \mathrm{d}(2x) = \frac{1}{2}x - \frac{1}{4}\sin 2x + C.$$

例 5.18　计算$\int \sin^3 x \mathrm{d}x$.

解　$\int \sin^3 x \mathrm{d}x = \int \sin^2 x \cdot \sin x \mathrm{d}x = -\int (1-\cos^2 x)\mathrm{d}(\cos x)$

$$= -\int \mathrm{d}(\cos x) + \int \cos^2 x \mathrm{d}(\cos x) = -\cos x + \frac{1}{3}\cos^3 x + C.$$

类似地可求$\int \cos^2 x \mathrm{d}x$ 和$\int \cos^3 x \mathrm{d}x$.

例 5.19　计算$\int \sin^3 x \cos^4 x \mathrm{d}x$.

解 $$\int \sin^3 x\cos^4 x\,\mathrm{d}x = \int \sin^2 x\cos^4 x \cdot \sin x\mathrm{d}x = -\int (\cos^2 x - 1)\cos^4 x\mathrm{d}(\cos x)$$

$$= \int \cos^6 x\mathrm{d}(\cos x) - \int \cos^4 x\mathrm{d}(\cos x)$$

$$= \frac{1}{7}\cos^7 x - \frac{1}{5}\cos^5 x + C.$$

例 5.20 计算 $\int \sin^2 x\cos^4 x\,\mathrm{d}x$.

解 $$\int \sin^2 x\cos^4 x\,\mathrm{d}x = \int (\sin x\cos x)^2 \cos^2 x\mathrm{d}x = \int \frac{1}{4}\sin^2 2x \cdot \frac{1+\cos 2x}{2}\mathrm{d}x$$

$$= \frac{1}{8}\int (\sin^2 2x + \sin^2 2x\cos 2x)\mathrm{d}x$$

$$= \frac{1}{8}\int \frac{1-\cos 4x}{2}\mathrm{d}x + \frac{1}{16}\int \sin^2 2x \cdot \cos 2x\mathrm{d}(2x)$$

$$= \frac{1}{16}x - \frac{1}{64}\int \cos 4x\mathrm{d}(4x) + \frac{1}{16}\int \sin^2 2x\mathrm{d}(\sin 2x)$$

$$= \frac{1}{16}x - \frac{1}{64}\sin 4x + \frac{1}{48}\sin^3 2x + C.$$

*例 5.21 计算 $\int \tan^5 x\sec^3 x\mathrm{d}x$.

解 $$\int \tan^5 x\sec^3 x\mathrm{d}x = \int \tan^4 x\sec^2 x \cdot \sec x\tan x\mathrm{d}x = \int (\sec^2 x - 1)^2 \sec^2 x\mathrm{d}(\sec x)$$

$$= \int (\sec^6 x - 2\sec^4 x + \sec^2 x)\mathrm{d}(\sec x)$$

$$= \frac{1}{7}\sec^7 x - \frac{2}{5}\sec^5 x + \frac{1}{3}\sec^3 x + C.$$

5.2.2 第二类换元积分法

第一类换元积分法是把积分 $\int f(\varphi(x))\varphi'(x)\mathrm{d}x$ 中的 $\varphi(x)$ 通过变量代换 $\varphi(x)=u$ 化为$\int f(u)\mathrm{d}u$ 的形式去完成计算．但对于有些不定积分，采取相反的变量代换，即适当选择变量代换 $x=\varphi(t)$ 代入$\int f(x)\mathrm{d}x$ 中去计算不定积分 $\int f(\varphi(t))\varphi'(t)\mathrm{d}t$，这种换元积分方法称为**第二类换元积分法**．

定理 5.4(第二类换元积分法) 设函数 $x=\varphi(t)$ 可导，并且 $\varphi'(t)\neq 0$，如果 $f(\varphi(t))\varphi'(t)$ 有原函数 $F(t)$，则有换元积分公式

$$\int f(x)\mathrm{d}x = \int f(\varphi(t))\varphi'(t)\mathrm{d}t = F(t) + C = F(\varphi^{-1}(x)) + C.$$

证　略.

例 5.22　计算$\int \frac{\mathrm{d}x}{\sqrt{x}+\sqrt[3]{x}}$.

解　令 $x=t^6(t>0)$，则 $\mathrm{d}x=6t^5\mathrm{d}t, t=\sqrt[6]{x}$，

$$\begin{aligned}\int \frac{\mathrm{d}x}{\sqrt{x}+\sqrt[3]{x}} &= \int \frac{6t^5\mathrm{d}t}{t^3+t^2} = \int \frac{t^3}{t+1}\,\mathrm{d}t = 6\int \frac{t^3+1-1}{t+1}\,\mathrm{d}t \\ &= 6\int\left(t^2-t+1-\frac{1}{t+1}\right)\mathrm{d}t = 6\left(\frac{t^3}{3}-\frac{t^2}{2}+t-\ln|t+1|\right)+C \\ &= 2\sqrt{x}-3\sqrt[3]{x}+6\sqrt[6]{x}-\ln(\sqrt[6]{x}+1)+C.\end{aligned}$$

例 5.23　计算$\int \sqrt{a^2-x^2}\,\mathrm{d}x(a>0)$.

注 5.2　第二换元法选择变换的函数需要确定函数自变量取值范围，保证在其上具有反函数.

解　设 $x=a\sin t\left(-\frac{\pi}{2}<t<\frac{\pi}{2}\right)$，则 $\mathrm{d}x=a\cos t\mathrm{d}t$，并且 $t=\arcsin\frac{x}{a}$，如图 5-2 所示，所以

$$\begin{aligned}\int \sqrt{a^2-x^2}\,\mathrm{d}x &= \int a\cos t\cdot a\cos t\mathrm{d}t = a^2\int \frac{1+\cos 2t}{2}\,\mathrm{d}t \\ &= \frac{a^2}{2}\int \mathrm{d}t+\frac{a^2}{4}\int \cos 2t\mathrm{d}(2t) = \frac{a^2}{2}t+\frac{a^2}{4}\sin 2t+C \\ &= \frac{a^2}{2}t+\frac{1}{2}a\sin t\cdot a\cos t+C = \frac{a^2}{2}\arcsin\frac{x}{a}+\frac{x}{2}\sqrt{a^2-x^2}+C.\end{aligned}$$

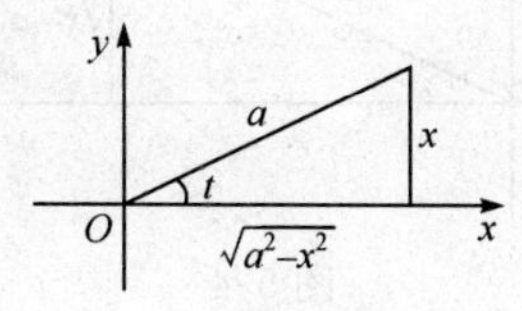

图 5-2

***例 5.24**　计算$\int \frac{1}{\sqrt{x^2+a^2}}\,\mathrm{d}x(a>0)$.

解　设 $x=a\tan t\left(-\frac{\pi}{2}<t<\frac{\pi}{2}\right)$，则 $\mathrm{d}x=a\sec^2 t\mathrm{d}t$，并且 $\sqrt{x^2+a^2}=a\sec t$，如图 5-3所示. 利用例 5.15 的结果可得

$$\begin{aligned}\int \frac{1}{\sqrt{x^2+a^2}}\,\mathrm{d}x &= \int \frac{1}{a\sec t}\cdot a\sec^2 t\mathrm{d}t \\ &= \int \sec t\mathrm{d}t = \ln|\sec t+\tan t|+C \quad = \ln\left|\frac{\sqrt{a^2+x^2}}{a}+\frac{x}{a}\right|+C\end{aligned}$$

$$= \ln\left|x+\sqrt{a^2+x^2}\right| - \ln a + C = \ln\left|x+\sqrt{a^2+x^2}\right| + C.$$

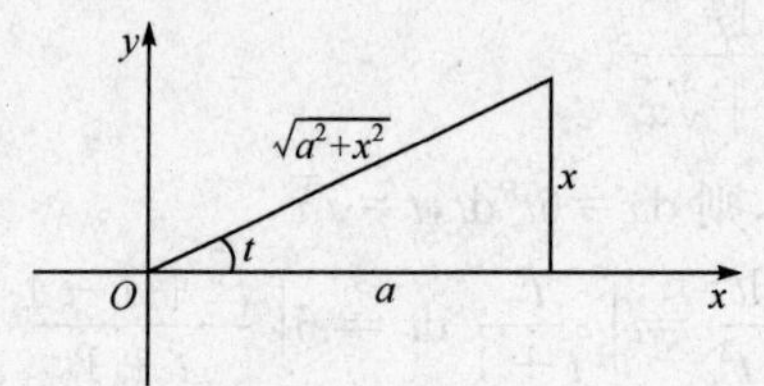

图 5-3

*例 5.25　计算$\int \frac{1}{\sqrt{x^2-a^2}}\mathrm{d}x (a>0)$.

解　注意到 $\sec^2 t - 1 = \tan^2 t$，当 $x>0$ 时，设 $x = a\sec t\left(0<t<\frac{\pi}{2}\right)$，则有

$$\sqrt{x^2-a^2} = a\tan t,\quad \mathrm{d}x = a\sec t\tan t\mathrm{d}t$$

如图 5-4 所示，所以

$$\int \frac{1}{\sqrt{x^2-a^2}}\mathrm{d}x = \int \frac{1}{a\tan t}\cdot a\sec t\tan t\mathrm{d}t = \int \sec t\mathrm{d}t$$

$$= \ln|\sec t + \tan t| + C.$$

$$= \ln\left|\frac{\sqrt{x^2-a^2}}{a} + \frac{x}{a}\right| + C$$

$$= \ln\left|x+\sqrt{x^2-a^2}\right| + C.$$

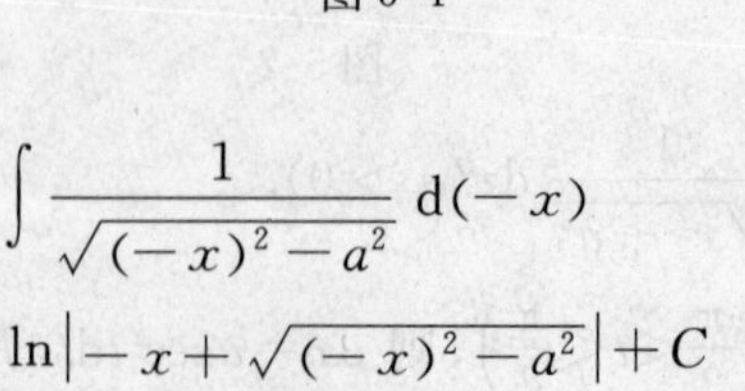

图 5-4

当 $x<0$ 时，

$$\int \frac{1}{\sqrt{x^2-a^2}}\mathrm{d}x = -\int \frac{1}{\sqrt{(-x)^2-a^2}}\mathrm{d}(-x)$$

$$= -\ln\left|-x+\sqrt{(-x)^2-a^2}\right| + C$$

$$= \ln\left|x+\sqrt{x^2-a^2}\right| + C.$$

注 5.3　当 $x<0$ 时，使用变换 $x = -a\sec t\left(0<t<\frac{\pi}{2}\right)$ 也可得到一样的结果，从略.

以上三个例子的求解方法也称为**三角代换法**，是以二次根式为被积函数化简

的一种常用方法,但也不是绝对的.

*例 5.26 计算$\int \frac{\sqrt{a^2-x^2}}{x^4}\,\mathrm{d}x\,(0\leqslant |x|\leqslant a)$.

解(倒数代换法) 设 $x=\frac{1}{t}$,则 $\mathrm{d}x=-\frac{1}{t^2}\mathrm{d}t$,于是

$$\int \frac{\sqrt{a^2-x^2}}{x^4}\,\mathrm{d}x=-\int \frac{\sqrt{a^2-\left(\frac{1}{t}\right)^2}}{\left(\frac{1}{t}\right)^4}\cdot\frac{\mathrm{d}t}{t^2}=-\int t\sqrt{a^2t^2-1}\,\mathrm{d}t$$

$$=-\frac{1}{2a^2}\int (a^2t^2-1)^{\frac{1}{2}}\mathrm{d}(a^2t^2-1)=-\frac{1}{2a^2}\cdot\frac{2}{3}(a^2t^2-1)^{\frac{3}{2}}+C$$

$$=-\frac{1}{3a^2x^3}\sqrt{(a^2-x^2)^3}+C.$$

积分$\int \frac{1}{x(x^7+2)}\,\mathrm{d}x$ 使用倒数代换法来解也很方便.

例 5.27 计算$\int \frac{\mathrm{d}x}{\sqrt{1+\mathrm{e}^x}}$.

解 设 $t=\sqrt{1+\mathrm{e}^x}$,则 $\mathrm{e}^x=t^2-1$,$\mathrm{e}^x\mathrm{d}x=2t\mathrm{d}t$,于是

$$\int \frac{\mathrm{d}x}{\sqrt{1+\mathrm{e}^x}}=\int \frac{\mathrm{e}^x\mathrm{d}x}{\mathrm{e}^x\sqrt{1+\mathrm{e}^x}}=\int \frac{2t}{(t^2-1)t}\,\mathrm{d}t=2\int \frac{\mathrm{d}t}{t^2-1}=\ln\left|\frac{t-1}{t+1}\right|+C$$

$$=\ln\left|\frac{\sqrt{1+\mathrm{e}^x}-1}{\sqrt{1+\mathrm{e}^x}+1}\right|+C=x-2\ln(1+\sqrt{1+\mathrm{e}^x})+C.$$

以后要经常用到前面例题中的不定积分结果,为方便记忆,现将它们补充为基本积分公式,以便查用.

(15) $\int \tan x\mathrm{d}x=-\ln|\cos x|+C$;

(16) $\int \cot x\mathrm{d}x=\ln|\sin x|+C$;

(17) $\int \sec x\mathrm{d}x=\ln|\sec x+\tan x|+C$;

(18) $\int \csc x\mathrm{d}x=\ln|\csc x-\cot x|+C$;

(19) $\int \frac{1}{a^2+x^2}\,\mathrm{d}x=\frac{1}{a}\arctan\frac{x}{a}+C$;

(20) $\int \frac{1}{x^2-a^2}\,\mathrm{d}x=\frac{1}{2a}\ln\left|\frac{x-a}{x+a}\right|+C$;

(21) $\int \frac{1}{\sqrt{a^2-x^2}}\,dx = \arcsin\frac{x}{a}+C$;

(22) $\int \frac{dx}{\sqrt{x^2+a^2}} = \ln(x+\sqrt{x^2+a^2})+C$;

(23) $\int \frac{dx}{\sqrt{x^2-a^2}} = \ln|x+\sqrt{x^2-a^2}|+C$.

习　题　5.2

用换元法计算下列不定积分：

(1) $\int \frac{1}{\sqrt{2+3x}}\,dx$；　(2) $\int \sin(3x+5)\,d\,x$；　(3) $\int \frac{dx}{\sqrt{x}\,\sqrt{1+\sqrt{x}}}$；

(4) $\int \frac{e^x}{\sqrt{1-e^x}}\,dx$；　(5) $\int x^2\sqrt{5-x^3}\,dx$；　(6) $\int \sin3x\cos2x\,dx$；

(7) $\int \frac{2+\ln x}{x}\,dx$；　(8) $\int e^{\sin x}\cos x\,dx$；　(9) $\int \tan^5 x\sec^3 x\,dx$；

(10) $\int \frac{1}{e^x+e^{-x}}\,dx$；　(11) $\int \sin^3 x\,dx$；　(12) $\int \frac{dx}{x(5+2\ln x)}$；

(13) $\int \frac{\arccos x}{\sqrt{1-x^2}}\,dx$；　(14) $\int \frac{dx}{4-x^2}$；　(15) $\int \frac{dx}{x\ln x\ln\ln x}$；

(16) $\int \frac{dx}{x^2+2x+4}$；　(17) $\int \frac{dx}{\sqrt{25x^2-9}}$；　(18) $\int \frac{dx}{1+\sqrt{x}}$；

(19) $\int \frac{dx}{x\sqrt{1-x^2}}$；　(20) $\int \frac{dx}{1+\sqrt[3]{x+2}}$；　(21) $\int x^3\sqrt{a^2-x^2}\,dx$；

(22) $\int \frac{dx}{\sqrt{e^{2x}-1}}$；　(23) $\int \frac{dx}{(a^2-x^2)^{\frac{3}{2}}}$；　(24) $\int \frac{dx}{x^3\sqrt{1+x^4}}$.

5.3　分部积分法

前面根据复合函数的求导法则建立了不定积分的换元积分法．现在考察函数乘积的求导公式，又可得到另一种求解不定积分的基本方法——分部积分法．

根据乘积的求导公式 $(uv)'=u'v+uv'$ 有

$$uv'=(uv)'-u'v,$$

所以对上式两边求积分可得

$$\int u\,dv=\int uv'\,dx=\int (uv)'\,dx-\int u'v\,dx=uv-\int u'v\,dx=uv-\int v\,du,$$

即

$$\int u\,\mathrm{d}v = uv - \int v\,\mathrm{d}u \tag{5.1}$$

或

$$\int uv'\,\mathrm{d}x = uv - \int u\,v'\,\mathrm{d}x. \tag{5.2}$$

式(5.1),(5.2)称为不定积分的**分部积分公式**.

$\int x^m \ln^n x\,\mathrm{d}x$,$\int x^m \mathrm{e}^{ax}\,\mathrm{d}x$,$\int x^m \sin ax\,\mathrm{d}x$,$\int x^m \cos ax\,\mathrm{d}x$,$\int \mathrm{e}^{ax}\sin bx\,\mathrm{d}x$,$\int \mathrm{e}^{ax}\cos bx\,\mathrm{d}x$,$\int x^m \arcsin x\,\mathrm{d}x$,$\int x^m \arctan x\,\mathrm{d}x$ 等积分问题,利用分部积分法求解是较方便的.

例 5.28 计算$\int x\mathrm{e}^x\,\mathrm{d}x$.

解 $\int x\mathrm{e}^x\,\mathrm{d}x = \int x\,\mathrm{d}\mathrm{e}^x = x\mathrm{e}^x - \int \mathrm{e}^x\,\mathrm{d}x = x\mathrm{e}^x - \mathrm{e}^x + C.$

例 5.29 计算$\int x\cos x\,\mathrm{d}x$.

解 $\int x\cos x\,\mathrm{d}x = \int x\,\mathrm{d}\sin x = x\sin x - \int 1\cdot\sin x\,\mathrm{d}x = x\sin x + \cos x + C.$

例 5.30 计算$\int x^2 \ln x\,\mathrm{d}x$.

解
$$\begin{aligned}\int x^2\ln x\,\mathrm{d}x &= \int \ln x\,\mathrm{d}\left(\frac{1}{3}x^3\right) = \frac{1}{3}x^3\ln x - \int \frac{1}{3}x^3\cdot\frac{1}{x}\mathrm{d}x \\ &= \frac{1}{3}x^3\ln x - \frac{1}{3}\int x^2\,\mathrm{d}x = \frac{1}{3}x^3\ln x - \frac{1}{9}x^3 + C.\end{aligned}$$

例 5.31 计算$\int x^2\cos x\,\mathrm{d}x$.

解
$$\begin{aligned}\int x^2\cos x\,\mathrm{d}x &= \int x^2\,\mathrm{d}(\sin x) = x^2\sin x - \int \sin x\,\mathrm{d}(x^2) \\ &= x^2\sin x - \int 2x\cdot\sin x\,\mathrm{d}x = x^2\sin x - 2\left[-\int x\,\mathrm{d}(\cos x)\right] \\ &= x^2\sin x - 2\left(-x\cos x + \int\cos x\,\mathrm{d}x\right) \\ &= x^2\sin x + 2x\cos x - 2\sin x + C.\end{aligned}$$

例 5.32 计算$\int \arcsin x\,\mathrm{d}x$.

解
$$\begin{aligned}\int \arcsin x\,\mathrm{d}x &= x\arcsin x - \int x\,\mathrm{d}(\arcsin x) = x\arcsin x - \int\frac{x}{\sqrt{1-x^2}}\,\mathrm{d}x \\ &= x\arcsin x + \frac{1}{2}\int\frac{\mathrm{d}(1-x^2)}{\sqrt{1-x^2}} = x\arcsin x + \sqrt{1-x^2} + C.\end{aligned}$$

*例 5.33 计算$\int x\arctan x\mathrm{d}x$.

解 $\int x\arctan x\mathrm{d}x = \frac{1}{2}\int \arctan x\mathrm{d}x^2 = \frac{1}{2}x^2\arctan x - \frac{1}{2}\int x^2\mathrm{d}(\arctan x)$

$$= \frac{1}{2}x^2\arctan x - \frac{1}{2}\int \frac{x^2}{1+x^2}\mathrm{d}x$$

$$= \frac{1}{2}x^2\arctan x - \frac{1}{2}\int \frac{(1+x^2)-1}{1+x^2}\mathrm{d}x$$

$$= \frac{1}{2}x^2\arctan x - \frac{1}{2}x + \frac{1}{2}\int \frac{\mathrm{d}(1+x^2)}{1+x^2}$$

$$= \frac{1}{2}[x^2\arctan x - x + \ln(1+x^2)] + C.$$

例 5.34 计算$\int \mathrm{e}^x \sin x\mathrm{d}x$.

解 $\int \mathrm{e}^x \sin x\mathrm{d}x = -\int \mathrm{e}^x \mathrm{d}(\cos x) = -\mathrm{e}^x\cos x + \int \mathrm{e}^x \cos x\mathrm{d}x$

$$= -\mathrm{e}^x\cos x + \int \mathrm{e}^x \mathrm{d}(\sin x) = -\mathrm{e}^x\cos x + \mathrm{e}^x\sin x - \underline{\int \mathrm{e}^x \sin x\mathrm{d}x}.$$

上式最后的等号使问题巡回(见下划线标示的项). 由移项解出$\int \mathrm{e}^x \sin x\mathrm{d}x$后结合不定积分含义,加上积分常数便得

$$\int \mathrm{e}^x \sin x\mathrm{d}x = \frac{1}{2}\mathrm{e}^x(\sin x - \cos x) + C.$$

*例 5.35 计算$\int \sec^3 x\mathrm{d}x$.

解 $\int \sec^3 x\mathrm{d}x = \int \sec x\mathrm{d}(\tan x) = \sec x \cdot \tan x - \int \tan x\mathrm{d}(\sec x)$

$$= \sec x\tan x - \int \tan x(\sec x\tan x)\mathrm{d}x$$

$$= \sec x\tan x - \int \sec x(\sec^2 x - 1)\mathrm{d}x$$

$$= \sec x\tan x - \int \sec^3 x\mathrm{d}x + \int \sec x\mathrm{d}x$$

$$= \sec x\tan x + \ln|\sec x + \tan x| - \underline{\int \sec^3 x\mathrm{d}x}.$$

由移项解出$\int \sec^3 x\mathrm{d}x$后结合不定积分含义,加上积分常数便得

$$\int \sec^3 x\mathrm{d}x = \frac{1}{2}(\sec x\tan x + \ln|\sec x + \tan x|) + C.$$

*例 5.36　计算$\int\sqrt{x^2-a^2}\,\mathrm{d}x$.

解　$$\int\sqrt{x^2-a^2}\,\mathrm{d}x=x\sqrt{x^2-a^2}-\int x\mathrm{d}(\sqrt{x^2-a^2})$$
$$=x\sqrt{x^2-a^2}-\int\frac{x^2}{\sqrt{x^2-a^2}}\,\mathrm{d}x$$
$$=x\sqrt{a^2-a^2}-\int\frac{(x^2-a^2)+a^2}{\sqrt{x^2-a^2}}\,\mathrm{d}x$$
$$=x\sqrt{x^2-a^2}-\underline{\int\sqrt{x^2-a^2}\,\mathrm{d}x}-a^2\int\frac{1}{\sqrt{x^2-a^2}}\,\mathrm{d}x.$$

所以

$$\int\sqrt{x^2-a^2}\,\mathrm{d}x=\frac{1}{2}x\sqrt{x^2-a^2}-\frac{a^2}{2}\int\frac{1}{\sqrt{x^2-a^2}}\,\mathrm{d}x$$
$$=\frac{1}{2}x\sqrt{x^2-a^2}-\frac{a^2}{2}\ln\left|x+\sqrt{x^2-a^2}\right|+C.$$

有些不定积分需要综合应用分部积分法与换元积分法才能解决.

*例 5.37　计算$\int\frac{\ln(1+\sqrt{x})}{\sqrt{x}}\,\mathrm{d}x$.

解　$$\int\frac{\ln(1+\sqrt{x})}{\sqrt{x}}\,\mathrm{d}x=\int\frac{\ln(1+t)}{t}\cdot 2t\mathrm{d}t=2\int\ln(1+t)\mathrm{d}t\ (\sqrt{x}=t),$$
$$=2t\ln(1+t)-2\int\frac{1+t-1}{1+t}\,\mathrm{d}t$$
$$=2t\ln(1+t)-2t+2\ln(1+t)+C$$
$$=2(t+1)\ln(1+t)-2t+C$$
$$=2(\sqrt{x}+1)\ln(\sqrt{x}+1)-2\sqrt{x}+C.$$

有些不定积分用分部积分法不能直接得出结果,但可导出递推公式,然后利用递推公式计算积分.

*例 5.38　计算$I_n=\int\frac{\mathrm{d}x}{(a^2+x^2)^n}$,其中$n$为正整数.

解　当$n=1$时,
$$I_1=\int\frac{\mathrm{d}x}{a^2+x^2}=\frac{1}{a}\arctan\frac{x}{a}+C.$$

当$n>1$时,应用分部积分法,可建立I_{n-1}与I_n的关系如下:

$$I_{n-1}=\int\frac{\mathrm{d}x}{(a^2+x^2)^{n-1}}=\frac{x}{(a^2+x^2)^{n-1}}-\int x\mathrm{d}\left[\frac{1}{(a^2+x^2)^{n-1}}\right]$$
$$=\frac{x}{(a^2+x^2)^{n-1}}+2(n-1)\int\frac{x^2}{(a^2+x^2)^n}\,\mathrm{d}x$$

$$= \frac{x}{(a^2+x^2)^{n-1}} + 2(n-1)\int \frac{(a^2+x^2)-a^2}{(a^2+x^2)^n}\,dx$$

$$= \frac{x}{(a^2+x^2)^{n-1}} + 2(n-1)\int \left[\frac{1}{(a^2+x^2)^{n-1}} - \frac{a^2}{(a^2+x^2)^n}\right] dx$$

$$= \frac{x}{(a^2+x^2)^{n-1}} + 2(n-1)(I_{n-1} - a^2 I_n).$$

从上式中解出 I_n 得

$$I_n = \frac{1}{2a^2(n-1)}\left[\frac{x}{(a^2+x^2)^{n-1}} + (2n-3)I_{n-1}\right], \quad n = 2,3,\cdots.$$

这就是 I_n 的递推公式,据此公式便可由 I_1 逐步计算出 $I_n(n=2,3,\cdots)$.

习　题　5.3

用分部积分法计算下列不定积分:

(1) $\int \ln x\,dx$;　(2) $\int x^2 \sin x\,dx$;　(3) $\int x^2 \ln x\,dx$;

(4) $\int (\ln x)^2\,dx$;　(5) $\int x\cos\frac{x}{2}\,dx$;　(6) $\int e^{-x}x^2\,dx$;

(7) $\int \frac{\ln^3 x}{x^2}\,dx$;　(8) $\int e^{\sqrt{x+1}}\,dx$;　(9) $\int x^5 e^{x^2}\,dx$;

(10) $\int \cos(\ln x)\,dx$;　(11) $\int \frac{xe^x}{\sqrt{e^x-3}}\,dx$;　(12) $\int (\arcsin x)^2\,dx$;

(13) $\int \sqrt{x}\cos(\sqrt{x}+1)\,dx$.

5.4　特殊类型的初等函数的不定积分

通过第 3 章的学习可以知道,初等函数在其定义域内都可求出导数,但初等函数的原函数却不一定是初等函数. 例如,

$$\int e^{-x^2}\,dx,\quad \int \sin x^2\,dx,\quad \int \frac{\sin x}{x}\,dx,\quad \int \sqrt{\sin x}\,dx,\quad \int \sqrt{x^3+1}\,dx$$

等,不能通过有限步骤把这些不定积分"积出来",即不能用初等函数通过初等运算将其表示. 下面介绍几类特殊类型的初等函数的不定积分.

5.4.1　有理函数的不定积分

有理函数是指形如

$$R(x) = \frac{P(x)}{Q(x)} = \frac{a_0x^n + a_1x^{n-1} + \cdots + a_{n-1}x + a_n}{b_0x^m + b_1x^{m-1} + \cdots + b_{m-1}x + b_m}$$

的函数,其中 $P(x),Q(x)$ 为多项式,并且 $P(x),Q(x)$ 没有公因式. 当 $n<m$ 时,称之为有理真分式;当 $n\geqslant m$ 时,称之为有理假分式. 任何一个假分式都可以通过多项式的除法化为多项式与有理真分式的和. 因此,有理分式的不定积分问题,只要讨论有理真分式的不定积分即可.

由代数学基本定理可知,任何一个多项式 $Q(x)$ 在实数范围内都可分解成

$$Q(x)=b_0(x-a)^{\alpha}\cdots(x-b)^{\beta}(x^2+px+q)^{\lambda}\cdots(x^2+rx+s)^{\mu},$$

其中 $p^2-4q<0,\cdots,r^2-4s<0$,则真分式 $R(x)=\dfrac{P(x)}{Q(x)}$ 可唯一分解为最简部分分式之和,即有

$$\begin{aligned}\frac{P(x)}{Q(x)}=&\frac{A_1}{(x-a)^{\alpha}}+\frac{A_2}{(x-a)^{\alpha-1}}+\cdots+\frac{A_{\alpha}}{(x-a)}+\cdots\\&+\frac{B_1}{(x-b)^{\beta}}+\frac{B_2}{(x-b)^{\beta-1}}+\cdots+\frac{B_{\beta}}{(x-b)}\\&+\frac{M_1x+N_1}{(x^2+px+q)^{\lambda}}+\frac{M_2x+N_2}{(x^2+px+q)^{\lambda-1}}+\cdots\\&+\frac{M_{\lambda}+N_{\lambda}}{x^2+px+q}+\cdots+\frac{R_1x+S_1}{(x^2+rx+s)^{\mu}}\\&+\frac{R_2x+S_2}{(x^2+rx+s)^{\mu-1}}+\cdots+\frac{R_{\mu}x+S_{\mu}}{x^2+rx+s},\end{aligned}$$

其中 $A_i,\cdots,B_i,M_i,N_i,\cdots,R_i,S_i$ 等都为常数. 于是有理函数的不定积分问题可归结为下列4种简单分式函数的不定积分:

(1) $\displaystyle\int\frac{A}{x-a}\,\mathrm{d}x$;　　(2) $\displaystyle\int\frac{A}{(x-a)^n}\,\mathrm{d}x\,(n>1)$;

(3) $\displaystyle\int\frac{Mx+N}{x^2+px+q}\,\mathrm{d}x$;　　(4) $\displaystyle\int\frac{Mx+N}{(x^2+px+q)^k}\,\mathrm{d}x\,(k>1)$.

以上积分使用基本积分公式并结合换元法都能求出其解.

例5.39　计算 $\displaystyle\int\frac{x^5+x^4-8}{x^3-x}\,\mathrm{d}x$.

解　由多项式除法及分母的因式分解得

$$\frac{x^5+x^4-8}{x^3-x}=x^2+x+1+\frac{x^2+x-8}{x(x+1)(x-1)}.$$

令

$$\frac{x^2+x-8}{x(x-1)(x+1)}=\frac{A}{x}+\frac{B}{x-1}+\frac{C}{x+1},$$

将右边通分,由分母相同,分子相等得恒等式

$$x^2+x-8=A(x^2-1)+B(x^2+x)+C(x^2-x).$$

比较系数有

$$\begin{cases}A+B+C=1,\\B-C=1,\\-A=-8,\end{cases}$$

可解得

$$A=8,\quad B=-3,\quad C=-4,$$

故

$$\begin{aligned}\int\frac{x^5+x^4-8}{x^3-x}\,\mathrm{d}x&=\int\left(x^2+x+1+\frac{8}{x}-\frac{3}{x-1}-\frac{4}{x+1}\right)\mathrm{d}x\\&=\frac{1}{3}x^3+\frac{1}{2}x^2+x+8\ln|x|-3\ln|x-1|-4\ln|x+1|+C.\end{aligned}$$

例 5.40　计算$\int\frac{x^2+2x-1}{(x-1)(x^2-x+1)}\mathrm{d}x$.

解　设

$$\frac{x^2+2x-1}{(x-1)(x^2-x+1)}=\frac{A}{x-1}+\frac{Bx+C}{x^2-x+1},$$

去分母得

$$x^2+2x-1=A(x^2-x+1)+(Bx+C)(x-1).$$

令 $x=1$ 得 $A=2$;令 $x=0$ 得 $-1=2-C,C=3$;令 $x=-1$ 得 $7=6+2B+3$, $B=-1$. 于是

$$\begin{aligned}\int\frac{x^2+2x-1}{(x-1)(x^2-x+1)}\,\mathrm{d}x&=\int\left(\frac{2}{x-1}-\frac{x-3}{x^2-x+1}\right)\mathrm{d}x\\&=2\int\frac{\mathrm{d}x}{x-1}-\int\frac{x-3}{x^2-x+1}\,\mathrm{d}x\\&=2\ln|x-1|-\frac{1}{2}\ln(x^2-x+1)-\frac{5}{2}\int\frac{\mathrm{d}\left(x-\frac{1}{2}\right)}{\left(x-\frac{1}{2}\right)^2+\frac{3}{4}}\\&=\ln\frac{(x-1)^2}{\sqrt{x^2-x+1}}-\frac{5\sqrt{3}}{3}\arctan\frac{2x-1}{\sqrt{3}}+C.\end{aligned}$$

*__例 5.41__　计算$\int\frac{1}{1+x^3}\,\mathrm{d}x$.

解　设

$$\frac{1}{1+x^3}=\frac{1}{(1+x)(x^2-x+1)}=\frac{A}{1+x}+\frac{Bx+C}{x^2-x+1},$$

去分母得

$$1 = A(x^2 - x + 1) + (Bx + C)(x + 1).$$

令 $x = -1$ 得 $A = \frac{1}{3}$；令 $x = 0$ 得 $C = \frac{2}{3}$；令 $x = 1$ 得 $B = -\frac{1}{3}$. 于是

$$\frac{1}{1+x^3} = \frac{1}{3(1+x)} + \frac{1}{3} \cdot \frac{2-x}{x^2-x+1},$$

故

$$\int \frac{1}{1+x^3}\,\mathrm{d}x = \frac{1}{3}\int \frac{\mathrm{d}x}{x+1} + \frac{1}{3}\int \frac{2-x}{x^2-x+1}\,\mathrm{d}x$$

$$= \frac{1}{3}\ln|x+1| - \frac{1}{6}\int \frac{\mathrm{d}(x^2-x+1)}{x^2-x+1} + \frac{1}{2}\int \frac{\mathrm{d}\left(x-\frac{1}{2}\right)}{\left(x-\frac{1}{2}\right)^2 + \left(\frac{\sqrt{3}}{2}\right)^2}$$

$$= \frac{1}{3}\ln|x+1| - \frac{1}{6}\ln(x^2-x+1) + \frac{\sqrt{3}}{3}\arctan\left(\frac{2x-1}{\sqrt{3}}\right) + C.$$

***例 5.42**　计算 $\int \frac{2x+2}{(x-1)(x^2+1)^2}\,\mathrm{d}x$.

解　设

$$\frac{2x+2}{(x-1)(x^2+1)^2} = \frac{A}{x-1} + \frac{Bx+C}{(x^2+1)^2} + \frac{Dx+E}{x^2+1},$$

去分母得

$$2x+2 = A(x^2+1) + (Bx+C)(x-1) + (x-1)(x^2+1)(Dx+E).$$

令 $x = 1$ 得 $A = 1$，依次比较上式中 x 的同次幂的系数得

$$\begin{cases} A+D=0, \\ -D+E=0, \\ -B+C-D+E=2, \\ A-C-E=2, \end{cases}$$

解得

$$\begin{cases} D=-A=-1, \\ E=D=-1, \\ B=-2, \\ C=0, \end{cases}$$

故

$$\frac{2x+2}{(x-1)(x^2+1)^2} = \frac{1}{x-1} - \frac{2x}{(x^2+1)^2} - \frac{x+1}{x^2+1},$$

于是

$$\int \frac{2x+2}{(x-1)(x^2+1)^2}\,\mathrm{d}x = \int \frac{1}{x-1}\,\mathrm{d}x - \int \frac{2x}{(x^2+1)^2}\,\mathrm{d}x - \int \frac{x+1}{x^2+1}\mathrm{d}x$$

$$= \ln|x-1| - \int \frac{\mathrm{d}(x^2+1)}{(x^2+1)^2} - \frac{1}{2}\int \frac{\mathrm{d}(x^2+1)}{x^2+1} - \arctan x$$

$$= \ln|x-1| + \frac{1}{x^2+1} - \frac{1}{2}\ln(x^2+1) - \arctan x + C.$$

5.4.2　三角函数有理式的不定积分

三角函数有理式是指由三角函数经过有限次四则运算后所组成的函数式．因为 $\tan x$，$\cot x$ 与 $\sec x$，$\csc x$ 都可用 $\sin x$，$\cos x$ 作乘除运算来表示，所以三角函数的有理式也就是 $\sin x$ 与 $\cos x$ 的有理式，用 $R(\sin x, \cos x)$ 表示．

三角函数的积分方法比较灵活，在换元积分法中都介绍过一些．这里介绍三角函数有理式的不定积分的一般方法，使用**万能代换** $t=\tan\dfrac{x}{2}$.

由于 $t=\tan\dfrac{x}{2}$，于是 $\mathrm{d}x=\dfrac{2}{1+t^2}\mathrm{d}t$，并且

$$\sin x = 2\sin\frac{x}{2}\cos\frac{x}{2} = \frac{2\tan\frac{x}{2}}{\sec^2\frac{x}{2}} = \frac{2\tan\frac{x}{2}}{1+\tan^2\frac{x}{2}} = \frac{2t}{1+t^2},$$

$$\cos x = \cos^2\frac{x}{2} - \sin^2\frac{x}{2} = \cos^2\frac{x}{2}\left(1-\tan^2\frac{x}{2}\right) = \frac{1-\tan^2\frac{x}{2}}{1+\tan^2\frac{x}{2}} = \frac{1-t^2}{1+t^2},$$

故

$$\int R(\sin x, \cos x)\mathrm{d}x = \int R\left(\frac{2t}{1+t^2}, \frac{1-t^2}{1+t^2}\right) \cdot \frac{2}{1+t^2}\mathrm{d}t.$$

例 5.43　计算 $\displaystyle\int \frac{1+\sin x}{\sin x(1+\cos x)}\,\mathrm{d}x$.

解　令 $t=\tan\dfrac{x}{2}$，则

$$\sin x = \frac{2t}{1+t^2},\quad \cos x = \frac{1-t^2}{1+t^2},\quad \mathrm{d}x = \frac{2}{1+t^2}\mathrm{d}t,$$

所以

$$\int \frac{1+\sin x}{\sin x(1+\cos x)}\,\mathrm{d}x = \int \frac{\left(1+\frac{2t}{1+t^2}\right)}{\frac{2t}{1+t^2}\left(1+\frac{1-t^2}{1+t^2}\right)} \cdot \frac{2}{1+t^2}\,\mathrm{d}t = \frac{1}{2}\int\left(t+2+\frac{1}{t}\right)\mathrm{d}t$$

$$
\begin{aligned}
&= \frac{1}{2}\left(\frac{t^2}{2} + 2t + \ln|t|\right) + C \\
&= \frac{1}{4}\tan^2\frac{x}{2} + \tan\frac{x}{2} + \frac{1}{2}\ln\left|\tan\frac{x}{2}\right| + C.
\end{aligned}
$$

一般来说，对于三角函数有理式的积分，应用万能代换总可以化为有理函数的积分，但有时用万能代换导致烦琐的计算情况，应注意对具体情况采用灵活的代换处理．

例 5.44　计算$\int \tan^4 x\mathrm{d}x$.

解　
$$
\begin{aligned}
\int \tan^4 x\mathrm{d}x &= \int \frac{t^4}{1+t^2}\mathrm{d}t\,(x = \arctan t) \\
&= \int\left(t^2 - 1 + \frac{1}{1+t^2}\right)\mathrm{d}t = \frac{t^3}{3} - t + \arctan t + C \\
&= \frac{1}{3}\tan^3 x - \tan x + x + C.
\end{aligned}
$$

例 5.45　计算$\int \frac{\sin x}{\sin^2 x + 2\cos x}\mathrm{d}x$.

解　
$$
\begin{aligned}
\int \frac{\sin x}{\sin^2 x + 2\cos x}\mathrm{d}x &= -\int \frac{\mathrm{d}(\cos x)}{1 - \cos^2 x + 2\cos x} \\
&= -\int \frac{\mathrm{d}t}{1 - t^2 + 2t}\ (t = \cos x) \\
&= \int \frac{\mathrm{d}(t-1)}{(t-1)^2 - 2} = \frac{1}{2\sqrt{2}}\ln\left|\frac{(t-1)-\sqrt{2}}{(t-1)+\sqrt{2}}\right| + C \\
&= \frac{1}{2\sqrt{2}}\ln\left|\frac{\cos x - 1 - \sqrt{2}}{\cos x - 1 + \sqrt{2}}\right| + C.
\end{aligned}
$$

5.4.3　简单的无理函数的不定积分

对于简单的无理函数积分$\int R(x, \sqrt[n]{ax+b})\mathrm{d}x$，$\int R\left(x, \sqrt[n]{\frac{ax+b}{cx+e}}\right)\mathrm{d}x$，分别使用变换

$$
\sqrt[n]{ax+b} = t, \quad \sqrt[n]{\frac{ax+b}{cx+e}} = t
$$

可转化为有理函数的积分．

例 5.46　计算$\int \frac{1}{1+\sqrt[3]{x+1}}\mathrm{d}x$.

解　令$t = \sqrt[3]{x+1}$，则$x = t^2 - 1$，$\mathrm{d}x = 3t^2\mathrm{d}t$，于是

$$\int \frac{1}{1+\sqrt[3]{x+1}}\,dx = 3\int \frac{t^2}{1+t}\,dt = 3\int\left(t-1+\frac{1}{1+t}\right)dt$$

$$= \frac{3}{2}t^2 - 3t + 3\ln|1+t| + C$$

$$= \frac{3}{2}(x+1)^{\frac{2}{3}} - 3(x+1)^{\frac{1}{3}} + 3\ln\left|1+\sqrt[3]{x+1}\right| + C.$$

例 5.47 计算$\int \frac{1}{x}\sqrt{\frac{x+1}{x-1}}\,dx$.

解 令$t=\sqrt{\frac{x+1}{x-1}}$,则$x=\frac{t^2+1}{t^2-1}$, $dx=\frac{-4t\,dt}{(t^2-1)^2}$,于是

$$\int \frac{1}{x}\sqrt{\frac{x+1}{x-1}}\,dx = -4\int \frac{t^2\,dt}{(t^2+1)(t^2-1)} = \int\left(\frac{1}{t+1}-\frac{1}{t-1}-\frac{2}{t^2+1}\right)dt$$

$$= \ln\left|\frac{t+1}{t-1}\right| - 2\arctan t + C$$

$$= \ln\left(\sqrt{\frac{x+1}{x-1}}+1\right) - \ln\left|\sqrt{\frac{x+1}{x-1}}-1\right| - 2\arctan\sqrt{\frac{x+1}{x-1}} + C.$$

例 5.48 计算$\int \frac{1}{\sqrt{x}(1+\sqrt[3]{x})^2}\,dx$.

解 $\int \frac{1}{\sqrt{x}(1+\sqrt[3]{x})^2}\,dx = 6\int \frac{t^2}{(1+t^2)^2}\,dt \quad (t=\sqrt[6]{x})$

$$= -3\int t\,d\left(\frac{1}{1+t^2}\right) = -\frac{3t}{1+t^2} + 3\int \frac{1}{1+t^2}\,dt$$

$$= -\frac{3t}{1+t^2} + 3\arctan t + C = 3\arctan\sqrt[6]{x} - \frac{3\sqrt[6]{x}}{1+\sqrt[3]{x}} + C.$$

形如$\int R(x,\sqrt{ax^2+bx+c})\,dx$ 的不定积分,可将根式内的二次三项式配方,并选择适当的三角代换,消去根号,转化为三角函数有理式的不定积分.

例 5.49 计算$\int \frac{x-2}{\sqrt{x^2-2x+10}}\,dx$.

解 因为

$$x^2-2x+10=(x-1)^2+3^2,$$

令$x-1=3\tan t\left(|t|<\frac{\pi}{2}\right)$,则

$$x=3\tan t+1, \quad dx=3\sec^2 t\,dt, \quad \sqrt{x^2-2x+10}=3\sec t,$$

$$\int \frac{x-2}{\sqrt{x^2-2x+10}}\mathrm{d}x = \int \frac{3\tan t+1-2}{3\sec t}\cdot 3\sec^2 t\mathrm{d}t = \int(3\tan t\cdot\sec t-\sec t)\mathrm{d}t$$

$$=3\sec t-\ln|\sec t+\tan t|+C$$

$$=\sqrt{x^2-2x+10}+\ln\left|\frac{x-1}{3}+\frac{\sqrt{x^2-2x+10}}{3}\right|+C$$

$$=\sqrt{x^2-2x+10}+\ln\left|x-1+\sqrt{x^2-2x+10}\right|+C.$$

例 5.50 计算$\int \frac{\mathrm{d}x}{\sqrt[3]{(x+1)^2(x-1)^4}}$.

解 因为

$$\sqrt[3]{(x+1)^2(x-1)^4}=(x^2-1)\sqrt[3]{\frac{x-1}{x+1}},$$

令 $t=\sqrt[3]{\frac{x-1}{x+1}}$,则

$$x=\frac{1+t^3}{1-t^3},\quad x^2-1=\frac{4t^3}{(1-t^3)^2},\quad \mathrm{d}x=\frac{6t^2\mathrm{d}t}{(1-t^3)^2},$$

故

$$\int \frac{\mathrm{d}x}{\sqrt[3]{(x+1)^2(x-1)^4}} = \int \frac{(1-t^3)^2}{4t^3}\cdot\frac{1}{t}\cdot\frac{6t^2}{(1-t^3)^2}\mathrm{d}t$$

$$=\frac{3}{2}\int\frac{1}{t^2}\,\mathrm{d}t=-\frac{3}{2t}+C=-\frac{3}{2}\sqrt[3]{\frac{x+1}{x-1}}+C.$$

习 题 5.4

1. 计算下列有理函数的不定积分：

(1) $\int \frac{x^3}{x+3}\mathrm{d}x$； (2) $\int \frac{1}{(1+2x)(1+x^2)}\,\mathrm{d}x$；

(3) $\int \frac{\mathrm{d}x}{(x^2+1)(x^2+x)}$； (4) $\int \frac{x^2+1}{(x-2)^2}\,\mathrm{d}x$；

(5) $\int \frac{x+1}{x^2(x-1)(x^2+1)}\,\mathrm{d}x$； (6) $\int \frac{\mathrm{d}x}{(x+1)(x+2)(x+3)}$；

(7) $\int \frac{x^3}{(x+1)^4}\,\mathrm{d}x$； (8) $\int \frac{x+4}{x^3+2x-3}\,\mathrm{d}x$.

2. 计算下列三角有理式的不定积分：

(1) $\int \frac{\mathrm{d}x}{3+\sin^2 x}$； (2) $\int \frac{\mathrm{d}x}{1+\sin x+\cos x}$；

(3) $\int \frac{\cos x}{1+\sin x}\mathrm{d}x$;　　(4) $\int \frac{1+\tan x}{\sin 2x}\mathrm{d}x$;

(5) $\int \frac{1+\sin x}{\sin x(1+\cos x)}\mathrm{d}x$;　　(6) $\int \frac{\sin^5 x}{\cos^4 x}\mathrm{d}x$;

(7) $\int \frac{\mathrm{d}x}{\sin^4 x\cos^2 x}$;　　(8) $\int \frac{1+\sin^2 x}{\sin^2 x\cos^4 x}\mathrm{d}x$.

3. 计算下列简单无理函数的不定积分：

(1) $\int \frac{\mathrm{d}x}{\sqrt{x}+\sqrt[4]{x}}$;　　(2) $\int \frac{x\mathrm{d}x}{\sqrt{x-1}}$;

(3) $\int \frac{1}{x}\sqrt{\frac{1+x}{x}}\mathrm{d}x$;　　(4) $\int \frac{x\mathrm{d}x}{\sqrt{x^2+2x+5}}$;

(5) $\int \frac{\mathrm{d}x}{2+\sqrt[3]{2x-1}}$;　　(6) $\int \frac{1+\sqrt{x}}{\sqrt[3]{x}}\mathrm{d}x$;

(7) $\int \frac{\sqrt{x+1}-\sqrt{x-1}}{\sqrt{x+1}+\sqrt{x-1}}\mathrm{d}x$;　　(8) $\int \frac{x+2}{\sqrt{3-2x-x^2}}\mathrm{d}x$;

(9) $\int \frac{\sqrt[6]{x+1}}{\sqrt{x+1}+\sqrt[3]{x+1}}\mathrm{d}x$;　　(10) $\int \frac{1}{\sqrt[3]{(x+1)(x-1)^5}}\mathrm{d}x$.

*5.5　积分表的使用

通过前面的讨论，已经可以求出一些不定积分，但同时也看到，积分的运算比微分运算要灵活、复杂得多，而且积分运算往往非常烦琐．因此，为使用方便起见，通常把常用的积分按照被积函数的类型编排并汇集成表，以备查用，这就是所说的积分表．求不定积分时，可根据被积函数的类型或经过适当变形后，在积分表中查到相应的积分公式直接得到结果．本书在附录中给出了一个简明积分表，以供查阅．下面举例说明积分表的用法．

例 5.51　计算 $\int \frac{\mathrm{d}x}{5-4\cos x}$.

解　被积函数中含有三角函数，在附录的简明积分表中查到公式(84)可用，所以

$$\int \frac{\mathrm{d}x}{5-4\cos x}=\frac{2}{5+(-4)}\sqrt{\frac{5+(-4)}{5-(-4)}}\arctan\left[\sqrt{\frac{5-(-4)}{5+(-4)}}\tan\frac{x}{2}\right]+C$$

$$=\frac{2}{3}\arctan\left(3\tan\frac{x}{2}\right)+C.$$

例 5.52　计算$\int \sin^4 x\mathrm{d}x$.

解　首先,在附录的简明积分表中查到公式(74)可用,所以

$$\int \sin^4 x\mathrm{d}x = -\frac{1}{4}\sin^3 x\cos x + \frac{3}{4}\int \sin^2 x\mathrm{d}x.$$

再由公式(72)得

$$\int \sin^2 x\mathrm{d}x = \frac{x}{2} - \frac{1}{4}\sin 2x + C,$$

所以

$$\begin{aligned}\int \sin^4 x\mathrm{d}x &= -\frac{1}{4}\sin^3 x\cos x + \frac{3}{4}\int \sin^2 x\mathrm{d}x \\ &= -\frac{1}{4}\sin^3 x\cos x + \frac{3}{4}\left(\frac{x}{2} - \frac{1}{4}\sin 2x\right) + C \\ &= -\frac{1}{4}\sin^3 x\cos x + \frac{3}{8}x - \frac{3}{16}\sin 2x + C.\end{aligned}$$

例 5.53　计算$\int \frac{x^2}{\sqrt{4x^2-9}}\mathrm{d}x$.

解　这个积分不能从附录的简明积分表中查出,但在表中有公式(31)

$$\int \frac{x^2}{\sqrt{x^2 \pm a^2}}\mathrm{d}x = \frac{x}{2}\sqrt{x^2 \pm a^2} \mp \frac{a^2}{2}\ln\left|x + \sqrt{x^2 \pm a^2}\right| + C,$$

这里把被积式转化为上述形式,然后再用公式(31)得到

$$\begin{aligned}\int \frac{x^2}{\sqrt{4x^2-9}}\mathrm{d}x &= \frac{1}{8}\int \frac{(2x)^2}{\sqrt{(2x)^2-9}}\mathrm{d}(2x) \\ &= \frac{x}{8}\sqrt{4x^2-9} + \frac{9}{16}\ln\left|2x + \sqrt{4x^2-9}\right| + C.\end{aligned}$$

在一般情况下,查积分表可以节省计算时间,但只有熟练掌握所学的积分方法才能灵活使用积分表.对于一些比较简单的积分,应用基本积分方法来计算比查表还要更快些.

习　题　5.5

利用简明积分表计算下列不定积分:

(1) $\int \sqrt{3x^2+2}\,\mathrm{d}x$;　　(2) $\int \frac{3x+2}{(1+x^2)^2}\mathrm{d}x$;

(3) $\int \frac{\cos x}{\sin x(1+\sin x)^2}\mathrm{d}x$;　　(4) $\int \frac{\mathrm{d}x}{x\sqrt{x^2+2x+3}}$.

第 6 章　定积分及其应用

定积分和不定积分是积分学中密切相关的两个基本概念，定积分在自然科学和实际问题中有广泛的应用．本章将从实例出发，介绍定积分的概念、性质和微积分基本定理，最后讨论定积分在几何、物理上的一些简单应用．

6.1　定积分的概念与性质

无论在理论上还是实际应用上，定积分都有十分重要的意义，它是整个"高等数学"中最重要的内容之一．

6.1.1　实例分析

例 6.1　曲边梯形的面积．由直线 $x=a, x=b, y=0$ 及曲线 $y=f(x)$ 所围成的图形称为**曲边梯形**，如图 6-1(a)，(b)，(c)都是曲边梯形．

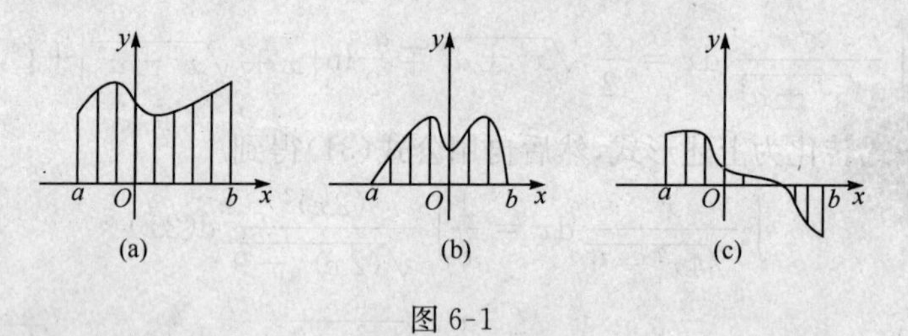

图 6-1

现在考虑如图 6-1(a)，(b)所示的曲边梯形的面积 A. 设在区间$[a,b]$上，$f(x)$连续且 $f(x)\geqslant 0$，为了求得 A，按下述步骤来进行：

(1) **分割**．将曲边梯形分割成小曲边梯形. 在区间$[a,b]$内任意插入 $n-1$ 个分点

$$a=x_0<x_1<x_2<\cdots<x_{n-1}<x_n=b,$$

把区间$[a,b]$分成 n 个小区间

$$[x_0,x_1],\quad [x_1,x_2],\quad \cdots,\quad [x_{i-1},x_i],\quad \cdots,\quad [x_{n-1},x_n],$$

第 i 个小区间的长度为 $\Delta x_i=x_i-x_{i-1}\ (i=1,\cdots,n)$，过每个分点作垂直于 x 轴的直线段，它们把曲边梯形分成 n 个小曲边梯形(图 6-2)，记小曲边梯形的面积为 $\Delta A_i\ (i=1,2,\cdots,n)$.

(2) **近似**．用小矩形的面积近似代替小曲边梯形的面积．在小区间$[x_{i-1},x_i]$

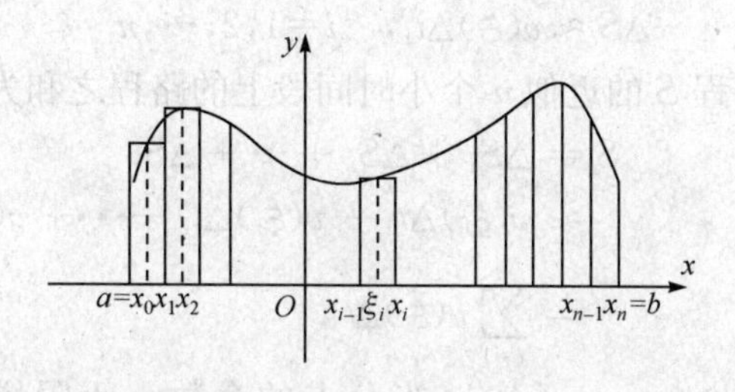

图 6-2

上任取一点 $\xi_i(i=1,2,\cdots,n)$，作以 $[x_{i-1},x_i]$ 为底，$f(\xi_i)$ 为高的小矩形，用小矩形的面积近似代替小曲边梯形的面积，则

$$\Delta A_i \approx f(\xi_i)\Delta x_i,\quad i=1,2,\cdots,n.$$

(3) **求和**．求面积 A 的近似——n 个小矩形面积之和．

$$\begin{aligned}A &= \Delta A_1+\Delta A_2+\cdots+\Delta A_n\\ &\approx f(\xi_1)\Delta x_1+f(\xi_2)\Delta x_2+\cdots+f(\xi_n)\Delta x_n\\ &=\sum_{i=1}^{n}f(\xi_i)\Delta x_i.\end{aligned}$$

(4) **取极限**．令 $\lambda=\max\limits_{1\leqslant i\leqslant n}\{\Delta x_i\}$，当分点 n 无限增多且 $\lambda\to 0$ 时，和式 $\sum\limits_{i=1}^{n}f(\xi_i)\Delta x_i$ 的极限规定为曲边梯形的面积 A，即

$$A=\lim_{\lambda\to 0}\sum_{i=1}^{n}f(\xi_i)\Delta x_i.$$

例 6.2　变速直线运动的路程．设一物体做变速直线运动，其速度是时间 t 的连续函数 $v=v(t)$，求物体在时刻 $t=T_1$ 到 $t=T_2$ 间所经过的路程 S.

已经知道，匀速直线运动的路程公式是 $S=vt$. 现设物体运动的速度 v 是随时间的变化而连续变化的，不能直接用此公式计算路程．为此，按下述步骤来进行：

(1) **分割**．把运动时间 $[T_1,T_2]$ 区间分成 n 个小时间段．在时间间隔 $[T_1,T_2]$ 内任意插入 $n-1$ 个分点

$$T_1=t_0<t_1<\cdots<t_{n-1}<t_n=T_2,$$

把 $[T_1,T_2]$ 分成 n 个小区间

$[t_0,t_1]$，　$[t_1,t_2]$，　…，　$[t_{i-1},t_i]$　，…，　$[t_{n-1},t_n]$，

第 i 个小区间的长度为 $\Delta t_i=t_i-t_{i-1}(i=1,2,\cdots,n)$，第 i 个时间段内对应的路程记作 $\Delta S_i(i=1,2,\cdots,n)$.

(2) **近似**．在每个小区间上考虑运动，以匀速直线运动近似代替变速直线运动．在小区间 $[t_{i-1},t_i]$ 上任取一点 $\xi_i(i=1,2,\cdots,n)$，用速度 $v(\xi_i)$ 近似代替物体在时间 $[t_{i-1},t_i]$ 上各个时刻的速度，则有

$$\Delta S_i \approx v(\xi_i)\Delta t_i, \quad i=1,2,\cdots,n.$$

(3) **求和**. 求路程 S 的近似 n 个小时间段上的路程之和为

$$\begin{aligned} S &= \Delta S_1 + \Delta S_2 + \cdots + \Delta S_n \\ &\approx v(\xi_1)\Delta t_1 + v(\xi_2)\Delta t_2 + \cdots + v(\xi_n)\Delta t_n \\ &= \sum_{i=1}^{n} v(\xi_i)\Delta t_i. \end{aligned}$$

(4) **取极限**. 令 $\lambda = \max\limits_{1\leqslant i\leqslant n}\{\Delta t_i\}$,当分点的个数 n 无限增多且 $\lambda \to 0$ 时,和式 $\sum\limits_{i=1}^{n} v(\xi_i)\Delta t_i$ 的极限规定为要求的路程 S,即

$$S = \lim_{\lambda\to 0}\sum_{i=1}^{n} v(\xi_i)\Delta t_i$$

从例 6.1 和例 6.2 可以看出,虽然二者的实际意义不同,但是解决问题的方法却是相同的,即采用"**分割—近似—求和—取极限**"的方法,而且最后结果都归结为一种和式的极限问题. 抛开实际问题的具体意义,由它们在数量关系上共同的本质特征,从数学的结构加以研究,就引出了定积分的概念.

6.1.2 定积分的概念

定义 6.1 设函数 $f(x)$ 在区间 $[a,b]$ 上有定义,任取分点 $a=x_0<x_1<x_2<\cdots<x_{n-1}<x_n=b$,把区间 $[a,b]$ 任意分割成 n 个小区间 $[x_{i-1},x_i]$ $(i=1,2,\cdots,n)$,第 i 个小区间的长度为 $\Delta x_i = x_i - x_{i-1}$ $(i=1,\cdots,n)$,记 $\lambda=\max\limits_{1\leqslant i\leqslant n}\{\Delta x_i\}$. 在每个小区间 $[x_{i-1},x_i]$ 上任取一点 ξ_i $(i=1,2,\cdots,n)$,作和 $\sum\limits_{i=1}^{n} f(\xi_i)\Delta x_i$. 若当 $\lambda\to 0$ 时,极限 $\lim\limits_{\lambda\to 0}\sum\limits_{i=1}^{n} f(\xi_i)\Delta x_i$ 存在,并且这个极限值与区间 $[a,b]$ 的分法及点 ξ_i 的取法无关,则称函数 $f(x)$ 在 $[a,b]$ 上**可积**,并称此极限为函数 $f(x)$ 在区间 $[a,b]$ 上的**定积分**,记作

$$\int_a^b f(x)\mathrm{d}x = \lim_{\lambda\to 0}\sum_{i=1}^{n} f(\xi_i)\Delta x_i,$$

其中 $\int$ 称为**积分号**,$f(x)$ 称为**被积函数**,$f(x)\mathrm{d}x$ 称为**被积表达式**,x 称为**积分变量**,a 称为**积分下限**,b 称为**积分上限**,$[a,b]$ 称为**积分区间**.

根据定积分的定义 6.1,例 6.1 和例 6.2 可分别叙述如下:

(1) 当 $f(x)\geqslant 0$ 时,曲线 $y=f(x)$ 在区间 $[a,b]$ 上的曲边梯形的面积 A 为

$$A = \int_a^b f(x)\mathrm{d}x;$$

(2) 做变速直线运动的物体的速度函数为 $v=v(t)$,在时间区间 $[T_1,T_2]$ 上所

走过的路程 S 为

$$S=\int_{T_1}^{T_2} v(t)\mathrm{d}t .$$

下面作几点说明.

(1) 闭区间上连续或只有有限个间断点的有界函数是可积的(证明略);

(2) 定积分是一个确定的常数,它取决于被积函数 $f(x)$ 和积分区间 $[a,b]$,而与积分变量使用字母的选取无关,所以有

$$\int_a^b f(x)\mathrm{d}x=\int_a^b f(t)\mathrm{d}t ;$$

(3) 在定积分的定义中有 $a<b$,为了今后计算方便起见,规定:

$$\int_b^a f(x)\mathrm{d}x=-\int_a^b f(x)\mathrm{d}x \quad 且 \quad \int_a^a f(x)\mathrm{d}x=0.$$

6.1.3　定积分的几何意义

设 $f(x)$ 是 $[a,b]$ 上的连续函数,由曲线 $y=f(x)$ 及直线 $x=a,x=b,y=0$ 所围成的曲边梯形的面积为 A,并规定在 x 轴上(下)方部分面积的正(负). 这时,定积分 $\int_a^b f(x)\mathrm{d}x$ 在几何上表示上述这些部分曲边梯形面积的代数和,如图 6-3 所示,则

$$A=\int_a^b f(x)\mathrm{d}x=A_1-A_2+A_3 ,$$

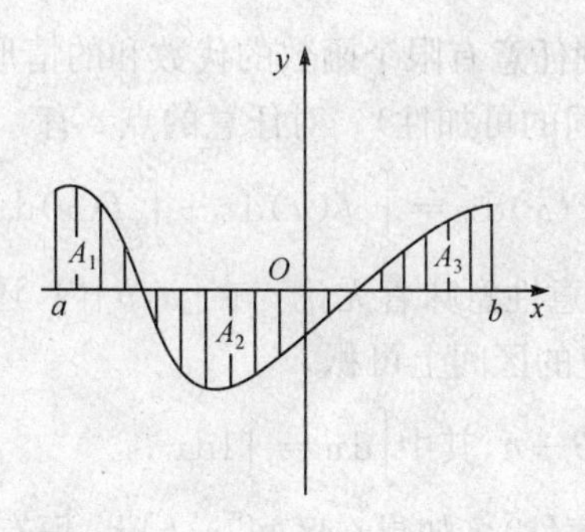

图 6-3

其中 A_1,A_2,A_3 分别为图 6-3 中三部分图形的面积,它们都是正数.

例 6.3　利用定积分的几何意义,证明

$$I=\int_{-1}^{1} \sqrt{1-x^2}\mathrm{d}x=\frac{\pi}{2}.$$

证　根据定积分的几何意义可知,I 表示半圆 $y=\sqrt{1-x^2}$ 和直线 $x=-1$,

$x=1,y=0$ 所围成的曲边梯形的面积,如图 6-4 所示,它是$\frac{1}{2}$个单位圆的面积,所以 $I=\frac{\pi}{2}$.

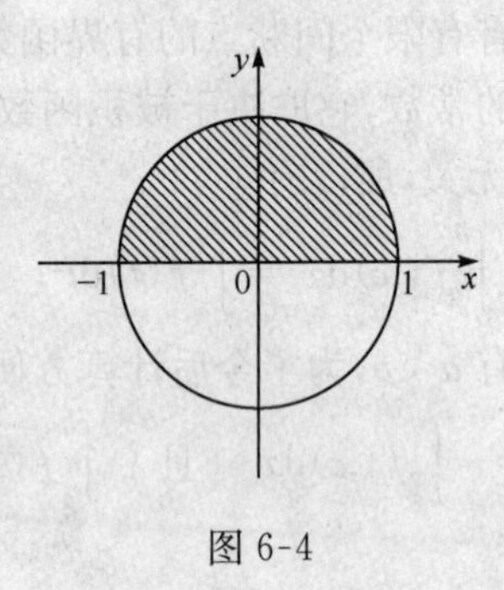

图 6-4

6.1.4 定积分的性质

性质 6.1 被积表达式中的常数因子可以提到积分号前,即

$$\int_a^b kf(x)\mathrm{d}x = k\int_a^b f(x)\mathrm{d}x, \quad k \neq 0.$$

性质 6.2 两个函数代数和的定积分等于各函数定积分的代数和,即

$$\int_a^b [f(x) \pm g(x)]\mathrm{d}x = \int_a^b f(x)\mathrm{d}x \pm \int_a^b g(x)\mathrm{d}x.$$

性质 6.2 可以推广到任意有限个函数的代数和的情形.

性质 6.3(积分对区间的可加性) 对任意的点 c 有

$$\int_a^b f(x)\mathrm{d}x = \int_a^c f(x)\mathrm{d}x + \int_c^b f(x)\mathrm{d}x.$$

注 6.1 这里 c 的任意性意味着无论 c 在$[a,b]$内,还是在$[a,b]$外,性质 6.3 都成立,只要 $f(x)$在相应的区间上可积.

性质 6.4 $\int_a^b \mathrm{d}x = b-a$,其中$\int \mathrm{d}x = \int 1\mathrm{d}x$.

性质 6.5(积分的保序性) 如果在区间$[a,b]$上,恒有 $f(x)\leqslant g(x)$,则

$$\int_a^b f(x)\mathrm{d}x \leqslant \int_a^b g(x)\mathrm{d}x.$$

性质 6.6(积分估值定理) 如果函数 $f(x)$在区间$[a,b]$上有最大值 M 和最小值 m,则

$$m(b-a) \leqslant \int_a^b f(x)\mathrm{d}x \leqslant M(b-a).$$

如上几个性质都可应用积分的定义证明,这里从略.

性质 6.7(积分中值定理) 如果函数 $f(x)$在区间$[a,b]$上连续,则在(a,b)内

至少有一点 ξ,使得

$$\int_a^b f(x)\mathrm{d}x = f(\xi)(b-a)\ ,\quad \xi \in (a,b),$$

称之为**积分中值公式**.

证 由性质6.6有

$$m(b-a) \leqslant \int_a^b f(x)\mathrm{d}x \leqslant M(b-a),$$

即 $m \leqslant \dfrac{1}{b-a}\displaystyle\int_a^b f(x)\mathrm{d}x \leqslant M$. 也就是说, $\dfrac{1}{b-a}\displaystyle\int_a^b f(x)\mathrm{d}x$ 是介于 m 与 M 之间的一个实数,所以由连续函数的介值性定理知,至少存在一点 $\xi \in (a,b)$,使得

$$\frac{1}{b-a}\int_a^b f(x)\mathrm{d}x = f(\xi),$$

即

$$\int_a^b f(x)\mathrm{d}x = f(\xi)(b-a),\quad \xi \in (a,b).$$

注6.2 积分中值公式几何意义如下:在 (a,b) 内至少有一点 ξ,使得曲线 $y=f(x)$ 与直线 $x=a$, $x=b$ 和 x 轴所围成的曲边梯形的面积等于一个边长分别为 $b-a$, $f(\xi)$ 的矩形的面积,如图6-5所示.

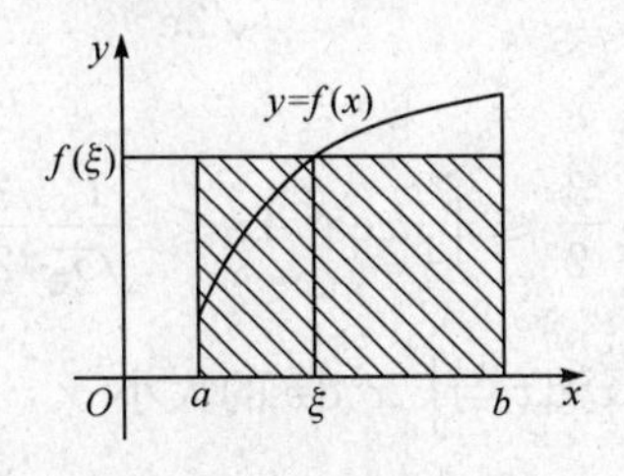

图6-5

在例2中,设 $\bar{v}$ 表示运动的平均速度,则有

$$\bar{v} = \frac{S}{T_2 - T_1} = \frac{1}{T_2 - T_1}\int_{T_1}^{T_2} v(t)\mathrm{d}t,$$

这样可以认为并定义

$$A(f,[a,b]) = \frac{1}{b-a}\int_a^b f(x)\mathrm{d}x$$

为**连续函数 $f(x)$ 在 $[a,b]$ 上的平均值**.

性质6.8(对称区间上奇偶函数的积分性质) 设 $f(x)$ 在对称区间 $[-a,a]$ 上连续,则有

$$\int_{-a}^{a} f(x)\mathrm{d}x=\begin{cases}0, & f(x)\text{ 为奇函数}, \\ 2\int_{0}^{a} f(x)\mathrm{d}x, & f(x)\text{ 为偶函数}.\end{cases}$$

性质 6.8 在几何上很直观,证明放在后面的例题中.

例 6.4　估计定积分 $\int_{\frac{1}{2}}^{2} x\mathrm{e}^{-x^2}\mathrm{d}x$ 的值.

解　设

$$f(x)=x\mathrm{e}^{-x^2},\quad x\in\left[\frac{1}{2},2\right],$$

则

$$f'(x)=(1-2x^2)\mathrm{e}^{-x^2}.$$

令 $f'(x)=0$ 得驻点为 $x=\frac{1}{\sqrt{2}}$,并且

$$f\left(\frac{1}{2}\right)=\frac{1}{2\sqrt[4]{\mathrm{e}}}<f\left(\frac{1}{\sqrt{2}}\right)=\frac{1}{\sqrt{2\mathrm{e}}},\quad f(2)=\frac{2}{\mathrm{e}^4}<f\left(\frac{1}{\sqrt{2}}\right),$$

从而

$$0\leqslant f(x)\leqslant\frac{1}{\sqrt{2\mathrm{e}}},$$

所以由定积分的估值性质得

$$\frac{1}{2\sqrt[4]{\mathrm{e}}}\,\frac{3}{2}\leqslant\int_{\frac{1}{2}}^{2} x\mathrm{e}^{-x^2}\mathrm{d}x\leqslant\frac{1}{\sqrt{2\mathrm{e}}}\,\frac{3}{2}.$$

例 6.5　比较定积分 $\int_0^1 x^2\mathrm{d}x$ 与 $\int_0^1 x^3\mathrm{d}x$ 的大小.

解　因为在区间[0,1]上有 $x^2\geqslant x^3$,所以由定积分保序性质得

$$\int_0^1 x^2\mathrm{d}x\geqslant\int_0^1 x^3\mathrm{d}x.$$

习　题　6.1

1. 利用定积分的几何意义,说明下列等式:

(1) $\int_0^1 2x\mathrm{d}x=1$;　　(2) $\int_0^1\sqrt{1-x^2}\mathrm{d}x=\frac{\pi}{4}$;

(3) $\int_{-\pi}^{\pi}\sin x\mathrm{d}x=0$;　　(4) $\int_{-\frac{\pi}{2}}^{\frac{\pi}{2}}\cos x\mathrm{d}x=2\int_0^{\frac{\pi}{2}}\cos x\mathrm{d}x$.

2. 比较下列各题中两个积分的大小:

(1) $I_1=\int_0^1 x^2\mathrm{d}x$ 与 $I_2=\int_0^1 x^4\mathrm{d}x$;

(2) $I_1=\int_1^2 x^2\mathrm{d}x$ 与 $I_2=\int_1^2 x^4\mathrm{d}x$；

(3) $I_1=\int_3^4 \ln x\mathrm{d}x$ 与 $I_2=\int_3^4 (\ln x)^3\mathrm{d}x$；

(4) $I_1=\int_0^1 x\mathrm{d}x$ 与 $I_2=\int_0^1 \ln(1+x)\mathrm{d}x$.

3. 估计下列积分的值：

(1) $\int_1^4 (x^2-1)\mathrm{d}x$；　　(2) $\int_{\frac{\pi}{4}}^{\frac{5\pi}{4}} (1+\cos^2 x)\mathrm{d}x$.

*4. 利用定积分的定义计算下列定积分：

(1) $\int_{-1}^2 x\mathrm{d}x$；　　(2) $\int_0^1 \mathrm{e}^x\mathrm{d}x$.

*5. 讨论狄利克雷函数 $\mathrm{d}(x)=\begin{cases}1, & x\text{ 为有理数},\\ 0, & x\text{ 为无理数}\end{cases}$ 在区间[0,1]上的可积性.

*6. 设 $f(x),g(x)$ 在 $[a,b]\ (a<b)$ 上连续，证明：

(1) 若在 $[a,b]$ 上，$f(x)\geqslant 0$ 且 $f(x)\not\equiv 0$，则 $\int_a^b f(x)\mathrm{d}x>0$；

(2) 若在 $[a,b]$ 上，$f(x)\geqslant 0$ 且 $\int_a^b f(x)\mathrm{d}x=0$，则在 $[a,b]$ 上，$f(x)\equiv 0$；

(3) 若在 $[a,b]$ 上，$f(x)\leqslant g(x)$ 且 $\int_a^b f(x)\mathrm{d}x=\int_a^b g(x)\mathrm{d}x$，则在 $[a,b]$ 上，$f(x)\equiv g(x)$.

6.2　微积分学基本定理

定积分其实是一种特殊形式的极限，利用定义计算定积分经常是一件很难的事．本节将介绍定积分计算的有力工具——**牛顿-莱布尼茨公式，即微积分学基本定理**．

6.2.1　变上限积分函数

定义 6.2　设函数 $f(x)$ 在区间 $[a,b]$ 上连续，则 $\forall x\in[a,b]$，$f(t)$ 在区间 $[a,x]$ 上也连续，对于 x 有确定的 $\int_a^x f(t)\mathrm{d}t$ 与之对应，$\int_a^x f(t)\mathrm{d}t$ 是定义在 $[a,b]$ 上的函数，记

$$\Phi(x)=\int_a^x f(t)\mathrm{d}t,\quad x\in[a,b],$$

称之为**变上限积分函数**，也简称为**积分上限函数**．

定理 6.1 如果函数 $f(x)$在区间$[a,b]$上连续,则 $\Phi(x)=\int_a^x f(t)\mathrm{d}t$ 在$[a,b]$上可导,并且

$$\Phi'(x)=\frac{\mathrm{d}}{\mathrm{d}x}\int_a^x f(t)\mathrm{d}t=f(x),\quad a\leqslant x\leqslant b.$$

证 给定函数 $\Phi(x)$的自变量 x 的改变量 Δx,函数 $\Phi(x)$有相应的改变量 $\Delta\Phi$,则

$$\begin{aligned}\Delta\Phi&=\Phi(x+\Delta x)-\Phi(x)=\int_a^{x+\Delta x}f(t)\mathrm{d}t-\int_a^x f(t)\mathrm{d}t=\int_x^{x+\Delta x}f(t)\mathrm{d}t\\&=f(\xi)\Delta x,\xi\in(x,x+\Delta x)\text{或}(x+\Delta x,x),\end{aligned}$$

所以

$$\Phi'(x)=\lim_{\Delta x\to 0}\frac{\Delta\Phi}{\Delta x}=\lim_{\Delta x\to 0}\frac{f(\xi)\Delta x}{\Delta x}=\lim_{\Delta x\to 0}f(\xi)=\lim_{\xi\to x}f(\xi)\xlongequal{f(x)\text{连续}}f(x).$$

定理 6.2(原函数存在定理) 如果 $f(x)$在区间$[a,b]$上连续,则它的原函数一定存在,并且其中的一个原函数为

$$\Phi(x)=\int_a^x f(t)\mathrm{d}t.$$

注 6.3 定理 6.2 肯定了闭区间$[a,b]$上连续函数 $f(x)$一定有原函数,解决了 5.1 节留下的原函数存在问题.

例 6.6 计算 $\dfrac{\mathrm{d}}{\mathrm{d}x}\displaystyle\int_0^x \mathrm{e}^{-t}\sin t\mathrm{d}t$.

解 $\dfrac{\mathrm{d}}{\mathrm{d}x}\displaystyle\int_0^x \mathrm{e}^{-t}\sin t\mathrm{d}t=\left(\int_0^x \mathrm{e}^{-t}\sin t\mathrm{d}t\right)'=\mathrm{e}^{-x}\sin x$.

例 6.7 求$\dfrac{\mathrm{d}}{\mathrm{d}x}\displaystyle\int_1^{x^2}(t^2+1)\mathrm{d}t$.

解 此处积分上限是 x^2,若记 $u=x^2$,则$\int_1^{x^2}(t^2+1)\mathrm{d}t$ 可以看成是由 $y=\int_1^u(t^2+1)\mathrm{d}t$ 与 $u=x^2$ 复合而成的. 根据复合函数的求导法则得

$$\frac{\mathrm{d}}{\mathrm{d}x}\int_1^{x^2}(t^2+1)\mathrm{d}t=\left(\frac{\mathrm{d}}{\mathrm{d}u}\int_1^u(t^2+1)\mathrm{d}t\right)\frac{\mathrm{d}u}{\mathrm{d}x}=(u^2+1)2x=2x^5+2x.$$

例 6.8 求$\displaystyle\lim_{x\to 0}\frac{1}{x}\int_0^x\ln(1+t)\mathrm{d}t$.

解 此极限为$\dfrac{0}{0}$型不定式,应用洛必达法则有

$$\lim_{x\to 0}\frac{1}{x}\int_0^x\ln(1+t)\mathrm{d}t=\lim_{x\to 0}\frac{\int_0^x\ln(1+t)\mathrm{d}t}{x}=\lim_{x\to 0}\frac{\ln(1+x)}{1}=0.$$

6.2.2　牛顿-莱布尼茨公式

定理 6.3(微积分学基本定理)　如果 $f(x)$在区间$[a,b]$上连续,并且 $F(x)$是 $f(x)$的一个原函数,则

$$\int_a^b f(x)\mathrm{d}x = F(b) - F(a).$$

上述公式称为**牛顿-莱布尼茨公式,或 N-L 公式**.

证　由于$\Phi(x)=\int_a^x f(t)\mathrm{d}t$是$f(x)$在区间$[a,b]$上的一个原函数,故$\Phi(x)$与 $F(x)$ 相差一个常数 C,即

$$\int_a^x f(t)\mathrm{d}t = F(x) + C,$$

并且

$$0 = \int_a^a f(t)\mathrm{d}t = F(a) + C,$$

即 $C=-F(a)$,于是

$$\int_a^x f(t)\mathrm{d}t = F(x) - F(a),$$

所以

$$\int_a^b f(x)\mathrm{d}x = F(b) - F(a).$$

为方便起见,通常把 $F(b)-F(a)$简记为 $F(x)\Big|_a^b$ 或$(F(x))_a^b$,所以牛顿-莱布尼茨公式可改写为

$$\int_b^a = f(x)\mathrm{d}x = F(x)\Big|_a^b = (F(x))_a^b = F(b) - F(a).$$

牛顿-莱布尼茨公式揭示了定积分与被积函数的原函数之间的内在联系,它将求定积分的问题转化为求原函数的问题. 确切地说,要求连续函数 $f(x)$在$[a,b]$上的定积分,只要求出 $f(x)$在区间$[a,b]$上的一个原函数 $F(x)$,然后计算 $F(b)-F(a)$就可以了.

例 6.9　计算$\int_0^1 x^2\mathrm{d}x$.

解　因为

$$\int x^2\,\mathrm{d}x = \frac{1}{3}x^3 + C,$$

所以

$$\int_0^1 x^2\mathrm{d}x = \frac{1}{3}x^3\Big|_0^1 = \frac{1}{3}\times 1^3 - \frac{1}{3}\times 0^3 = \frac{1}{3}.$$

例 6.10　求$\int_{-1}^{3}|2-x|\mathrm{d}x$.

解　$\int_{-1}^{3}|2-x|\mathrm{d}x=\int_{-1}^{2}|2-x|\mathrm{d}x+\int_{2}^{3}|2-x|\mathrm{d}x$

$$=\int_{-1}^{2}(2-x)\mathrm{d}x+\int_{2}^{3}(x-2)\mathrm{d}x$$

$$=\left(2x-\frac{1}{2}x^2\right)\Big|_{-1}^{2}+\left(\frac{1}{2}x^2-2x\right)\Big|_{2}^{3}=\frac{9}{2}+\frac{1}{2}=5.$$

例 6.11　求$\left(\int_{x^2}^{x^3}\sin t^2\mathrm{d}t\right)'$.

解　$\left(\int_{x}^{x^2}\sin x^2\mathrm{d}x\right)'=[F(x^2)-F(x^2)]'(F'(x)=\sin x)$

$$=3x^2F'(x^3)-2xF'(x^2)=3x^2\sin x^6-2x\sin x^4.$$

下面给出定积分变限函数的求导方法.

若 $f(x)$ 在 $[a,b]$ 上连续，$\varphi_1(x)$，$\varphi_2(x)$ 在 $[c,\mathrm{d}]$ 上连续可导，$[\varphi(x)$且$\varphi(x)]\in[a,b]$，则

$$\left(\int_{\varphi_1(x)}^{\varphi_2(x)}f(t)\mathrm{d}t\right)'=f(\varphi_2(x))\varphi'_2(x)-f(\varphi_1(x))\varphi'_1(x).$$

***例 6.12**　求极限$\lim\limits_{n\to\infty}\frac{(1+2^3+3^3+\cdots+n^3)}{n^4}$.

解　根据定积分的定义得

$$\lim_{n\to\infty}\frac{(1+2^3+3^3+\cdots+n^3)}{n^4}=\lim_{n\to\infty}\sum_{i=1}^{n}\frac{1}{n}\left(\frac{i}{n}\right)^3=\int_0^1x^3\mathrm{d}x=\frac{1}{4}x^4\Big|_0^1=\frac{1}{4}.$$

习　题　6.2

1. 计算下列导数：

(1) $\frac{\mathrm{d}}{\mathrm{d}x}\int_0^{x^3}\sqrt{1+t^2}\mathrm{d}t$；　(2) $\frac{\mathrm{d}}{\mathrm{d}x}\int_{x^2}^{x^4}\frac{\mathrm{d}t}{\sqrt{1+t^2}}$.

2. 求下列极限：

(1) $\lim\limits_{x\to0}\frac{\int_0^x e^{t^2}\mathrm{d}t}{x}$；　(2) $\lim\limits_{x\to0}\frac{\left(\int_0^x\sin t^2\mathrm{d}t\right)^2}{\int_0^x t^2\sin t^3\mathrm{d}t}$.

3. 计算下列积分：

(1) $\int_0^a(3x^2-x)\mathrm{d}x$；　(2) $\int_1^2\left(x^2+\frac{1}{x^4}\right)\mathrm{d}x$；

(3) $\int_1^0\sqrt{x}(1+\sqrt{x})\mathrm{d}x$；　(4) $\int_0^{\frac{1}{2}}\frac{\mathrm{d}x}{\sqrt{1-x^2}}$；

(5) $\int_0^1 \frac{dx}{\sqrt{4-x^2}}$；　　(6) $\int_{-1}^0 \frac{3x^4+3x^2+2}{x^2+1}dx$；

(7) $\int_0^{2\pi} |\sin x|dx$.　　(8) $\int_0^2 f(x)dx$，其中 $f(x)=\begin{cases} x, & x<1, \\ x^2, & x\geqslant 1. \end{cases}$

4. 设 $f(x)=\int_0^x \sin t dt$，求 $f'(0)$，$f'\left(\frac{\pi}{4}\right)$.

5. 求函数 $f(x)=\int_0^x (t^2-1)e^t dt$ 的极大值点 x.

6. 设函数 $f(x)$ 在 $[a,b]$ 上连续，在 (a,b) 内可导，并且 $f'(x)<0$，

$$F(x)=\frac{1}{x-a}\int_a^x f(t)dt,$$

证明函数 $F(x)$ 在 (a,b) 上单调递减.

7. 求由方程 $\int_0^y e^t dt+\int_0^x \cos t dt=0$ 所确定的隐函数 $y=y(x)$ 的导数 $\frac{dy}{dx}$.

*8. 试应用积分方法求下列极限：

(1) $\lim\limits_{n\to\infty}\sum_{i=1}^n \frac{1}{n+i}$；　　(2) $\lim\limits_{n\to\infty}\sum_{i=1}^n \frac{n}{n^2+i^2}$.

6.3　定积分的两种常用积分法

对应求不定积分的方法，求定积分也有两种常用积分法——**换元积分法和分部积分法**.

6.3.1　定积分的换元积分法

定理 6.4　设 $x=\varphi(t)$ 满足

(1) $a=\varphi(\alpha)$，$b=\varphi(\beta)$；

(2) $\varphi(t)$ 在区间 $[\alpha,\beta]$（或 $[\beta,\alpha]$）上具有连续导数；

(3) $f(x)$ 在 $\varphi(t)$ 的值域 $R_\varphi(\supseteq[a,b])$ 上连续，

则有

$$\int_a^b f(x)dx=\int_\alpha^\beta f(\varphi(t))\varphi(t)dt.$$

注 6.4　(1) 从左到右应用公式，相当于不定积分的第二换元法. 计算时，用 $x=\varphi(t)$ 把原积分变量 x 换成新变量 $\varphi(t)$，积分限也必须由原来的积分限 a 和 b 相应地换为 α 和 β，而不必代回原来的变量 x，这与不定积分的第二换元法是完全不同的.

(2) 从右到左应用公式，相当于不定积分的第一换元法（即凑微分法）. 为方

便起见,将 x 与 t 对调,可写出

$$\int_a^b f(\varphi(x))\varphi'(x)\mathrm{d}x = \int_\alpha^\beta f(t)\mathrm{d}t,\quad t=\varphi(x),\alpha=\varphi(a),\beta=\varphi(b),$$

相当于不定积分的第一换元法.

例 6.13　求 $\int_0^3 \frac{x}{\sqrt{1+x}}\mathrm{d}x$.

解

$$\int_0^3 \frac{x}{\sqrt{1+x}}\mathrm{d}x = \int_1^2 \frac{t^2-1}{t}\cdot 2t\mathrm{d}t\,(t=\sqrt{1+x})$$

$$= 2\int_1^2 (t^2-1)\mathrm{d}t = 2\left(\frac{1}{3}t^3 - t\right)_1^2 = \frac{8}{3}.$$

例 6.14　求 $\int_0^{\frac{\pi}{2}} \cos^3 x\sin x\mathrm{d}x$.

解　方法一

$$\int_0^{\frac{\pi}{2}} \cos^3 x\sin x\mathrm{d}x = -\int_0^{\frac{\pi}{2}} \cos^3 x\mathrm{d}(\cos x) \xlongequal{t=\cos x} -\int_1^0 t^3\mathrm{d}t$$

$$= \frac{1}{4}t^4\Big|_0^1 = \frac{1}{4}.$$

方法二

$$\int_0^{\frac{\pi}{2}} \cos^3 x\sin x\mathrm{d}x = -\int_0^{\frac{\pi}{2}} \cos^3 x\mathrm{d}(\cos x) = \left(-\frac{1}{4}\cos^4 x\right)_0^{\frac{\pi}{2}} = \frac{1}{4}.$$

注 6.5　方法一是变量替换法,上、下限跟着变;方法二是求原函数法,上、下限跟着走.

例 6.15　求 $\int_0^{\sqrt{2}} \sqrt{2-x^2}\mathrm{d}x$.

解　设 $x=\sqrt{2}\sin t$,当 $x=0$ 时,取 $t=0$;当 $x=\sqrt{2}$ 时,取 $t=\frac{\pi}{2}$. 于是

$$\int_0^{\sqrt{2}} \sqrt{2-x^2}\mathrm{d}x = \int_0^{\frac{\pi}{2}} \sqrt{2}\cos t\cdot\sqrt{2}\cos t\mathrm{d}t = \int_0^{\frac{\pi}{2}} (\cos 2t+1)\mathrm{d}t$$

$$= \left(\frac{1}{2}\sin 2t + t\right)_0^{\frac{\pi}{2}} = \frac{\pi}{2}.$$

如果注意到这里积分的几何意义,它表示一个半径为 $\sqrt{2}$ 的圆的面积的 $\frac{1}{4}$,可直接给出上面的结果.

例 6.16　设 $f(x)$ 在区间 $[-a,a]$ 上连续,证明

$$\int_{-a}^a f(x)\mathrm{d}x = \int_0^a [f(-x)+f(x)]\mathrm{d}x.$$

证　因为

$$\int_{-a}^a f(x)\mathrm{d}x = \int_{-a}^0 f(x)\mathrm{d}x + \int_0^a f(x)\mathrm{d}x,$$

对于定积分 $\int_{-a}^{0} f(x)\mathrm{d}x$，作代换 $x=-t$ 有

$$\int_{-a}^{0} f(x)\mathrm{d}x=-\int_{a}^{0} f(-t)\mathrm{d}t=\int_{0}^{a} f(-t)\mathrm{d}t=\int_{0}^{a} f(-x)\mathrm{d}x,$$

所以

$$\int_{-a}^{a} f(x)\mathrm{d}x=\int_{0}^{a} f(-x)\mathrm{d}x+\int_{0}^{a} f(x)\mathrm{d}x.$$

特别地有如下常用公式：

$$\int_{-a}^{a} f(x)\mathrm{d}x=\begin{cases}0, & f(x)\text{ 为奇函数}, \\ 2\int_{0}^{a} f(x)\mathrm{d}x, & f(x)\text{ 为偶函数}.\end{cases}$$

例 6.17　设 $f(x)$是以 T 为周期的连续函数，$n\in\mathbf{N}$，证明

$$\int_{a}^{a+nT} f(x)\mathrm{d}x=n\int_{a}^{T} f(x)\mathrm{d}x.$$

例 6.17 的几何直观是显然的，它的解析证明留给读者完成．

6.3.2　分部积分法

定理 6.5　设函数 $u=u(x)$和 $v=v(x)$在区间$[a,b]$上有连续的导数，则

$$\int_{a}^{b} u(x)\mathrm{d}v(x)=u(x)v(x)\Big|_{a}^{b}-\int_{a}^{b} v(x)\mathrm{d}u(x).$$

上述公式称为定积分的**分部积分公式**，证明略．

例 6.18　求 $\int_{1}^{2} x\ln x\mathrm{d}x$．

解　$\int_{1}^{2} x\ln x\mathrm{d}x=\frac{1}{2}\int_{1}^{2}\ln x\mathrm{d}(x^{2})=\frac{1}{2}x^{2}\ln x\Big|_{1}^{2}-\frac{1}{2}\int_{1}^{2}x^{2}\mathrm{d}(\ln x)$

$$=2\ln 2-\frac{1}{2}\int_{1}^{2}x\mathrm{d}x=2\ln 2-\frac{1}{4}x^{2}\Big|_{1}^{2}=2\ln 2-\frac{3}{4}.$$

例 6.19　求 $\int_{0}^{\pi} x\sin x\mathrm{d}x$.

解　$\int_{0}^{\pi} x\sin x\mathrm{d}x=-\int_{0}^{\pi} x\mathrm{d}(\cos x)=-x\cos x\Big|_{0}^{\pi}+\int_{0}^{\pi}\cos x\mathrm{d}x=\pi+\sin x\mid_{0}^{\pi}=\pi.$

例 6.20　求 $\int_{0}^{1} \mathrm{e}^{\sqrt{x}}\mathrm{d}x$.

解　$\int_{0}^{1} \mathrm{e}^{\sqrt{x}}\mathrm{d}x\xlongequal{t=\sqrt{x}}2\int_{0}^{1} t\mathrm{e}^{t}\mathrm{d}t=2\int_{0}^{1} t\mathrm{d}\mathrm{e}^{t}=2t\mathrm{e}^{t}\Big|_{0}^{1}-2\int_{0}^{1}\mathrm{e}^{t}\mathrm{d}t=2.$

*__例 6.21__　设 $I_{n}=\int_{0}^{\frac{\pi}{2}}\sin^{n}x\mathrm{d}x\ (n\in\mathbf{N})$，证明

$$I_n=\frac{n-1}{n}I_{n-1}=\begin{cases}\dfrac{n-1}{n}\dfrac{n-3}{n-2}\cdots\dfrac{1}{2}\dfrac{\pi}{2}, & n\text{ 为偶数}\left(I_0=\dfrac{\pi}{2}\right),\\ \dfrac{n-1}{n}\dfrac{n-3}{n-2}\cdots\dfrac{4}{5}\dfrac{2}{3}, & n\text{ 为奇数}(I_1=1).\end{cases}$$

证 这里只要证明递推公式 $I_n=\frac{n-1}{n}I_{n-1}(n\geqslant 1)$. 应用分部积分公式有

$$\begin{aligned}I_n&=-\int_0^{\frac{\pi}{2}}\sin^{n-1}x\,\mathrm{d}(\cos x)=-\sin^{n-1}x\cos x\Big|_0^{\frac{\pi}{2}}+(n-1)\int_0^{\frac{\pi}{2}}\sin^{n-2}x\cos^2 x\,\mathrm{d}(\cos x)\\&=(n-1)\int_0^{\frac{\pi}{2}}\sin^{n-2}x(1-\sin^2 x)\,\mathrm{d}x\\&=(n-1)\int_0^{\frac{\pi}{2}}\sin^{n-2}x\,\mathrm{d}x-(n-1)\int_0^{\frac{\pi}{2}}\sin^n x\,\mathrm{d}x\\&=(n-1)I_{n-1}-(n-1)I_n,\end{aligned}$$

所以由移项整理便得 $I_n=\frac{n-1}{n}I_{n-1}$,第二个等号证略.

习 题 6.3

1. 计算下列定积分:

(1) $\int_{\frac{\pi}{3}}^{\pi}\sin\left(x+\frac{\pi}{3}\right)\mathrm{d}x$; (2) $\int_{-2}^{1}\frac{\mathrm{d}x}{(9+4x)^3}$;

(3) $\int_0^{\frac{\pi}{2}}\sin\varphi\cos^2\varphi\,\mathrm{d}\varphi$; (4) $\int_0^{\pi}\sin^2\theta\,\mathrm{d}\theta$;

(5) $\int_0^{\sqrt{2}}x\sqrt{2-x^2}\,\mathrm{d}x$; (6) $\int_0^1 x^2\sqrt{1-x^2}\,\mathrm{d}x$;

(7) $\int_{-1}^{1}\frac{x\,\mathrm{d}x}{\sqrt{5-4x}}$; (8) $\int_1^4\frac{\mathrm{d}x}{1+\sqrt{x}}$;

(9) $\int_0^1 t\mathrm{e}^{-t^2}\,\mathrm{d}t$; (10) $\int_1^2\frac{\mathrm{d}x}{x\sqrt{1+\ln x}}$;

(11) $\int_{-2}^{-1}\frac{\mathrm{d}x}{x^2+4x+5}$; (12) $\int_{-\frac{\pi}{2}}^{\frac{\pi}{2}}\sqrt{\cos x-\cos^3 x}\,\mathrm{d}x$;

(13) $\int_0^{\pi}\sqrt{1+\cos 2x}\,\mathrm{d}x$.

2. 利用奇偶性计算下列定积分:

(1) $\int_{-\frac{1}{2}}^{\frac{1}{2}}\frac{(\arcsin x)^2}{\sqrt{1-x^2}}\mathrm{d}x$; (2) $\int_{-5}^{5}\frac{x^2\sin x^3}{x^4+2x^2+1}\mathrm{d}x$;

(3) $\int_{-\frac{\pi}{4}}^{\frac{\pi}{4}}(\sin 2x+\cos 3x)\,\mathrm{d}x$; (4) $\int_{-1}^{1}\frac{1-x^3}{1+x^2}\mathrm{d}x$.

3. 证明下列各题：

(1) $\int_x^1 \frac{\mathrm{d}x}{1+x^2} = \int_1^{\frac{1}{x}} \frac{\mathrm{d}x}{1+x^2} (x>0)$；

(2) $\int_0^1 x^m(1-x)^n \mathrm{d}x = \int_0^1 x^n(1-x)^m \mathrm{d}x$.

4. 计算下列定积分：

(1) $\int_0^1 x\mathrm{e}^x \mathrm{d}x$；　(2) $\int_1^{\mathrm{e}} x^2 \ln x \mathrm{d}x$；　(3) $\int_0^{2\pi} x\cos 2x \mathrm{d}x$；

(4) $\int_0^{\frac{\pi}{3}} \frac{x\mathrm{d}x}{\cos^2 x}$；　(5) $\int_1^4 \frac{\ln x}{\sqrt{x}} \mathrm{d}x$；　(6) $\int_0^1 x\arctan x \mathrm{d}x$；

(7) $\int_0^{\frac{\pi}{2}} \mathrm{e}^{2x}\cos x \mathrm{d}x$；　(8) $\int_1^{\mathrm{e}} \sin(\ln x)\mathrm{d}x$；　(9) $\int_1^2 \ln(x+1)\mathrm{d}x$；

(10) $\int_0^{\pi^2} \sin\sqrt{x}\mathrm{d}x$.

*5. 利用递推公式计算下列各式：

(1) $J_{100} = \int_0^{\pi} x\sin^{100} x \mathrm{d}x$；　(2) $I_{99} = \int_0^1 (1-x^2)^{\frac{99}{2}} \mathrm{d}x$.

6.4 定积分的应用

由于定积分的概念是由解决若干实际问题抽象而来的，因而定积分的应用非常广泛．下面先介绍运用定积分解决实际问题的常用方法——**微元法**，然后讨论定积分在几何和物理上的一些应用．对于本节内容，不仅要掌握一些具体应用的计算公式，而且还要学会用定积分解决实际问题的思想方法．

6.4.1 定积分应用的微元法

为了说明定积分的微元法，先回顾求曲边梯形面积 A 的方法和步骤．

(1) 将区间$[a,b]$分成 n 个小区间，相应得到 n 个小曲边梯形，小曲边梯形的面积记为 $\Delta A_i (i=1,2,\cdots,n)$；

(2) 计算 ΔA_i 的近似值，即 $\Delta A_i \approx f(\xi_i)\Delta x_i$，其中 $\Delta x_i = x_i - x_{i-1}$，$\xi_i \in [x_{i-1}, x_i]$；

(3) 求和得到 A 的近似值，即 $A \approx \sum_{i=1}^{n} f(\xi_i)\Delta x_i$；

(4) 对和取极限得

$$A = \lim_{\lambda\to 0}\sum_{i=1}^{n} f(\xi_i)\Delta x_i = \int_a^b f(x)\mathrm{d}x.$$

下面对上述 4 个步骤进行具体分析．

步骤(1)指明了所求量具有的特性，即 A 在区间$[a,b]$上具有可分割性和可加性．

步骤(2)步是关键，这一步确定的 $\Delta A_i \approx f(\xi_i)\Delta x_i$ 是被积表达式 $f(x)\mathrm{d}x$ 的雏形．可以这样来理解：由于分割的任意性，为简便起见，对 $\Delta A_i \approx f(\xi_i)\Delta x_i$ 省略下标，得到 $\Delta A \approx f(\xi)\Delta x$. 用$[x,x+\mathrm{d}x]$表示$[a,b]$内的任一小区间，并取小区间的左端点 x 为 ξ，则 ΔA 的近似值就是以 $\mathrm{d}x$ 为底，$f(x)$为高的小矩形的面积(图 6-6 中的阴影部分)，即

$$\Delta A \approx f(x)\mathrm{d}x.$$

通常称 $f(x)\mathrm{d}x$ 为**面积元素**，记为 $\mathrm{d}A=f(x)\mathrm{d}x$.

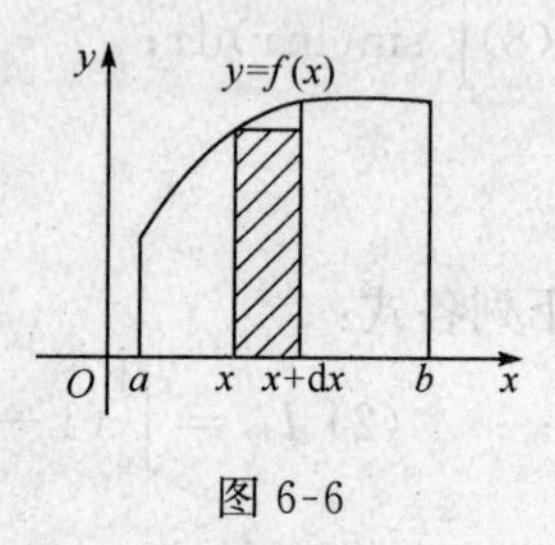

图 6-6

将步骤(3)，(4)合并，就是将这样的面积元素在$[a,b]$上"无限累加"，得到面积 A，即

$$A=\int_a^b f(x)\mathrm{d}x.$$

一般来说，用定积分解决实际问题时，通常按以下步骤来进行：

(1) 确定积分变量 x 和相应的积分区间$[a,b]$；

(2) 在区间$[a,b]$上任取一个小区间$[x,x+\mathrm{d}x]$，确定量 F 的微元 $\mathrm{d}F=f(x)\mathrm{d}x$；

(3) 写出要求 F 的积分表达式 $F=\int_a^b f(x)\mathrm{d}x$，并计算其值．

按上述步骤解决实际问题的方法叫做定积分的**微元法**，也简称**元素法**．

注 6.6 能够用微元法求出结果的 F，一般应满足以下两个条件：

(1) F 是与变量 x 的变化范围$[a,b]$有关的量；

(2) F 对于$[a,b]$具有可加性，把区间$[a,b]$分成若干个部分区间，则 F 相应地分成若干个分量．

6.4.2　用定积分求平面图形的面积

1. 直角坐标系下面积的计算

求由两条曲线 $y=f(x)$，$y=g(x)$（$f(x)\geqslant g(x)$）及直线 $x=a$，$x=b$ 所围成的平面的面积 A（图 6-7）.

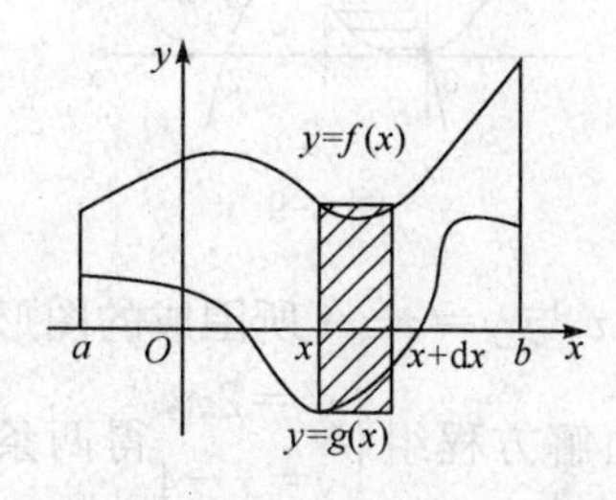

图 6-7

应用微元法求面积，

(1) 确认 $x\in[a,b]$；

(2) 在区间$[a,b]$上任取一小区间$[x,x+\mathrm{d}x]$，在其上小曲边梯形的面积 $\mathrm{d}A$ 可以用高为 $f(x)-g(x)$，底为 $\mathrm{d}x$ 的小矩形面积近似代替，从而得面积元素为

$$\mathrm{d}A=[f(x)-g(x)]\mathrm{d}x;$$

(3) 写出 A 的积分表达式并计算

$$A=\int_a^b[f(x)-g(x)]\mathrm{d}x.$$

类似地，由交换变量角色有如图 6-8 所示的图形的面积

$$A=\int_c^d[\varphi(y)-\psi(y)]\mathrm{d}y.$$

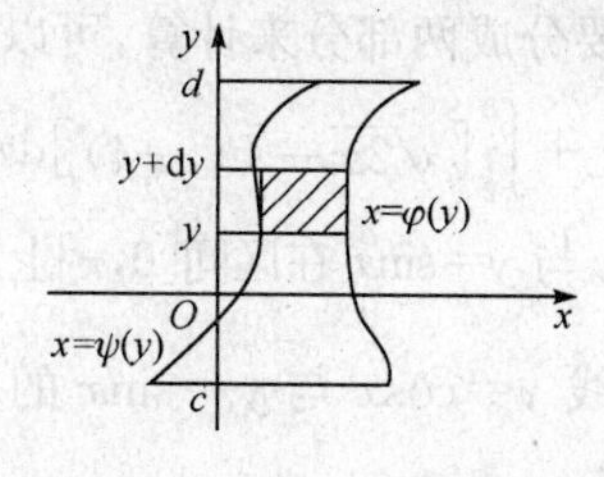

图 6-8

例 6.22　求由曲线 $y=x^2$ 与 $y=2x-x^2$ 所围成的图形的面积.

解　如图 6-9 所示，由解方程组 $\begin{cases}y=x^2,\\y=2x-x^2\end{cases}$ 得两条曲线的交点为 $O(0,0)$，$A(1,1)$，于是

$$A=\int_0^1(2x-x^2-x^2)\mathrm{d}x=\left(x^2-\frac{2}{3}x^3\right)\bigg|_0^1=\frac{1}{3}.$$

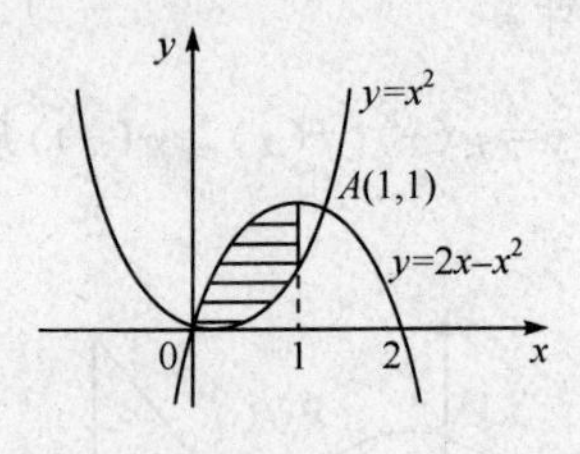

图 6-9

例 6.23 求曲线 $y^2=2x$ 与 $y=x-4$ 所围成的图形的面积.

解 如图 6-10 所示,由解方程组 $\begin{cases}y^2=2x,\\ y=x-4\end{cases}$ 得两条曲线的交点坐标为 $A(2,-2)$,$B(8,4)$,取 y 为积分,则

$$A=\int_{-2}^4\left(y+4-\frac{1}{2}y^2\right)\mathrm{d}y=\left(\frac{1}{2}y^2+4y-\frac{1}{6}y^3\right)\bigg|_{-2}^4=18.$$

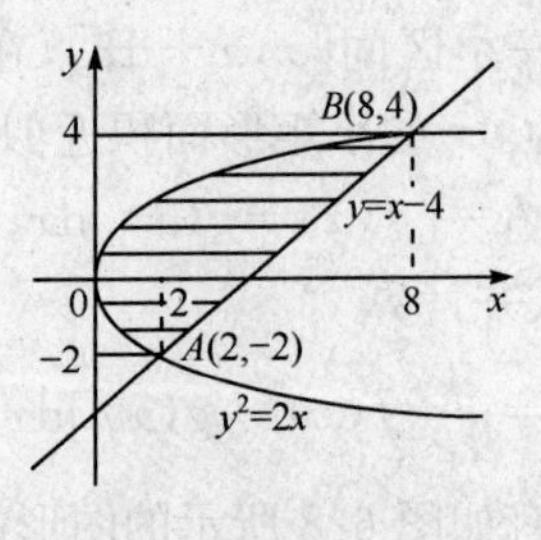

图 6-10

注 6.7 例 6.23 也可取 x 为积分变量. 由于图形在[0,2]和[2,8]两个区间上的构成情况不同,因此,需要分成两部分来计算,可以得到

$$A=2\int_0^2\sqrt{2x}\,\mathrm{d}x+\int_2^8\left[\sqrt{2x}-(x-4)\right]\mathrm{d}x=\cdots=18.$$

例 6.24 求曲线 $y=\cos x$ 与 $y=\sin x$ 在区间$[0,\pi]$上所围成的平面图形的面积.

解 如图 6-11 所示,曲线 $y=\cos x$ 与 $y=\sin x$ 的交点坐标为 $\left(\frac{\pi}{4},\frac{\sqrt{2}}{2}\right)$. 取 x 为积分变量,于是

$$A=\int_0^{\frac{\pi}{4}}(\cos x-\sin x)\mathrm{d}x+\int_{\frac{\pi}{4}}^{\pi}(\sin x-\cos x)\mathrm{d}x=\cdots=2\sqrt{2}.$$

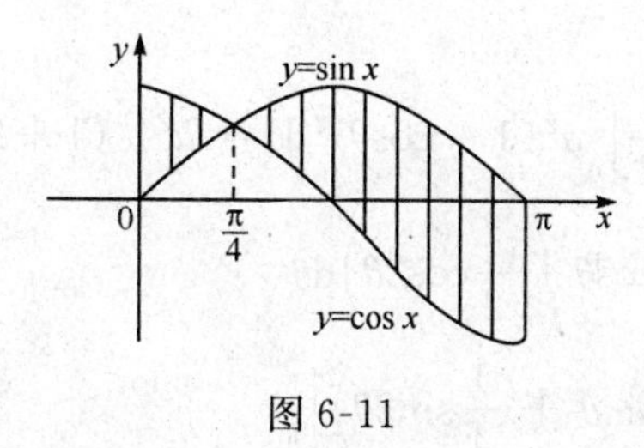

图 6-11

2. 极坐标系下面积的计算

设曲边扇形由极坐标方程 $\rho=\rho(\theta)$ 与射线 $\theta=\alpha,\theta=\beta(\alpha<\beta)$ 所围成(图 6-12). 下面用微元法求它的面积 A.

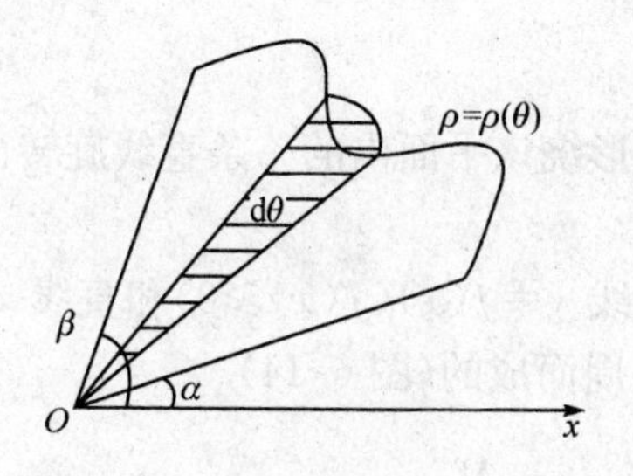

图 6-12

以极角 θ 为积分变量,它的变化区间是 $[\alpha,\beta]$,相应的小曲边扇形的面积近似等于半径为 $\rho(\theta)$,中心角为 $\mathrm{d}\theta$ 的圆扇形的面积,从而得面积微元为

$$\mathrm{d}A=\frac{1}{2}[\rho(\theta)]^2\mathrm{d}\theta.$$

于是所求曲边扇形的面积为

$$A=\int_\alpha^\beta\frac{1}{2}[\rho(\theta)]^2\mathrm{d}\theta.$$

例 6.25　计算心形线 $\rho=a(1+\cos\theta)(a>0)$ 所围成的图形的面积(图 6-13).

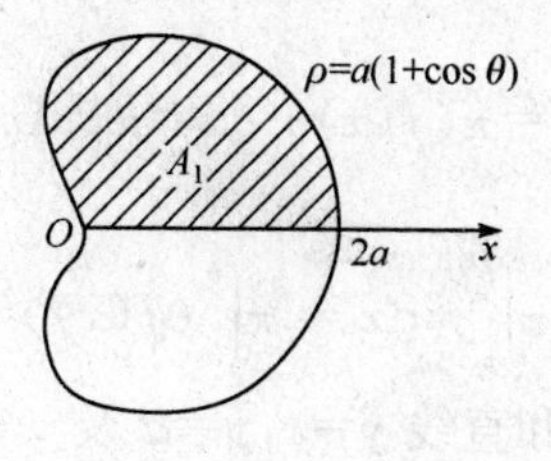

图 6-13

解　此图形关于极轴对称,因此,所求图形的面积 A 是极轴上方部分图形面积 A_1 的 2 倍. 对于极轴上方部分的图形,取 θ 为积分变量,$\theta\in[0,\pi]$,由上述公

式得

$$A = 2A_1 = 2\times\frac{1}{2}\int_0^{\pi} a^2(1+\cos\theta)^2\mathrm{d}\theta = a^2\int_0^{\pi}(1+2\cos\theta+\cos^2\theta)\mathrm{d}\theta$$

$$= a^2\int_0^{\pi}\left(\frac{3}{2}+2\cos\theta+\frac{1}{2}\cos2\theta\right)\mathrm{d}\theta$$

$$= a^2\left(\frac{3}{2}\theta+2\sin\theta+\frac{1}{4}\sin2\theta\right)\Big|_0^{\pi}$$

$$= \frac{3}{2}\pi a^2.$$

6.4.3 用定积分求体积

1. 旋转体的体积

旋转体是一个平面图形绕该平面内的一条直线旋转而成的立体．这条直线叫做**旋转轴**．

设旋转体是由连续曲线 $y=f(x)(f(x)\geqslant0)$ 和直线 $x=a,x=b$ 及 x 轴所围成的曲边梯形绕 x 轴旋转一周而成的(图 6-14).

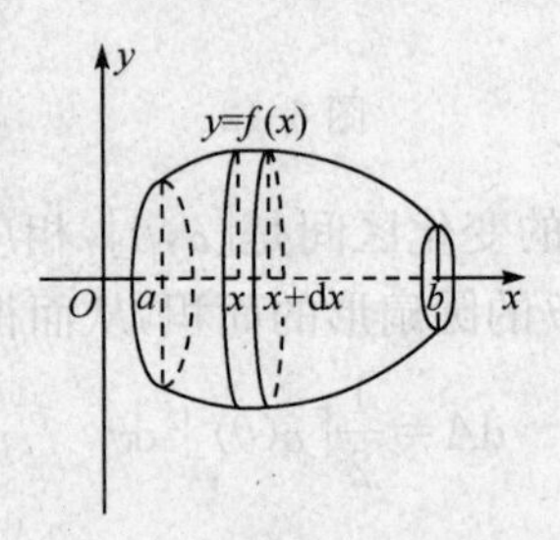

图 6-14

取 x 为积分变量，它的变化区间为$[a,b]$，在$[a,b]$上任取一小区间$[x,x+\mathrm{d}x]$，相应薄片的体积近似于以 $f(x)$为底面圆半径，$\mathrm{d}x$ 为高的小圆柱体的体积，从而得到体积元素为

$$\mathrm{d}V=\pi(f(x))^2\mathrm{d}x=\pi y^2\mathrm{d}x,$$

于是所求旋转体的体积为

$$V_x=\pi\int_a^b y^2\mathrm{d}x=\pi\int_a^b(f(x))^2\mathrm{d}x.$$

类似地，由曲线 $x=\varphi(y)$和直线 $y=c,y=d$ 及 y 轴所围成的曲边梯形绕 y 轴旋转一周(图 6-15)，所得旋转体的体积为

$$V_y=\pi\int_c^d x^2\mathrm{d}y=\pi\int_c^d(\varphi(y))^2\mathrm{d}y.$$

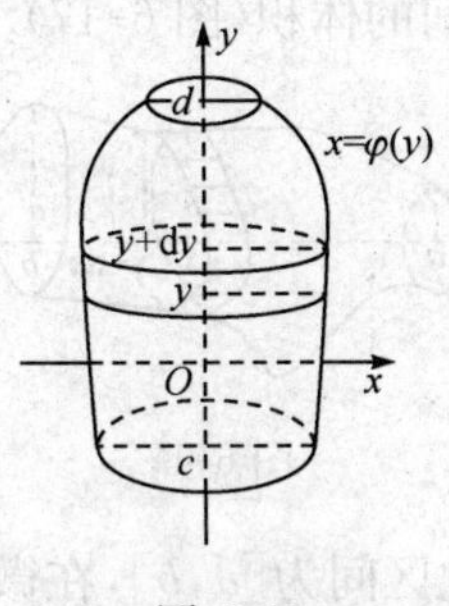

图 6-15

例 6.26　求由椭圆$\frac{x^2}{a^2}+\frac{y^2}{b^2}=1$绕 x 轴及 y 轴旋转而成的椭球体的体积.

解　绕 x 轴旋转的椭球体如图 6-16 所示，它可看成是上半椭圆 $y=\frac{b}{a}\sqrt{a^2-x^2}$与 x 轴围成的平面图形绕 x 轴旋转而成的. 取 x 为积分变量，$x\in[-a,a]$，于是所求椭球体的体积为

$$V_x=\pi\int_{-a}^{a}\left(\frac{b}{a}\sqrt{a^2-x^2}\right)^2\mathrm{d}x$$

$$=\frac{2\pi b^2}{a^2}\int_0^a(a^2-x^2)\mathrm{d}x$$

$$=\frac{2\pi b^2}{a^2}\left[a^2x-\frac{x^3}{3}\right]_0^a=\frac{4}{3}\pi ab^2.$$

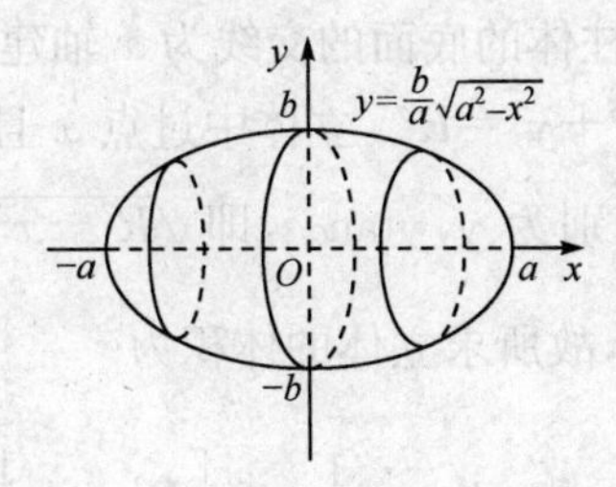

图 6-16

当 $a=b=R$ 时，上述结果为 $V=\frac{4}{3}\pi R^3$，这就是大家所熟悉的球的体积公式.

2. 平行截面面积为已知的立体体积

设一物体被垂直于某直线的平面所截的面积可求，则该物体可用定积分求其体积.

不妨设直线为 x 轴，则在 x 处的截面面积 $A(x)$ 是 x 的已知连续函数，求该物

体介于 $x=a$ 和 $x=b(a<b)$ 之间的体积(图 6-17).

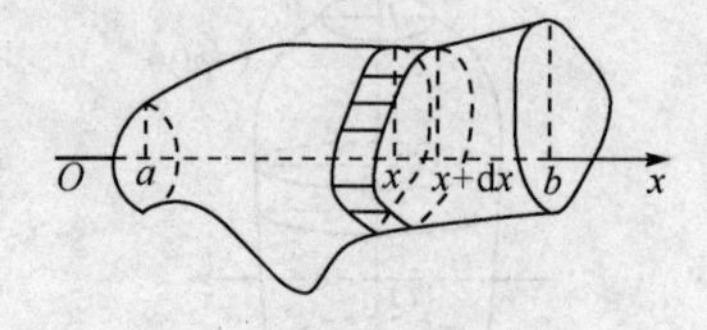

图 6-17

取 x 为积分变量,它的变化区间为$[a,b]$,在微小区间$[x,x+\mathrm{d}x]$上,$A(x)$近似不变,即把 $[x,x+\mathrm{d}x]$上的立体薄片近似看成以 $A(x)$为底,$\mathrm{d}x$ 为高的柱片,从而得到体积元素 $\mathrm{d}V=A(x)\mathrm{d}x$, 于是该物体的体积为

$$V=\int_a^b A(x)\mathrm{d}x.$$

例 6.27　一平面经过半径为 R 的圆柱体的底圆中心,并与底面交成角 α,计算这个平面截圆柱体所得立体的体积(图 6-18).

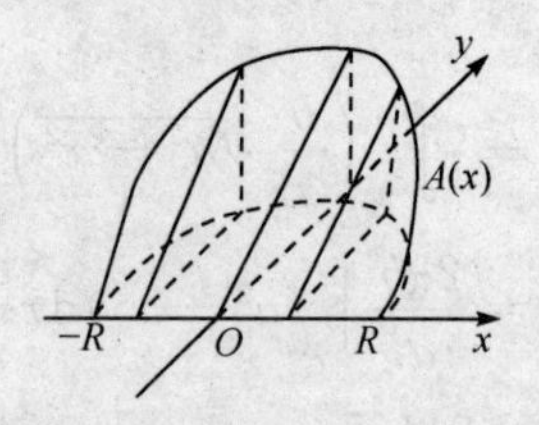

图 6-18

解　取这个平面与圆柱体的底面的交线为 x 轴建立如图 6-18 所示的直角坐标系,则底面圆的方程为 $x^2+y^2=R^2$. 立体中过点 x 且垂直于 x 轴的截面是一个直角三角形,它的直角边分别为 $y, y\tan\alpha$,即 $\sqrt{R^2-x^2}$, $\sqrt{R^2-x^2}\tan\alpha$. 截面面积为 $A(x)=\dfrac{1}{2}(R^2-x^2)\tan\alpha$,故所求立体的体积为

$$V=\int_{-R}^{R}\frac{1}{2}(R^2-x^2)\tan\alpha\ \mathrm{d}x=\frac{1}{2}\tan\alpha\left[R^2x-\frac{1}{3}x^3\right]_{-R}^{R}=\frac{2}{3}R^3\tan\alpha.$$

6.4.4　定积分在物理和化学上的应用举例

1. 变力做功

由物理学知道,物体在常力 F 的作用下,沿作用力的方向做直线运动 . 当物体发生了位移 S 时,力 F 对物体所做的功为 $W=FS$.

但在实际问题中,物体在发生位移的过程中所受到的力常常是变化的,这就需要考虑物体在变力 $F=F(x)$的作用下,沿 x 轴由点 a 移动到点 b(图 6-19), 力 F

对物体所做的功．

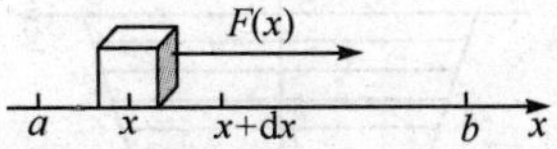

图 6-19

若 $F(x)$ 在 $[a,b]$ 上连续，则

$$\overline{F}=\frac{1}{b-a}\int_a^b F(x)\mathrm{d}x$$

是变力 $F=F(x)$ 在 $[a,b]$ 上的平均．因此，从 a 到 b 这一段位移上，变力 $F(x)$ 所做的功为 $W=\overline{F}\cdot(b-a)$，也即

$$W=\int_a^b F(x)\mathrm{d}x$$

其中 $\mathrm{d}W=F(x)\mathrm{d}x$ 为功的微元．

例 6.28　弹簧在拉伸过程中，所需要的力与弹簧的伸长量成正比，即 $F=kx$，其中 k 为比例系数．已知弹簧拉长 0.01m 时，需用力 10N. 要使弹簧伸长 0.05m，计算外力所做的功．

解　由于当 $x=0.01\mathrm{m}$ 时，$F=10\mathrm{N}$. 代入 $F=kx$ 可得 $k=1000\mathrm{N/m}$，从而变力为 $F=1000x$，所以

$$W=\int_0^{0.05}1000x\mathrm{d}x=500x^2\Big|_0^{0.05}=1.25(\mathrm{J}).$$

2. 液体的压力

例 6.29　修建一道梯形闸门，它的两条底边各长 6m 和 4m，高为 6m，较长的底边与水面平齐，计算闸门一侧所受的水压力．

解　建立如图 6-20 所示的坐标系，AB 的方程为 $y=-\frac{1}{6}x+3$. 取 x 为积分变量，$x\in[0,6]$，在 $x\in[0,6]$ 的任一小区间 $[x,x+\mathrm{d}x]$ 上的压力微元为

$$\mathrm{d}F=2\rho gxy\mathrm{d}x=2\times 9.8\times 10^3x\left(-\frac{1}{6}x+3\right)\mathrm{d}x,$$

从而所求的压力为

$$F=\int_0^6 9.8\times 10^3\left(-\frac{1}{3}x^2+6x\right)\mathrm{d}x=9.8\times 10^3\left[-\frac{1}{9}x^3+3x^2\right]_0^6\approx 8.23\times 10^5\mathrm{N}.$$

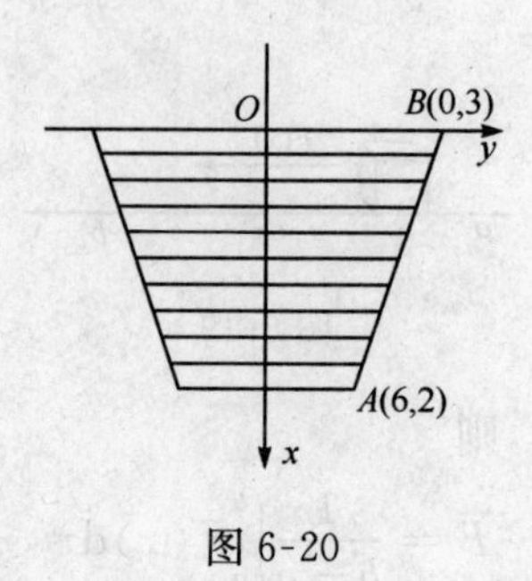

图 6-20

习 题 6.4

1. 求由下列曲线所围成的图形的面积:

(1) $y=\sqrt{x}, y=x$; (2) $y=e^x, x=0, y=e$;

(3) $y=3-x^2, y=2x$; (4) $y=\frac{x^2}{2}, y^2+x^2=8$(两部分都要计算);

(5) $y=\frac{1}{x}, y=x, x=2$; (6) $y=e^x, y=e^{-x}, x=1$;

(7) $y=\ln x, x=0, y=\ln a, y=\ln b (b>a>0)$.

2. 求由下列各题中的曲线所围成的图形绕指定轴旋转的旋转体的体积:

(1) $y=x^3, y=0, x=2$,绕 x 轴; (2) $y=x^2, x=y^2$,绕 y 轴;

(3) $x^2+(y-5)^2=16$,绕 x 轴; *(4) $x^2+y^2=a^2$,绕 $x=b(b>a>0)$.

*3. 用平面截面积已知的立体体积公式计算下列各立体的体积:

(1) 以半径为 R 的圆为底,平行且等于底圆直径的线段为顶,H 为高的正劈锥体;

(2) 半径为 R 的球中高为 $H(H<R)$ 的球缺;

(3) 底面为椭圆 $\frac{x^2}{a^2}+\frac{y^2}{b^2}\leqslant 1$ 的椭圆柱体被通过 x 轴且与底面夹角 $\alpha\left(0<\alpha<\frac{\pi}{2}\right)$ 的平面所截的劈形立体.

4. 直径为 20cm,高为 80cm 的圆筒内充满压强为 10N/cm^2 的水蒸气. 设温度保持不变,要使蒸汽体积减小一半,需要做功多少?

5. 洒水车上的水箱是一个横放的如图 6-21 所示的椭圆柱体. 当水箱装满水时,求它的一个侧面所受到的压力?

6. 已知边际成本为 $C'(x)=7+\frac{25}{\sqrt{x}}$,固定成本为 $C(0)=1000$,求总成本函数 $C(x)$.

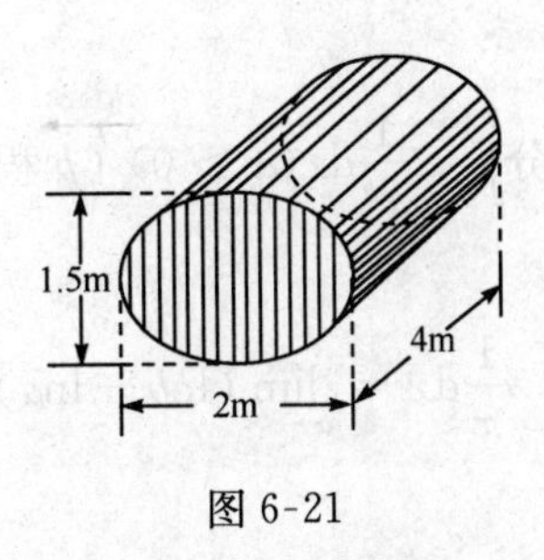

图 6-21

6.5　广义积分

前面介绍的定积分,要求积分区间$[a,b]$是有限的,并且被积函数在积分区间上是有界的.但是,在实际问题中,还会遇到积分区间为无穷或被积函数为无界情况下的积分——**广义积分**.而前面讨论的定积分称为**常义积分**.

6.5.1　无穷区间上的积分——无穷限的广义积分

定义 6.3　设$\forall b>a$,函数$f(x)$在区间$[a,b]$上可积.若极限$\lim\limits_{b\to+\infty}\int_a^b f(x)\mathrm{d}x$收敛(发散),则称$f(x)$在**区间$[a,+\infty)$上的广义积分**

$$\int_a^{+\infty} f(x)\mathrm{d}x=\lim_{b\to+\infty}\int_a^b f(x)\mathrm{d}x$$

收敛(发散).

类似地,可定义$f(x)$在区间$(-\infty,b]$上的广义积分$\int_{-\infty}^b f(x)\mathrm{d}x=\lim\limits_{a\to-\infty}\int_a^b f(x)\mathrm{d}x$收敛或发散.

若$\forall a\in\mathbf{R}$,$\int_{-\infty}^a f(x)\mathrm{d}x$,$\int_a^{+\infty} f(x)\mathrm{d}x$都收敛,则称广义积分

$$\int_{-\infty}^{+\infty} f(x)\mathrm{d}x=\int_{-\infty}^a f(x)\mathrm{d}x+\int_a^{+\infty} f(x)\mathrm{d}x$$

收敛;否则,称之为发散.

这里定义的无穷区间上的积分称为**无穷限的广义积分**.

例 6.30　计算广义积分$\int_0^{+\infty}\dfrac{1}{1+x^2}\mathrm{d}x$.

解　$\int_0^{+\infty}\dfrac{1}{1+x^2}\mathrm{d}x=\lim\limits_{b\to+\infty}\int_0^b\dfrac{1}{1+x^2}\mathrm{d}x=\lim\limits_{b\to+\infty}(\arctan b-\arctan 0)=\dfrac{\pi}{2}$.

注 6.8　从几何上来看,这里的积分表示函数$y=\dfrac{1}{1+x^2}$在$[0,+\infty)$上的

“无界曲边梯形”的面积．

例 6.31 讨论广义积分$\int_a^{+\infty}\frac{1}{x^p}dx(a>0)$（$p$ 积分）的敛散性．

解 当 $p=1$ 时，

$$\int_a^{+\infty}\frac{1}{x^p}dx=\int_a^{+\infty}\frac{1}{x}dx=\lim_{b\to+\infty}(\ln b-\ln a)=+\infty(\text{发散});$$

当 $p\neq 1$ 时，

$$\int_a^{+\infty}\frac{1}{x^p}dx=\lim_{b\to+\infty}\frac{x^{1-p}}{1-p}\bigg|_a^b=\lim_{b\to+\infty}\frac{b^{1-p}-a^{1-p}}{1-p}=\begin{cases}+\infty, & p<1,\\ \dfrac{a^{1-p}}{p-1}, & p>1,\end{cases}$$

所以广义积分当 $p>1$ 时收敛，其值为$\frac{a^{1-p}}{p-1}$；当 $p\leqslant 1$ 时发散．

6.5.2 无界函数的积分——瑕积分

设 $f(x)$在点 x_0 的任意左邻域或右邻域内无界，则称 x_0 为 $f(x)$的**瑕点**．

x_0 为 $f(x)$的无穷间断点是 x_0 为 $f(x)$的瑕点的充分条件，但非必要条件．

定义 6.4 设$\forall c\in(a,b]$，函数 $f(x)$在区间$(c,b]$上可积，并且 a 是 $f(x)$的瑕点．若极限 $\lim\limits_{c\to a^+}\int_c^b f(x)dx$ 收敛(发散)，则称 $f(x)$在**区间 $(a,b]$ 上的广义积分**

$$\int_a^b f(x)dx=\lim_{c\to a^+}\int_c^b f(x)dx.$$

收敛(发散)．

类似地，当 b 是 $f(x)$ 的瑕点时，可定义 $f(x)$ 在**区间$[a,b)$ 上的广义积分**

$$\int_a^b f(x)dx=\lim_{c\to b^-}\int_a^c f(x)dx$$

收敛(发散)．

设 $c\in(a,b)$，点 c 是 $f(x)$ 的瑕点，若广义积分$\int_a^c f(x)dx$，$\int_c^b f(x)dx$ 都收敛，则称广义积分

$$\int_a^b f(x)dx=\int_a^c f(x)dx+\int_c^b f(x)dx$$

收敛；否则，称之为发散．

这里定义的无界函数的积分也称为**无界函数的广义积分**或**瑕积分**．

以上两种积分又统称为**广义积分**或**反常积分**．

例 6.32 讨论广义积分$\int_a^b\frac{dx}{(x-a)^q}$（$q$ 积分）的敛散性．

解 当 $q=1$ 时，

$$\int_a^b \frac{\mathrm{d}x}{(x-a)^q} = \lim_{c\to a^+}\int_c^b \frac{\mathrm{d}x}{x-a} = \lim_{c\to a^+}[\ln(b-a)-\ln(x-a)]=+\infty(\text{发散});$$

当 $q\neq 1$ 时，

$$\int_a^b \frac{\mathrm{d}x}{(x-a)^q} = \lim_{c\to a^+}\int_c^b \frac{\mathrm{d}x}{(x-a)^q} = \lim_{c\to a^+}\frac{(x-a)^{1-q}}{1-q}\Bigg|_c^b$$

$$=\lim_{c\to a^+}\frac{(b-a)^{1-q}-(c-a)^{1-q}}{1-q}=\begin{cases}\dfrac{(b-a)^{1-q}}{1-q}, & q<1,\\ +\infty, & q>1,\end{cases}$$

所以广义积分当 $q<1$ 时收敛，其值为 $\dfrac{(b-a)^{1-q}}{1-q}$；当 $q\geqslant 1$ 时发散.

为了使用上方便起见，设 $F(x)$ 是 $f(x)$ 的原函数，这里引入记号

$$\lim_{x\to-\infty}F(x)=F(-\infty),\quad \lim_{x\to-\infty}F(x)=F(+\infty),$$

并且当 $F(x)$ 在点 a 或 b 不连续时，约定取

$$F(a)=\lim_{x\to a^+}F(x),\quad F(b)=\lim_{x\to b^-}F(x),$$

则常义积分中的牛顿-莱布尼茨公式可以在这里变化使用.

例 6.33　求 $\int_0^1 \frac{1}{x}\mathrm{d}x$.

解　因为 $x=0$ 是瑕点，所以

$$\int_0^1 \frac{1}{x}\mathrm{d}x = (\ln x)_0^1 = 0-\lim_{x\to 0^+}\ln x=+\infty(\text{发散}).$$

例 6.34　求 $\int_{-\infty}^0 x\mathrm{e}^x\mathrm{d}x$.

解

$$\int_{-\infty}^0 x\mathrm{e}^x\mathrm{d}x=\int_{-\infty}^0 x\mathrm{d}\mathrm{e}^x = x\mathrm{e}^x\Big|_{-\infty}^0-\int_{-\infty}^0\mathrm{e}^x\mathrm{d}x=0-\lim_{x\to-\infty}x\mathrm{e}^x-\mathrm{e}\Big|_{-\infty}^0$$

$$=-1+\lim_{x\to-\infty}\mathrm{e}^x=-1.$$

注 6.9　这里的极限 $\lim\limits_{x\to-\infty}x\mathrm{e}^x$ 是不定式，利用洛必达法则可得其结果为零.

例 6.35　求 $\int_0^1 \frac{1}{\sqrt{1-x}}\mathrm{d}x$.

解　因为 $x=1$ 是瑕点，所以

$$\int_0^1 \frac{1}{\sqrt{1-x}}\mathrm{d}x=(-2\sqrt{1-x})_0^1=2.$$

例 6.36　求 $\int_{-1}^1 \frac{1}{x^2}\mathrm{d}x$.

解　因为 $x=0$ 是瑕点，

$$\int_{-1}^0 \frac{1}{x^2}\mathrm{d}x=-\frac{1}{x}\Bigg|_{-1}^0=+\infty(\text{发散}),$$

所以

$$\int_{-1}^{1}\frac{1}{x^2}\mathrm{d}x=\int_{0}^{1}\frac{1}{x^2}\mathrm{d}x+\int_{-1}^{0}\frac{1}{x^2}\mathrm{d}x(\text{发散}).$$

注 6.10　忽视瑕点 $x=0$，按定积分来计算就会得出如下错误的结果：

$$\int_{-1}^{1}\frac{1}{x^2}\mathrm{d}x=-\frac{1}{x}\bigg|_{-1}^{1}=-2.$$

习　题　6.5

1. 判别下列各广义积分的收敛性，如果收敛，计算广义积分的值：

(1) $\int_{1}^{+\infty}\frac{\mathrm{d}x}{x^3}$；　(2) $\int_{1}^{+\infty}\frac{\mathrm{d}x}{\sqrt[3]{x}}$；　(3) $\int_{0}^{+\infty}\mathrm{e}^{-4x}\mathrm{d}x$；

(4) $\int_{0}^{+\infty}\mathrm{e}^{-x}\sin x\mathrm{d}x$；　(5) $\int_{-\infty}^{+\infty}\frac{\mathrm{d}x}{x^2+4x+5}$；　(6) $\int_{0}^{1}\frac{x\mathrm{d}x}{\sqrt{1-x^2}}$；

(7) $\int_{0}^{2}\frac{\mathrm{d}x}{(1-x)^3}$；　(8) $\int_{1}^{2}\frac{x\mathrm{d}x}{\sqrt{x-1}}$.

2. 讨论广义积分 $\int_{2}^{+\infty}\frac{\mathrm{d}x}{x(\ln x)^k}$ 的敛散性.

6.6　平面曲线的弧长

首先建立曲线弧长的相关概念，然后曲线在三种表示情形，即在参数方程、直角坐标方程、极坐标方程给出时，得到了相应的弧长公式，其中曲线 C 由参数方程给出时的弧长公式是基础，其余两种类型通过转化为参数方程，也可以很简便地得到相应的弧长公式.

设有平面曲线 C，如图 6-22 所示，在 C 上从 A 到 B 依次取分点

$$A=P_0,\quad P_1,\quad P_2,\quad \cdots\quad ,\quad P_{n-1},\quad P_n=B,$$

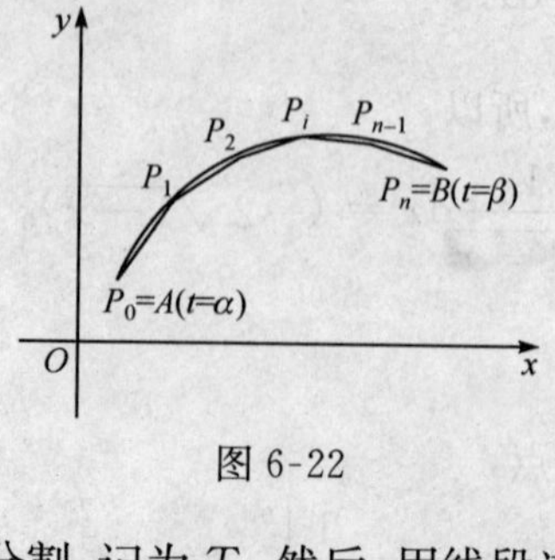

图 6-22

它们成为对曲线 C 的一个分割，记为 T. 然后，用线段连接 T 中每相邻两点，得到

C 的 n 条弦

$$\overline{P_{i-1}P_i},\quad i=1,2,\cdots,n,$$

这 n 条弦又成为 C 的一条内接折线，记

$$\| T \| = \max_{1\leqslant i\leqslant n} |P_{i-1}P_i|,\quad s_T = \sum_{i=1}^{n} |P_{i-1}P_i|,$$

分别表示最长弦的长度和折线的总长度.

定义 6.5　对于曲线 C 的无论怎样的分割 T，如果都存在有限极限 $\lim\limits_{\|T\|\to 0} s_T=s$，则称曲线 C 为可求长的，并把极限 s 称为曲线 C 的**弧长**.

定义 6.6　设平面曲线 C 由参数方程

$$x=x(t),\quad y=y(t),\quad t\in[\alpha,\beta] \tag{6.1}$$

给出，如果 $x=x(t)$ 与 $y=y(t)$ 在 $[\alpha,\beta]$ 上连续可微，并且 $x'(t)$ 与 $y'(t)$ 不同时为零(即 $x'^2(t)+y'^2(t)\neq 0, t\in[\alpha,\beta]$)，则称 C 为一条**光滑曲线**.

定理 6.6　设曲线 C 由参数方程(6.1)给出. 若 C 为一光滑曲线，则 C 是可求长的，并且弧长为

$$s=\int_{\alpha}^{\beta}\sqrt{x'^2(t)+y'^2(t)}\,\mathrm{d}t. \tag{6.2}$$

*__证__　对 C 作任意分割 $T=(P_0,P_1,\cdots,P_n)$，设 P_0 与 P_n 分别对应 $t=\alpha$ 与 $t=\beta$，并且

$$P_i(x_i,y_i)=(x(t_i),y(t_i)),\quad i=1,2,\cdots,n-1,$$

于是与 T 对应地，可得到区间 $[\alpha,\beta]$ 的一个分割

$$T':\alpha=t_0<t_1<t_2<\cdots<t_{n-1}<t_n=\beta.$$

在 T' 所属的每个小区间 $\Delta_i=[t_{i-1},t_i]$ 上，由微分中值定理得

$$\Delta x_i=x(t_i)-x(t_{i-1})=x'(\xi_i)\Delta t_i,\quad \xi_i\in\Delta_i,$$
$$\Delta y_i=y(t_i)-y(t_{i-1})=y'(\eta_i)\Delta t_i,\quad \eta_i\in\Delta_i,$$

从而曲线 C 的内接折线总长为

$$s_T=\sum_{i=1}^{n}\sqrt{\Delta x_i^2+\Delta y_i^2}=\sum_{i=1}^{n}\sqrt{x'^2(\xi_i)+y'^2(\eta_i)}\,\Delta t_i.$$

又因为 C 为光滑曲线，当 $x'(t)\neq 0$ 时，在 t 的某邻域内，$x=x(t)$ 有连续的反函数，故当 $\Delta x\to 0$ 时，$\Delta t\to 0$. 类似地，当 $y'(t)\neq 0$ 时，也能由 $\Delta y\to 0$ 推得 $\Delta t\to 0$. 于是当 $|P_{i-1}P_i|=\sqrt{\Delta x_i^2+\Delta y_i^2}\to 0$ 时，必有 $\Delta t_i\to 0$. 反之，当 $\Delta t_i\to 0$ 时，显然有 $|P_{i-1}P_i|\to 0$. 由此可知，**当 C 为光滑曲线时，$\|T\|\to 0$ 与 $\|T'\|\to 0$ 是等价的**.

由于 $\sqrt{x'^2(t)+y'^2(t)}$ 在 $[\alpha,\beta]$ 上连续，从而可积，因此，根据定义 6.5，只需证明

$$\lim_{\|T'\|\to 0} s_T = \lim_{\|T'\|\to 0}\sum_{i=1}^{n}\sqrt{x'^2(\xi_i)+y'^2(\xi_i)}\Delta t_i, \tag{6.3}$$

而等号右边的项即为式(6.2)右边的定积分. 为此,记

$$\sigma_i=\sqrt{x'^2(\xi_i)+y'^2(\eta_i)}-\sqrt{x'^2(\xi_i)+y'^2(\xi_i)},$$

则有

$$s_T=\sum_{i=1}^{n}\left[\sqrt{x'^2(\xi_i)+y'^2(\xi_i)}+\sigma_i\right]\Delta t_i.$$

利用三角形不等式易证

$$|\sigma_i|\leqslant \big||y'(\eta_i)|-|y'(\xi_i)|\big|\leqslant |y'(\eta_i)-y'(\xi_i)|,$$

由 $y'(t)$ 在 $[\alpha,\beta]$ 上连续,从而一致连续,故对任给的 $\varepsilon>0$,存在 $\delta>0$,当 $\|T'\|<\delta$ 时,只要 $\xi_i,\eta_i\in\Delta_i$,就有

$$|\sigma_i|<\frac{\varepsilon}{\beta-\alpha},\quad i=1,2,\cdots,n.$$

因此有

$$\left|s_T-\sum_{i=1}^{n}\sqrt{x'^2(\xi_i)+y'^2(\xi_i)}\Delta t_i\right|=\left|\sum_{i=1}^{n}\sigma_i\Delta t_i\right|\leqslant\sum_{i=1}^{n}|\sigma_i|\Delta t_i<\varepsilon,$$

即式(6.3)得证,即式(6.2)成立.

推论 6.1 (1) 若曲线 C 由直角坐标方程 $y=f(x)\big(x\in[a,b]\big)$ 表示,其中 $f(x)$ 在 $[a,b]$ 上连续可微,这时,弧长公式为

$$s=\int_a^b\sqrt{1+f'^2(x)}\,\mathrm{d}x; \tag{6.4}$$

(2) 若曲线 C 由极坐标方程 $r=r(\theta)\big(\theta\in[\alpha,\beta]\big)$ 表示,其中 $r'(\theta)$ 在 $[\alpha,\beta]$ 上连续,并且 $r(\theta)$ 与 $r'(\theta)$ 不同时为零,这时,弧长公式为

$$s=\int_\alpha^\beta\sqrt{r^2(\theta)+r'^2(\theta)}\,\mathrm{d}\theta. \tag{6.5}$$

***证** (1) 若曲线 C 由直角坐标方程 $y=f(x)\big(x\in[a,b]\big)$ 表示,把它看成参数方程,即为 $x=x,y=f(x)\big(x\in[a,b]\big)$. 当 $f(x)$ 在 $[a,b]$ 上连续可微时,C 为一光滑曲线,由定理 6.6 知,弧长为

$$s=\int_a^b\sqrt{1+f'^2(x)}\,\mathrm{d}x.$$

(2) 曲线 C 由极坐标方程 $r=r(\theta)\big(\theta\in[\alpha,\beta]\big)$ 表示,把它化为参数方程

$$x=r(\theta)\cos\theta,\quad y=r(\theta)\sin\theta,\quad \theta\in[\alpha,\beta].$$

由于

$$x'(\theta)=r'(\theta)\cos\theta-r(\theta)\sin\theta,\quad y'(\theta)=r'(\theta)\sin\theta+r(\theta)\cos\theta,$$
$$x'^2(\theta)+y'^2(\theta)=r^2(\theta)+r'^2(\theta).$$

因此，当 $r'(\theta)$ 在 $[\alpha,\beta]$ 上连续，并且 $r(\theta)$ 与 $r'(\theta)$ 不同时为零时，此极坐标曲线为一光滑曲线．由定理 6.6 知，弧长为

$$s=\int_\alpha^\beta\sqrt{r^2(\theta)+r'^2(\theta)}\,\mathrm{d}\theta.$$

例 6.37　求摆线 $x=a(t-\sin t)$，$y=a(1-\cos t)\,(a>0)$ 一拱的弧长．

解　$x'(t)=a(1-\cos t)$，　$y'(t)=a\sin t$，

由式(6.2)得

$$s=\int_0^{2\pi}\sqrt{x'^2(t)+y'^2(t)}\,\mathrm{d}t=\int_0^{2\pi}\sqrt{2a^2(1-\cos t)}\,\mathrm{d}t$$
$$=2a\int_0^{2\pi}\sin\frac{t}{2}\mathrm{d}t=8a.$$

例 6.38　求悬链线 $y=\dfrac{\mathrm{e}^x+\mathrm{e}^{-x}}{2}$ 从 $x=0$ 到 $x=a>0$ 一段的弧长．

解　$y'=\dfrac{\mathrm{e}^x-\mathrm{e}^{-x}}{2}$，　$1+y'^2=\dfrac{(\mathrm{e}^x+\mathrm{e}^{-x})^2}{4}$，

由式(6.4)得

$$s=\int_0^a\sqrt{1+y'^2}\,\mathrm{d}x=\int_0^a\frac{\mathrm{e}^x+\mathrm{e}^{-x}}{2}\mathrm{d}x=\frac{\mathrm{e}^a-\mathrm{e}^{-a}}{2}.$$

例 6.39　求心形线 $r=a(1+\cos\theta)\,(a>0)$ 的周长．

解　由式(6.5)得

$$s=\int_0^{2\pi}\sqrt{r^2+r'^2}\,\mathrm{d}\theta=2\int_0^{\pi}\sqrt{2a^2(1+\cos\theta)}\,\mathrm{d}\theta=4a\int_0^{\pi}\cos\frac{\theta}{2}\mathrm{d}\theta=8a.$$

若把式(6.2)中的积分上限改为 t，就得到曲线 C 由端点 P_0 到动点 $P(x(t),y(t))$ 的弧长，即

$$s(t)=\int_\alpha^t\sqrt{x'^2(\tau)+y'^2(\tau)}\,\mathrm{d}\tau.$$

由于被积函数是连续的，因此，

$$\frac{\mathrm{d}s}{\mathrm{d}t}=\sqrt{\left(\frac{\mathrm{d}x}{\mathrm{d}t}\right)^2+\left(\frac{\mathrm{d}y}{\mathrm{d}t}\right)^2},\quad \mathrm{d}s=\sqrt{\mathrm{d}x^2+\mathrm{d}y^2}.$$

特别地称 $\mathrm{d}s=\sqrt{\mathrm{d}x^2+\mathrm{d}y^2}$ 为 $s(t)$ 的**弧微分**．

习　题　6.6

1. 求正弦曲线 $y=\sin x$ 在点 $0\leqslant x\leqslant\pi$ 内的弧长．
2. 求曲线 $y=\dfrac{1}{4}x^2-\dfrac{1}{2}\ln x$ 在 $1\leqslant x\leqslant 2$ 内的弧长．

3. 求曲线 $y=\int_0^{\frac{x}{n}} n\sqrt{\sin\theta}\,\mathrm{d}\theta$($n\geqslant 2$ 为整数)在 $0\leqslant x\leqslant 2\pi$ 内的弧长．

4. 求曲线 $x=\mathrm{e}^t\sin t, y=\mathrm{e}^t\cos t$ 在 $0\leqslant t\leqslant\frac{\pi}{2}$ 内的弧长．

6.7 定积分的近似计算

6.7.1 矩形法

设用分点 $a=x_0,x_1,\cdots,x_n=b$ 将区间 $[a,b]$ n 等分，作出 n 个小矩形．取小区间左端点的函数值 $y_i(i=0,1,\cdots,n)$ 作为窄矩形的高，如图 6-23 所示，则有

$$\int_a^b f(x)\mathrm{d}x\approx\sum_{i=1}^n y_{i-1}\Delta x=\frac{b-a}{n}\sum_{i=1}^n y_{i-1}. \tag{6.6}$$

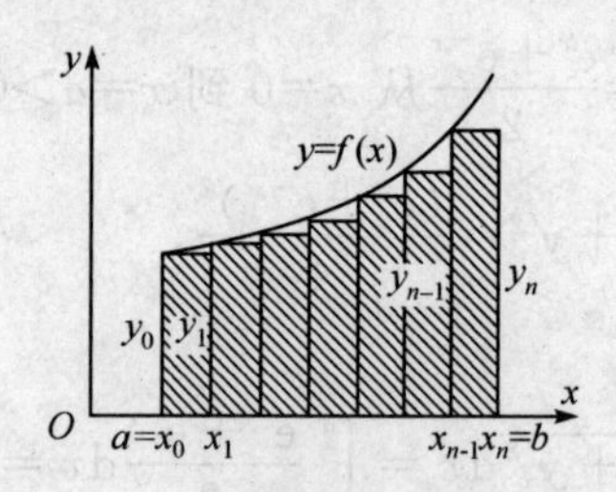

图 6-23

取右端点的函数值 $y_i(i=1,2,\cdots,n)$ 作为窄矩形的高，如图 6-24 所示，则有

$$\int_a^b f(x)\mathrm{d}x\approx\sum_{i=1}^n y_i\Delta x=\frac{b-a}{n}\sum_{i=1}^n y_i. \tag{6.7}$$

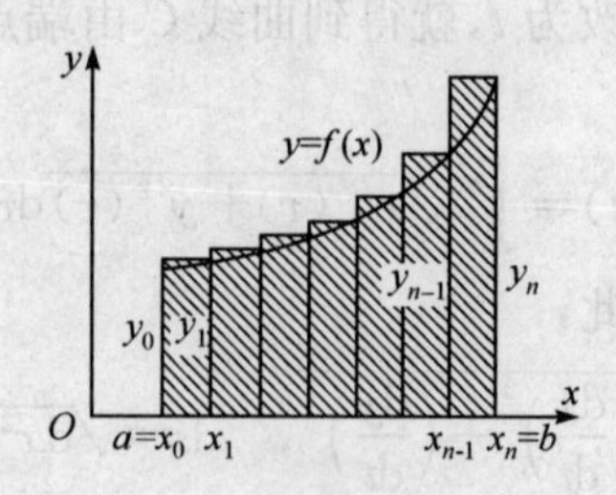

图 6-24

由式(6.6),(6.7)近似计算定积分的方法称为**矩形法**．

6.7.2 梯形法

梯形法就是在每个小区间上，以窄梯形的面积近似代替窄曲边梯形的面积来

近似计算定积分的方法，如图 6-25 所示．

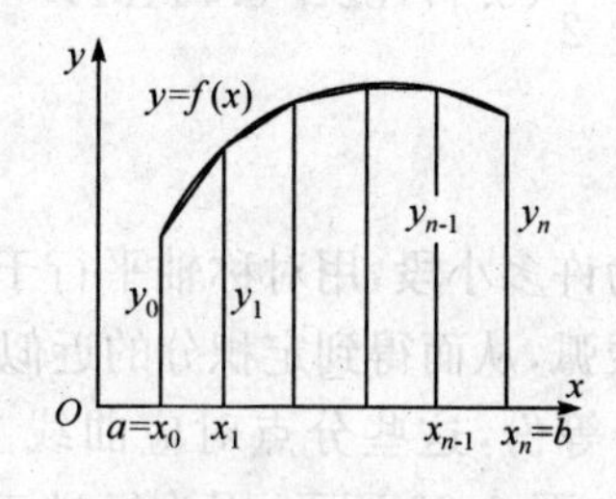

图 6-25

$$\int_a^b f(x)\mathrm{d}x \approx \frac{1}{2}(y_0+y_1)\Delta x+\frac{1}{2}(y_1+y_2)\Delta x+\cdots+\frac{1}{2}(y_{n-1}+y_n)\Delta x$$

$$=\frac{b-a}{n}\left[\frac{1}{2}(y_0+y_n)+y_1+y_2+\cdots+y_{n-1}\right]. \tag{6.8}$$

例 6.40　用矩形法和梯形法计算积分 $\int_0^1 \mathrm{e}^{-x^2}\mathrm{d}x$ 的近似值．

解　把区间 10 等分，设分点为 $x_i(i=0,1,\cdots,10)$，相应的函数值为

$$y_i=\mathrm{e}^{-x_i^2}\quad i=0,1,\cdots,10,$$

列表如下(表 6-1)：

表 6-1

i	0	1	2	3	4	5
x_i	0	0.1	0.2	0.3	0.4	0.5
y_i	1.00000	0.99005	0.96079	0.91393	0.85214	0.77880

i	6	7	8	9	10
x_i	0.6	0.7	0.8	0.9	1
y_i	0.69768	0.61263	0.52729	0.44486	0.36788

利用矩形法公式(6.6)得

$$\int_0^1 \mathrm{e}^{-x^2}\mathrm{d}x \approx (y_0+y_1+\cdots+y_9)\times\frac{1-0}{10}=0.77782.$$

利用矩形法公式(6.7)得

$$\int_0^1 \mathrm{e}^{-x^2}\mathrm{d}x \approx (y_1+y_2+\cdots+y_{10})\times\frac{1-0}{10}=0.71461.$$

利用梯形法公式(6.8)得

$$\int_0^1 \mathrm{e}^{-x^2}\mathrm{d}x \approx \frac{1-0}{10}\left[\frac{1}{2}(y_0+y_{10})+y_1+y_2\cdots+y_9\right].$$

它实际上是前面二数值的平均，所以

$$\int_0^1 e^{-x^2} dx \approx \frac{1}{2}(0.77782 + 0.71461) = 0.74621.$$

6.7.3 抛物线法

抛物线法是将曲线分为许多小段,用对称轴平行于 y 轴的二次抛物线上的一段弧来近似代替原来的曲线弧,从而得到定积分的近似值. 用分点 $a=x_0,x_1,\cdots,x_n=b$ 把区间 $[a,b]$ 分成 n 等份,这些分点对应曲线上的点为 $M_i(x_i,y_i)(y_i=f(x_i),(i=0,1,2,\cdots,n)$. 如图 6-26 所示,因为经过三个不同的点可以唯一确定一条抛物线,所以可将这些曲线上的点 M_i 互相连接地分成$\frac{n}{2}$组,即

$$\{M_0,M_1,M_2\},\quad \{M_2,M_3,M_4\},\quad \cdots,\quad \{M_{n-2},M_{n-1},M_n\}.$$

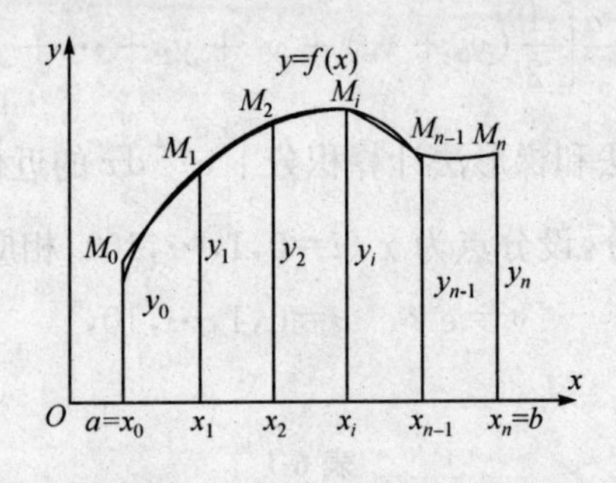

图 6-26

在每组$\{M_{2k-2},M_{2k-1},M_{2k}\}\left(k=1,2,\cdots,\frac{n}{2}\right)$所对应的子区间$[x_{2k-2},x_{2k}]$上,用经过点 M_{2k-2},M_{2k-1},M_{2k} 的二次抛物线 $y=px^2+qx+r$ 近似代替曲线弧. 计算在 $[-h,h]$上过三点 $M'_0(-h,y_0),M'_1(0,y_1),M'_2(h,y_2)$的抛物线 $y=px^2+qx+r$ 为曲边的曲边梯形的面积. 抛物线方程中的 p,q,r 可由下列方程组确定:

$$\begin{cases} y_0=ph^2-qh+r, \\ y_1=r, \\ y_2=ph^2+qh+r. \end{cases}$$

由此可得 $2ph^2=y_0-2y_1+y_2$,于是所求面积为

$$A=\int_{-h}^{h}(px^2+qx+r)dx=\frac{2}{3}ph^3+2rh$$

$$=\frac{1}{3}h(2ph^2+6r)=\frac{1}{3}h(y_0+4y_1+y_2),$$

并且曲边梯形的面积只与 M'_0,M'_1,M'_2 的纵坐标 y_0,y_1,y_2 及底边所在的区间长度 $2h$ 有关. 由此可知,$\frac{n}{2}$组曲边梯形的面积分别为

$$A_1=\frac{1}{3}h(y_0+4y_1+y_2),\quad A_2=\frac{1}{3}h(y_2+4y_3+y_4),\quad \cdots,$$

$$A_{\frac{n}{2}}=\frac{1}{3}h(y_{n-2}+4y_{n-1}+y_n),$$

其中 $h=\dfrac{b-a}{n}$，所以

$$\int_a^b f(x)\mathrm{d}x\approx\frac{b-a}{3n}[(y_0+y_n)+2(y_2+y_4+\cdots+y_{n-2})+4(y_1+y_3+\cdots+y_{n-1})]. \tag{6.9}$$

例 6.41　对如图 6-27 所示的图形测量所得的数据如表 6-2 所示，用抛物线法计算该图形的面积 A．

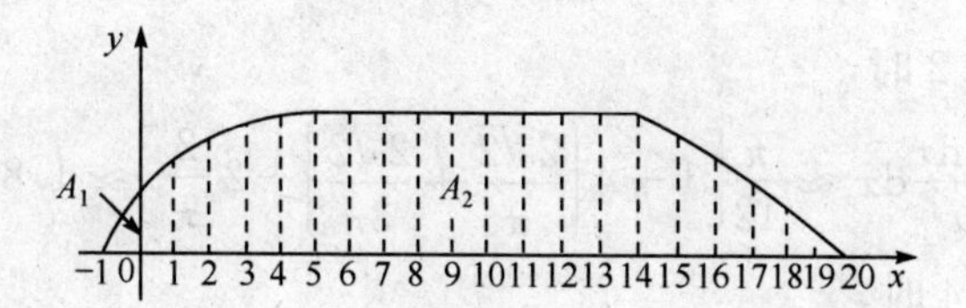

图 6-27

表 6-2

站号	−1	0	1	2	3	4	5	6
高 y	0	2.305	4.865	6.974	8.568	9.559	10.011	10.183
站号	7	8	9	10	11	12	13	14
高 y	10.200	10.200	10.200	10.200	10.200	10.200	10.200	10.400
站号	15	16	17	18	19	20		
高 y	9.416	8.015	6.083	3.909	1.814	0		

0 站到 20 站之间的距离为 147.18m，相邻两站之间的距离（站距）为 147.18/20=7.359m，而−1 站到 0 站之间的距离为 5m.

解　从−1 站到 0 站这一段的面积 A_1 表示它可以用曲线与坐标轴的交点的连线与坐标轴构成的三角形的面积近似表示，即

$$A_1\approx\frac{1}{2}\times5\times2.305=5.763(\mathrm{m}^2).$$

根据抛物线公式(6.9)得

$$\begin{aligned}A_2&\approx[(y_0+y_{20})+4(y_1+y_3+y_5+\cdots+y_{19})+2(y_2+y_4+\cdots+y_{18})]\frac{\Delta x}{3}\\&=1200.602(\mathrm{m}^2).\end{aligned}$$

例 6.42　分别用梯形法和抛物线法近似计算 $\int_1^2 \frac{\mathrm{d}x}{x}$（将积分区间 10 等分）.

解　(1) 梯形法.

$$\int_1^2 \frac{\mathrm{d}x}{x} \approx \frac{2-1}{10}\left(\frac{1}{2}+\frac{1}{1.1}+\frac{1}{1.2}+\cdots+\frac{1}{4}\right) \approx 0.6938.$$

(2) 抛物线法.

$$\int_1^2 \frac{\mathrm{d}x}{x} = \frac{2-1}{30}\left[1+\frac{1}{2}+4\left(\frac{1}{1.1}+\frac{1}{1.3}+\frac{1}{1.5}+\frac{1}{1.7}+\frac{1}{1.9}\right)\right.$$
$$\left.+2\left(\frac{1}{1.2}+\frac{1}{1.4}+\frac{1}{1.6}+\frac{1}{1.8}\right)\right] \approx 0.6932.$$

例 6.43　用抛物线法近似计算 $\int_0^\pi \frac{\sin x}{x}\mathrm{d}x$.

解　当 $n=2$ 时,

$$\int_0^\pi \frac{\sin x}{x}\mathrm{d}x \approx \frac{\pi}{12}\left[1+4\left(\frac{2\sqrt{2}}{\pi}+\frac{2\sqrt{2}}{3\pi}\right)+2\,\frac{2}{\pi}\right] \approx 1.8524.$$

当 $n=4$ 时,

$$\int_0^\pi \frac{\sin x}{x}\mathrm{d}x \approx \frac{\pi}{24}\left[1+4\left(\frac{8}{\pi}\sin\frac{\pi}{8}+\frac{8}{3\pi}\sin\frac{3\pi}{8}+\frac{8}{5\pi}\sin\frac{5\pi}{8}+\frac{8}{7\pi}\sin\frac{7\pi}{8}\right)\right.$$
$$\left.+2\left(\frac{2\sqrt{2}}{\pi}+\frac{2}{\pi}+\frac{2\sqrt{2}}{3\pi}\right)\right] \approx 1.8520.$$

当 $n=6$ 时,

$$\int_0^\pi \frac{\sin x}{x}\mathrm{d}x \approx \frac{\pi}{36}\left[1+4\left(\frac{12}{\pi}\sin\frac{\pi}{12}+\frac{2\sqrt{2}}{\pi}+\frac{12}{5\pi}\sin\frac{5\pi}{12}+\frac{12}{7\pi}\sin\frac{7\pi}{12}\right.\right.$$
$$\left.\left.+\frac{4}{3\pi}\frac{\sqrt{2}}{2}+\frac{12}{11\pi}\sin\frac{11\pi}{12}\right)+2\left(\frac{3}{\pi}+\frac{3\sqrt{3}}{2\pi}+\frac{2}{\pi}+\frac{3\sqrt{3}}{4\pi}+\frac{3}{5\pi}\right)\right]$$
$$\approx 1.8517.$$

第 7 章　常微分方程

应用函数关系可以对客观事物的规律性进行研究．寻求函数关系，对各门类科学研究都具有重要的现实意义．由于存在诸多问题情况，不能直接找到所需的函数关系，但是根据问题所提供的环境条件，可以列出含有需要寻求的函数及其导数的关系式，这样的关系式称为微分方程．对其进行研究，确定未知函数，称为解微分方程．本章主要介绍微分方程的一些基本概念、理论结果和一些微分方程的常用解法．

7.1　微分方程和解

7.1.1　微分方程的概念

例 7.1（物体下落问题）　设质量为 m 的物体，在时间 $t=0$ 时，由距地面的初始高度为 s_0 处以初始速度 $v(0)=v_0$ 垂直地面下落，求此物体下落时距离与时间的关系．

解　如图 7-1 所示建立坐标系，设 $s=s(t)$ 为 t 时刻物体所处位置的坐标，于是物体下落的速度为 $v=\frac{\mathrm{d}s}{\mathrm{d}t}$，加速度为 $a=\frac{\mathrm{d}^2s}{\mathrm{d}t^2}$. 质量为 m 的物体，在下落的任一时刻所受到的外力有重力 mg 和空气阻力，当速度不太大时，空气阻力可取为与速度成正比．于是根据牛顿第二定律 $F=ma$（即力＝质量×加速度）可以列出如下方程：

$$m\frac{\mathrm{d}^2s}{\mathrm{d}t^2}=k\frac{\mathrm{d}s}{\mathrm{d}t}-mg, \tag{7.1}$$

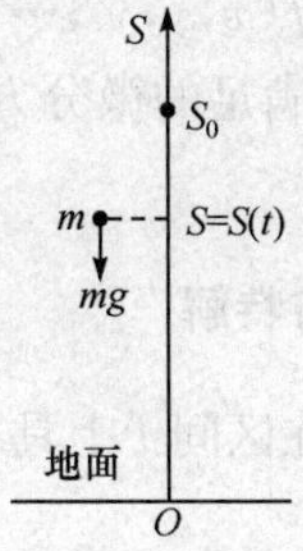

图 7-1

其中 $k>0$ 为阻尼系数,g 为重力加速度.

式(7.1)就是一个微分方程,其中 s 为未知函数,t 为自变量.现在,还不能方便地求解方程(7.1).但是,考虑 $k=0$ 的情形,则方程(7.1)可化为

$$\frac{d^2s}{dt^2}=-g. \tag{7.2}$$

将式(7.2)对 t 积分两次得

$$s(t)=-\frac{1}{2}gt^2+C_1t+C_2, \tag{7.3}$$

其中 C_1 和 C_2 为两个独立的任意常数,它是方程(7.2)的解.

一般来说,**微分方程**是联系自变量、未知函数以及未知函数的某些导数或微分的关系式.如果其中未知函数是一元函数,则称之为**常微分方程**;如果未知函数是多元函数,并且在方程中出现偏导数,则称之为**偏微分方程**.本书主要介绍常微分方程,也简称**微分方程**或**方程**.在一个微分方程中,出现的未知函数导数的最高阶数,称为**方程的阶**.例如,$xy'-y\ln x=0$,$xy-\ln y'=0$ 都是一阶微分方程,$2x(y'')^3+xy=1$,$xy''-xy'+x=0$ 都是二阶微分方程.

以 y 为未知函数,x 为自变量的一阶常微分方程的一般形式可表为

$$F(x,y,y')=0. \tag{7.4}$$

如果在(7.4)中能将 y' 解出,则得到方程

$$y'=f(x,y) \tag{7.5}$$

或

$$M(x,y)dx+N(x,y)dy=0. \tag{7.6}$$

也称(1.4)为一阶隐式微分方程,(7.5)为一阶显式微分方程,(7.6)为一阶微分方程的微分形式.

***n* 阶隐式方程**的一般形式为

$$F(x,y,y',\cdots,y^{(n)})=0, \tag{7.7}$$

***n* 阶显式方程**的一般形式为

$$y^{(n)}=f(x,y,y',\cdots,y^{(n-1)}). \tag{7.8}$$

由实际问题建立未知函数所满足的微分方程的过程称为**列方程**,求微分方程解的过程称为**解方程**.

7.1.2　微分方程的解——通解与特解

定义 7.1　设函数 $y=\varphi(x)$ 在区间 I 上具有直到 n 阶导数,如果把 $y=\varphi(x)$ 代入方程(7.7)有

$$F(x,\varphi(x),\varphi'(x),\cdots,\varphi^{(n)}(x))=0$$

在区间 I 上关于 x 恒成立,则称 $y=\varphi(x)$ 为方程(7.7)在区间 I 上的一个解.

由定义 7.1 可以直接验证如下结论:

(1) 函数 $y=\sin(\arcsin x+C)$ 是方程 $\frac{dy}{dy}=\frac{\sqrt{1-y^2}}{\sqrt{1-x^2}}$ 在区间 $(-1,1)$ 上的解,其中 C 为任意常数. 另外,该方程还有两个解 $y=\pm1(x\in(-1,1))$,它们不包含在前面的解中.

(2) 函数 $x=C_1\cos t+C_2\sin t$ 是方程 $\frac{d^2x}{dt^2}+x=0$ 在区间 $(-\infty,+\infty)$ 上的解,其中 C_1 和 C_2 为独立的任意常数. 当然,$x=\sin t$,$x=\cos t$ 都是方程的解,它们包含在前面的解中.

从上面的讨论中可以看到如下事实:在微分方程的解中可以包含任意常数,其任意常数的个数可以多到与方程的阶数相等,也可以不含任意常数. 将 n 阶常微分方程(7.7)的含有 n 个独立任意常数 $C_1,C_2,\cdots,C_n$ 的解 $y=\varphi(x,C_1,C_2,\cdots,C_n)$ 称为该方程的**通解**,而将方程满足给定条件的解 $y=\varphi(x)$ 称为它的**特解**. 一般地,方程的特解可由其通解中任意常数取确定的数后给出. 由隐函数形式表示的通解称为**通积分**,而由隐函数形式表示的特解称为**特积分**. 对于通解或者通积分的说法或使用,通常是不加区分的. 另外,方程的通解不一定表示方程的**所有解**.

为了便于研究方程解的性质,常常需要考虑解的图像,或者以图形方式表示微分方程的解. 一阶方程的一个特解 $y=\varphi(x)$ 的图像是 xOy 平面上的一条曲线,称之为方程的**积分曲线**,而通解 $y=\varphi(x,C)$ 的函数图像是平面上的一族曲线,称之为**积分曲线族**. 例如,方程 $\frac{dy}{dx}=\cos x$ 的解 $y=\sin x$ 是过点(0,0)的一条积分曲线,通解 $y=\sin x+C$ 是 xOy 平面上的一族正弦曲线.

7.1.3 初值问题

式(7.3)表示的函数是方程(7.2)的通解. 由于 C_1 和 C_2 是两个任意常数,这表明方程(7.2)有无数个解. 而实际中,一个自由落体运动只能有唯一的运动轨迹. 产生这种多解性的原因是方程(7.2)表达的是任何一个自由落体运动所满足的方程,并未考虑落体运动的初始状态. 因此,通过积分得到的通解(7.3)所描述的是任何一个自由落体的运动规律. 在确定的初始时刻,由不同的高度,以不同初速度自由下落的物体,应有不同的运动轨迹. 为了求解一个自由落体运动满足**初始条件**的解,可以把例 7.1 中给出的两个初始条件,即初始位置 $s(0)=s_0$ 和初始速度 $\dot{s}(0)=v_0$ 代入通解中,导出具体的常数 $C_1=v_0$,$C_2=s_0$. 于是得到满足上述初值条件的特解为

$$s=s(t)=-\frac{1}{2}gt^2+v_0t+s_0. \tag{7.9}$$

它描述了初始高度为 s_0,初始速度为 v_0 的自由落体运动规律.

求微分方程满足初始条件的解的问题称为**初值问题**.称式(7.9)为初值问题

$$\begin{cases}\dfrac{d^2s}{dt^2}=-g,\\ s(0)=s_0,\dot{s}(0)=v_0\end{cases}$$

的解.

对于一个 n 阶方程,**初始条件的一般提法**是

$$y(x_0)=y_0,\quad y'(x_0)=y_0',\quad \cdots,\quad y^{(n-1)}(x_0)=y_0^{(n-1)},\tag{7.10}$$

其中 x_0 为自变量的某个取定值,$y_0,y_0',\cdots,y_0^{(n-1)}$ 为相应的未知函数及导数的给定值.方程(7.9)的初值问题常记为

$$\begin{cases}y^{(n)}=f(x,y,y',\cdots,y^{(n-1)}),\\ y(x_0)=y_0,y'(x_0)=y_0',\cdots,y^{(n-1)}(x_0)=y_0^{(n-1)}.\end{cases}\tag{7.11}$$

初值问题也称为**柯西**(Cauchy)**问题**.

对于一阶微分方程,若已求出其通解 $y=\varphi(x,C)$,则一般只要把初始条件 $y(x_0)=y_0$ 代入通解中,得到 $y_0=\varphi(x_0,C)$,从中解出 $C=C_0$,再代入通解,即可得到初值问题的解 $y=\varphi(x,C_0)$.

例 7.2　求一曲线,它经过定点(1,2),并且在其上任意点(x,y)处该曲线的切线斜率为 $2x$.

解　设 $y=y(x)$为要求曲线的函数式,依题意,它是初值问题

$$\begin{cases}y'=2x,\\ y(1)=2\end{cases}$$

的解.将初始条件代入其方程的通解 $y=x^2+C$,可得 $2=1+C$,确定出 $C=1$,所以满足条件的曲线方程为 $y=x^2+1$.

7.1.4　初等积分法

在本章的其余部分中,将主要讨论某些具体类型的常微分方程的**初等解法**,或者**初等积分法**.之所以称为初等积分法,是因为这样解法的最后都把求解的问题化成求积分,并且将方程的解用初等函数及其积分通过有限次运算表示出来(显式的或隐式的).凡是能做到这一点的常微分方程就称为**可积方程**.下面几节将介绍一些可积方程的解法,它们虽然简单,但都是常微分方程求解的基本内容,而且在实际中具有广泛的用处.

习　题　7.1

1. $y(x)=2e^{-x}+xe^{-x}$是方程 $y''+2y'+y=0$ 的一个解吗?
2. 请说出方程 $y^{(3)}+xy'+y=2e^x$,$(y'')^3+5(y')^4-y^5+x^7=0$ 的阶数.

3. 求方程$\frac{dy}{dx}=2x$的通解过点(1.4)的特积分.

4. 设对任意$x>0$,曲线$y=f(x)$上点$(x,f(x))$处的切线在y轴上的截距等于$\frac{1}{x}\int_0^x f(t)dt$,求$f(x)$的一般表达式.

7.2　可分离变量方程

如果一个一阶微分方程能写成如下形式:

$$\frac{dy}{dx}=f(x)g(y) \tag{7.12}$$

或

$$M_1(x)N_1(y)dx+M_2(x)N_2(y)dy=0, \tag{7.13}$$

则原方程就称为**可分离变量方程**,也分别称式(7.12),(7.13)为显式分离变量方程和微分形式分离变量方程.

例如,

$$\frac{dy}{dx}=xy,\quad \frac{dy}{dx}=xe^{x+y},\quad \frac{dy}{dx}=\frac{x}{y},\quad xydx+x^2e^ydy=0$$

都是可分离变量方程. 方程

$$\frac{dy}{dx}=x+y,\quad \frac{dy}{dx}=e^x+e^y,\quad \frac{dy}{dx}=\frac{x}{x+y},\quad (x+y)dx+(x^2+e^y)dy=0$$

都不是可分离变量方程.

7.2.1　方程$\frac{dy}{dx}=f(x)g(y)$的解法

设$f(x)$在区间(a,b)上连续,$g(y)$在区间(α,β)上连续,若$y=y(x)$是方程(7.12)的任意一个解,则由解的定义可知,有恒等式

$$y'(x)\equiv f(x)g(y(x)),\quad x\in(a,b). \tag{7.14}$$

若$g(y)\neq 0$,则式(7.14)可(由**分离变量法**)等价地写成

$$\frac{y'}{g(y)}=f(x),\text{中 } x\in(a,b). \tag{7.15}$$

将式(7.15)两端求x的不定积分得

$$\int\frac{y'}{g(y)}dx\equiv\int f(x)dx+C,$$

即

$$\int\frac{dy}{g(y)}\equiv\int f(x)dx+C \tag{7.16}$$

确定的隐函数是方程(7.18)的通解.

若存在 y_0,使得 $g(y_0)=0$,则代入方程验证后可知,$y=y_0\,(x\in(a,b))$是方程(7.12)的一个解,这样的解也称为**常数解,它的定义域由 $f(x)$ 的定义域确定**.

注 7.1 当 $g(y)\neq 0$ 时,由式(7.16)确定的函数 $y=y(x,C)$是式(7.12)的通解,并且式(7.16)是通解的隐式表达式,(7.16)也是方程(7.12)的通积分.在求解过程中,对于通积分(7.16),应该尽量把它演算到底,用初等函数以简明形式表达出来.但是,并不强求从其中求出解的显式表达式.如果积分不能用初等函数表达出来,则此时也认为微分方程(7.12)已经解出来了.因为从微分方程求解的意义上来讲,留下的是一个积分问题,而不是一个方程问题了.另外,如果方程(7.12)还有常数解 $y=y_0\,(x\in(a,b))$,则它的定义域随 $f(x)$的定义域确定.这样的解有不能由其通解中的任意常数取某个确定实数得到的情况,这时**方程的通解并不表示方程的所有解**,这里需要特别说明.

例如,应用分离变量法可知,方程$\frac{dy}{dx}=\frac{\sqrt{1-y^2}}{\sqrt{1-x^2}}$的通解为 $\arcsin y=\arcsin x+C$,即 $y=\sin(\arcsin x+C)$,但是 $y=\pm1\,(x\in(-1,1))$也是所给方程的解,它们不包含在其通解中.

约定 在本书中出现没有特别说明的字母(也不分大小写)$C,C_1,C_2\cdots$,都表示在某确定范围上取任意实数值的常数.

例 7.3 求解方程$\frac{dy}{dx}=\frac{y}{x}$.

解 当 $y\neq 0$ 时,由分离变量法,方程化为$\frac{dy}{y}=\frac{dx}{x}$. 两端积分可得通积分为

$$\ln|y|=\ln|x|+C_1 \quad 或 \quad \ln|y|=\ln|Cx|,$$

解出 y,得到所给方程的通解为 $y=Cx$. 另外,$y=0$ 也是所给方程的解,包含在通解 $y=Cx$ 中,由任意常数取零可以得到.

例 7.4 某厂房容积为 45m×15m×6m. 经测定,空气中含有 0.2%的 CO_2,开动通风设备,以 360m³/s 的速度输入含有 0.05%的 CO_2 的新鲜空气,同时又排出同等数量的室内空气.求 30min 后室内所含 CO_2 的百分比.

解 设在时刻 t,车间内 CO_2 的百分比为 $x\%$. 当时间经过 dt 后,室内 CO_2 的改变量为

$$45\times15\times6\times d(x\%)=360\times0.05\%\times dt-360\times x\%\times dt,$$

于是有关系式

$$4050dx=360(0.05-x)dt \quad 或 \quad dx=\frac{4}{45}(0.05-x)dt,$$

初值条件为 $x(0)=0.2$,使用分离变量法并积分可得

$$\int_{0.2}^{x} \frac{dx}{0.05-x} = \int_{0}^{t} \frac{4}{45} dt,$$

所以

$$x = 0.05 + 0.15e^{-\frac{4}{45}t}.$$

以 $t=30\text{min}=1800\text{s}$ 代入上式得到 $x \approx 0.05$，即开动通风设备 30min 后，室内的 CO_2 的含量接近 0.05%，基本上已经是新鲜空气了．

7.2.2　方程 $M_1(x)N_1(y)dx+M_2(x)N_2(y)dy=0$ 的解法

方程(7.12)与方程(7.13)的解法是类似的，但需要强调的是，在方程(7.13)中，x 与 y 都可以被认为是自变量或函数，也称 x 和 y 在方程中的地位是"平等"的．通过例题解析说明如下：

例 7.5　求方程 $x(y^2-1)dx+y\sqrt{x^2-1}dy=0$.

解　当 $x \neq \pm 1, y \neq \pm 1$ 时，原方程即为 $\frac{xdx}{\sqrt{x^2-1}}+\frac{ydy}{y^2-1}=0$. 由积分可得

$$\int \frac{xdx}{\sqrt{x^2-1}} + \int \frac{ydy}{y^2-1} = C_1,$$

进而可得

$$\sqrt{x^2-1} + \ln|y^2-1| = C_1,$$

也即 $(y^2-1)e^{\sqrt{x^2-1}}=C$ 是所给方程的通解．另外，由代入验证可知，$y=\pm 1$ $(|x|>1)$，$x=\pm 1(y \in \mathbf{R})$ 都是方程的常数解，其中 $y=\pm 1(|x|>1)$ 包含在通解中，由任意常数 C 取零可以得到；$x=\pm 1(y \in \mathbf{R})$ 不包含在通解中，无论 C 取何值都不能得到．

一般地，方程(7.13)的通解由

$$\int \frac{N_2(y)}{N_1(y)} dy + \int \frac{M_1(x)}{M_2(x)} dx = C \tag{7.17}$$

给出，若 $N_1(y_0)=0$（或 $M_2(x_0)=0$），则 $y=y_0$（或 $x=x_0$）是方程(7.13)的常数解．

习　题　7.2

1. 求解方程 $(xy^2+x)dx+(y-x^2y)dy=0$.
2. 求解方程 $y^2y'+e^{y^3+x}=0$.
3. 求解方程 $y\ln x dx - x\ln y dy=0$.
4. 已知函数 $y=y(x)$ 在任意点 x 处的增量 $\Delta y=\frac{y\Delta x}{1+x^2}+\alpha$，并且当 $\Delta x \to 0$ 时，

α 是 Δx 的高阶无穷小，$y(0)=\pi$，求 $y(1)$.

5. 求解方程 $(1+x^2)\mathrm{d}y+x(1+y)\mathrm{d}x=0$.

7.3 齐次方程

7.3.1 齐次方程的解法

形如

$$\frac{\mathrm{d}y}{\mathrm{d}x}=g\left(\frac{y}{x}\right) \tag{7.18}$$

的方程称为**齐次方程**.

解法 使用变换 $u=\dfrac{y}{x}$，也即 $y=xu$，此时有 $y'=u+xu'$.

例 7.6 求解方程 $x^2\dfrac{\mathrm{d}y}{\mathrm{d}x}=xy-y^2$.

解 原方程可写成如下齐次方程形式：

$$\frac{\mathrm{d}y}{\mathrm{d}x}=\frac{y}{x}-\left(\frac{y}{x}\right)^2.$$

令 $y=xu$，代入上式可得

$$x\frac{\mathrm{d}u}{\mathrm{d}x}=-u^2.$$

当 $u\neq0$ 时，分离变量得 $-\dfrac{\mathrm{d}u}{u^2}=\dfrac{\mathrm{d}x}{x}$. 两端积分后得 $u=\dfrac{1}{\ln|x|+C}$，将 u 换成 $\dfrac{y}{x}$，并解出 y，可得到原方程的通解为 $y=\dfrac{x}{\ln|x|+C}$. 当 $u=0$ 时，有 $y=0$，也是原方程的解.

注 7.2 一般地，对齐次方程使用变换 $u=\dfrac{y}{x}$，也可使用变换 $u=\dfrac{x}{y}$，或视 x 为未知函数的齐次方程，使用变换 $u=\dfrac{x}{y}$，都可化为可分离变量方程.

*7.3.2 准齐次方程的解法

形如

$$\frac{\mathrm{d}y}{\mathrm{d}x}=f\left(\frac{a_1x+b_1y+c_1}{a_2x+b_2y+c_2}\right) \tag{7.19}$$

的方程称为**准齐次方程**.

解法 使用变换方法转化为前面已能解决的情况，通过例题解析说明如下：

例 7.7 求解方程$\frac{dy}{dx}=\frac{x-y+1}{x+y-3}$.

解 由所给方程的右边诱导出方程组

$$\begin{cases}x-y+1=0,\\x+y-3=0,\end{cases}\quad \Delta=\begin{vmatrix}1 & -1\\1 & 1\end{vmatrix}=2\neq 0,$$

此时方程组的解为 $x=1,y=2$. 使用变换 $x=\xi+1,y=\eta+2$,代入原方程并令 $u=\frac{\eta}{\xi}$,可以得到

$$u+\xi\frac{du}{d\xi}=\frac{1-u}{1+u}.$$

当 $u^2+2u-1\neq 0$ 时,整理得

$$\frac{(1+u)du}{u^2+2u-1}=-\frac{d\xi}{\xi},$$

积分得

$$\frac{1}{2}\ln|u^2+2u-1|=-\ln|\xi|+\frac{1}{2}\ln|C|,$$

即

$$\xi^2(u^2+2u-1)=C,$$

代回原变量,得到原方程的通积分为

$$(y-2)^2+2(x-1)(y-2)-(x-1)^2=C.$$

当 $u^2+2u-1=0$ 时,$u=-1\pm\sqrt{2}$. 代回原变量,可知原方程还有两个解为

$$y=(-1+\sqrt{2})(x-1)+2 \quad 和 \quad y=(-1-\sqrt{2})(x-1)+2.$$

例 7.8 求解方程$\frac{dy}{dx}=\frac{3x+3y+1}{2x+2y-3}$.

解 令 $u=x+y$,代入原方程可得

$$u'=1+y'=1+\frac{3u+1}{2u-3},$$

即

$$u'=1+\frac{3u+1}{2u-3}.$$

上式为可分离变量方程,求解过程请读者自行补充.

习 题 7.3

1. 齐次方程 $y'=\frac{x-y}{x+y}$,使用变换________可化为可分离变量方程.

2. 求方程 $xy\dfrac{\mathrm{d}y}{\mathrm{d}x}=x^2+y^2$ 满足条件 $y|_{x=\mathrm{e}}=2\mathrm{e}$ 的特解.

3. 求解方程 $\dfrac{\mathrm{d}y}{\mathrm{d}x}=\dfrac{y-\sqrt{x^2+y^2}}{x}$.

4. 求解方程 $\left(x-y\cos\dfrac{y}{x}\right)\mathrm{d}x+x\cos\dfrac{y}{x}\mathrm{d}y=0$.

5. 求解方程 $y'=\cos(x+y+1)$.

6. 求解方程 $\dfrac{\mathrm{d}y}{\mathrm{d}x}=\dfrac{1}{x-y}+1$.

*7. 求解方程 $\dfrac{\mathrm{d}y}{\mathrm{d}x}=\dfrac{x-y+1}{x+y-3}$.

*8. 求解方程 $(x-y+2)\mathrm{d}x+(x-y+3)\mathrm{d}y=0$.

9. 由牛顿冷却定律可知,物体在空气中的冷却速度与物体和空气的温差成比例. 例如,物体在 20min 内由 100℃冷至 60℃,那么在多长时间内,这个物体的温度达到 30℃? 假设空气的温度为 20℃.

7.4　一阶线性微分方程与伯努利方程

7.4.1　一阶线性微分方程的解

一阶线性方程

$$\frac{\mathrm{d}y}{\mathrm{d}x}+p(x)y=f(x), \tag{7.20}$$

如果 $f(x)\equiv 0$,则

$$\frac{\mathrm{d}y}{\mathrm{d}x}+p(x)y=0 \tag{7.21}$$

称为一阶**齐次线性方程**. 如果 $f(x)$不恒为零,则称(1.20)为一阶**非齐次线性方程**.

先考虑齐次线性方程(1.21),这里"齐次"的含义与 7.3 节中的不同,这里指的是式(7.20)中**自由项** $f(x)\equiv 0$. 式(7.21)是一个可分离变量方程,由分离变量法易知,它的通解为

$$y=C\mathrm{e}^{-\int p(x)\mathrm{d}x}. \tag{7.22}$$

现在利用**常数变易法**求非齐次线性方程(7.20)的解. 其想法如下:当 C 为常数时,函数(7.22)的导数等于该函数乘上 $-p(x)$,式(7.22)是齐次方程(7.21)的解. 要求非齐次方程(7.20)的解,则需要该函数的导数还要有一个等于 $f(x)$的加项,联系到乘积导数的公式,将式(7.22)中的常数 C 变易为函数 $C(x)$即令

$$y = C(x)\mathrm{e}^{-\int p(x)\mathrm{d}x} \tag{7.23}$$

变换去求解方程(7.20)的解．将式(7.23)代入式(7.20)有

$$C'(x)\mathrm{e}^{-\int p(x)\mathrm{d}x} - p(x)C(x)\mathrm{e}^{-\int p(x)\mathrm{d}x} + p(x)C(x)\mathrm{e}^{-\int p(x)\mathrm{d}x} = f(x),$$

即

$$C'(x) = f(x)\mathrm{e}^{\int p(x)\mathrm{d}x},$$

积分后得

$$C(x) = \int f(x)\mathrm{e}^{\int p(x)\mathrm{d}x}\mathrm{d}x + C.$$

将其代入式(7.23)，得到式(7.20)的求解公式，即通解公式为

$$y = C\mathrm{e}^{-\int p(x)\mathrm{d}x} + \mathrm{e}^{-\int p(x)\mathrm{d}x}\int f(x)\mathrm{e}^{\int p(x)\mathrm{d}x}\mathrm{d}x \tag{7.24}$$

在求解具体方程时，建议使用常数变易法的诱导变换 $y = C(x)\mathrm{e}^{-\int p(x)\mathrm{d}x}$ 去求解，可不记忆如上通解公式．当然，为了节省求解时间，也可记住公式，通过代入公式求解，这种解法称为**公式法**．

例 7.9　求解方程 $\dfrac{\mathrm{d}y}{\mathrm{d}x} = \dfrac{y}{x} + x^2$.

解　这是非齐次线性方程，由常数变易法，取变换

$$y = C(x)\mathrm{e}^{\int \frac{\mathrm{d}x}{x}} = C(x)x.$$

代入上式有

$$C'(x)x + C(x) = C(x) + x^2,$$

即 $C'(x) = x$，积分得 $C(x) = \dfrac{1}{2}x^2 + C$. 代回变换后，得到所给方程解为通解为

$$y = Cx + \frac{1}{2}x^3.$$

仔细分析方程(7.20)的通解公式(7.24)，可以发现它由两项组成．第一项对应齐次方程的通解；第二项是非齐次方程的一个特解(它是通解中取 $C = 0$ 时对应的特解)．因此，有结论：**非齐次线性方程(7.20)的通解等于它所对应的齐次方程(7.21)的通解与它的一个特解之和——线性微分方程的解的结构性质**．

求解初值问题

$$\begin{cases} \dfrac{\mathrm{d}y}{\mathrm{d}x} + p(x)y = f(x), \\ y(x_0) = y_0. \end{cases}$$

可采用**常数变易法的定积分形式**，使用变换

$$y = C(x)\mathrm{e}^{-\int_{x_0}^{x} p(\tau)\mathrm{d}\tau}, \tag{7.25}$$

代入式(7.20)并化简可得

$$C'(x)=f(x)\mathrm{e}^{\int_{x_0}^{x}p(\tau)\mathrm{d}\tau},$$

积分得

$$C(x)=\int_{x_0}^{x}f(s)\mathrm{e}^{\int_{x_0}^{s}p(\tau)\mathrm{d}\tau}\mathrm{d}s+C,$$

代入式(7.25)得到

$$y=\mathrm{e}^{-\int_{x_0}^{x}p(\tau)\mathrm{d}\tau}\left[C+\int_{x_0}^{x}f(s)\mathrm{e}^{\int_{x_0}^{s}p(\tau)\mathrm{d}\tau}\mathrm{d}s\right].$$

将初值条件 $x=x_0, y=y_0$ 代入得到 $C=y_0$,于是所求初值问题的解为

$$y=\mathrm{e}^{-\int_{x_0}^{x}p(\tau)\mathrm{d}\tau}\left[y_0+\int_{x_0}^{x}f(s)\mathrm{e}^{\int_{x_0}^{s}p(\tau)\mathrm{d}\tau}\mathrm{d}s\right], \tag{7.26}$$

$$y=y_0\mathrm{e}^{-\int_{x_0}^{x}p(\tau)\mathrm{d}\tau}+\mathrm{e}^{-\int_{x_0}^{x}p(\tau)\mathrm{d}\tau}\int_{x_0}^{x}f(s)\mathrm{e}^{\int_{x}^{s}p(\tau)\mathrm{d}\tau}\mathrm{d}s. \tag{7.27}$$

7.4.2 伯努利方程的解

形如

$$\frac{\mathrm{d}y}{\mathrm{d}x}+p(x)y=f(x)y^n,\quad n\neq 0,1 \tag{7.28}$$

的方程,称为**伯努利**(Bernoulli) **方程**.

伯努利方程(7.28)是一种非线性的一阶微分方程,经过适当的变量变换,它可以化成一阶线性微分方程.事实上,在式(7.28)两端除以 y^n 可得

$$y^{-n}\frac{\mathrm{d}y}{\mathrm{d}x}+p(x)y^{1-n}=f(x),$$

即

$$\frac{1}{1-n}\frac{\mathrm{d}y^{1-n}}{\mathrm{d}x}+p(x)y^{1-n}=f(x).$$

令 $z=y^{1-n}$,代入则有

$$\frac{1}{1-n}\frac{\mathrm{d}z}{\mathrm{d}x}+p(x)z=f(x).$$

这样就把式(7.28)化成以 z 为未知函数的线性方程了.

伯努利方程(7.28)还可利用常数变易法求解.使用变换 $y=C(x)\mathrm{e}^{-\int p(x)\mathrm{d}x}$ 去求解也很方便,这里略去推导过程,给出其通解公式如下:

$$y^{1-n}=\mathrm{e}^{-(1-n)\int p(x)\mathrm{d}x}\left[C+(1-n)\int q(x)\mathrm{e}^{(1-n)\int p(x)\mathrm{d}x}\mathrm{d}x\right]. \tag{7.29}$$

另外,从原方程可以看出,当 $n>0$ 时,$y=0$ 也是方程的解,并且它不能由通解公式(7.29)给出.

例 7.10　解方程$\frac{\mathrm{d}y}{\mathrm{d}x}=6\frac{y}{x}-xy^2$.

解　应用式(7.29)可得

$$y^{1-2}=\mathrm{e}^{(1-2)\int\frac{6}{x}\mathrm{d}x}\left[C-(1-2)\int x\mathrm{e}^{-(1-2)\int\frac{6}{x}\mathrm{d}x}\mathrm{d}x\right],$$

即

$$\frac{1}{y}=\frac{1}{x^6}\left(C+\int x^7\mathrm{d}x\right),$$

所以原方程有通解$\frac{x^6}{y}-\frac{x^8}{8}=C$及常数解$y=0$.

习　题　7.4

1. 形如$y'=p(x)y+q(x)$的方程称为________方程，当$p(x),q(x)$为连续函数时，它的通解公式（由常数变易法），使用变换________可以导出.

2. 求解方程$\frac{\mathrm{d}y}{\mathrm{d}x}-y\cot x=2x\sin x$.

3. 求解方程$x\mathrm{d}y=(y+x^3\mathrm{e}^x)\mathrm{d}x$.

4. 求方程$xy'+y=3$当$y(1)=0$时的特解.

5. 求解方程$3y'-y\sec x=y^4\tan x$.

6. 求解方程$(y^4-3x^2)\mathrm{d}y+xy\mathrm{d}x=0$.

7. 求解方程$y'=1-x(y-x)-x^3(y-x)^2$.

8. 求解方程$y\mathrm{d}x+(3+3x-y)\mathrm{d}y=0$.

9. 求解方程$(xy^2+y)\mathrm{d}x+x\mathrm{d}y=0$.

10. 求解方程$(x+3y^2)\mathrm{d}x+2xy\mathrm{d}y=0$.

11. 求解方程$(2y^2+4x^2y)\mathrm{d}x+(4xy+3x^3)\mathrm{d}y=0$.

12. 求解方程$2x\mathrm{d}y-y\mathrm{d}x=2y^2\mathrm{d}y$.

13. 求解方程$xy'+1=\mathrm{e}^y$.

14. 求同时满足方程$y''+y'-2y=0$与$y''+y=2\mathrm{e}^x$的解.

15. 求解人口阻滞增长模型(方程)

$$\frac{\mathrm{d}y}{\mathrm{d}t}=y(k-by),\quad y(t_0)=y_0,$$

其中k,b称为生命系数．有生态学家估计k的自然值为0.029．利用20世纪60年代世界人口年平均增长率为2%以及1965年的人口总数为33.4亿，计算得$b=2$.

16. 某树种增长问题．假设该树种的生长速度既与它目前的高度成正比，又与最大高度H同其目前高度之差成正比，试求高度关于时间的函数.

7.5 几种可降阶的高阶方程

在本节中,要介绍三种高阶方程的解法,这些解法的基本思想就是把高阶方程通过某种变换降为较低阶方程加以求解,所以称为“降阶法”.

7.5.1 方程 $F(x,y^{(k)},y^{(k+1)},\cdots,y^{(n)})=0$ 的解法

方程

$$F(x,y^{(k)},y^{(k+1)},\cdots,y^{(n)})=0,\quad k\geqslant 1,\tag{7.30}$$

只要令 $y^{(k)}=z$,代入式(7.30),就可使其达到降阶.

例 7.11 求解方程$\frac{d^5y}{dx^5}-\frac{1}{x}\frac{d^4y}{dx^4}=0$.

解 令 $z=\frac{d^4y}{dx^4}$,则$\frac{dz}{dx}-\frac{z}{x}=0$,$z=Cx$,从而$\frac{d^4y}{dx^4}=Cx$. 由积分可得到原方程的通解为

$$y=C_1x^5+C_2x^3+C_3x^2+C_4x+C_5.$$

7.5.2 方程 $F(y,y',\cdots,y^n)=0$ 的解法

方程

$$F(y,y',\cdots,y^n)=0,\tag{7.31}$$

其特点是不显含自变量 x. 这时,使用代换 $y'=p=p(y)$,使方程降低一阶.

例 7.12 求解方程 $y''+y=0$.

解 令 $y'=p$,则 $y''=p\frac{dp}{dy}$. 代入原方程得 $p\frac{dp}{dy}+y=0$ 或 $pdp+ydy=0$. 由积分可得

$$p^2=C_1^2-y^2 \quad 或 \quad \frac{dy}{dx}=\pm\sqrt{C_1^2-y^2},$$

进而有

$$\frac{dy}{\sqrt{C_1^2-y^2}}=\pm dx.$$

对上式积分后得

$$\arcsin\frac{y}{C_2}=C_1\pm x,$$

于是方程的通解为

$$y=C_2\sin(C_1\pm x) \quad 或 \quad y=\overline{C_1}\sin x+\overline{C_2}\cos x.$$

例 7.13 从船上向海中沉放某种探测仪器．按探测要求，需确定仪器的下沉深 y（从海平面算起）与下沉速度 v 之间的函数关系．设仪器在重力作用下，从海平面由静止开始铅直下沉，在下沉过程中还受到阻力和浮力的作用．设仪器的质量为 m，体积为 B，海水比重为 ρ，仪器所受的阻力与下沉速度成正比，比例系数为 $k(k>0)$．试建立 y 与 v 所满足的微分方程，并求出 y 与 v 之间的函数关系．

解 取沉放点为原点 O，Oy 轴正向为铅直向下，则由牛顿第二运动定律得

$$m\frac{\mathrm{d}^2y}{\mathrm{d}t^2}=mg-B\rho-kv,$$

其中 $v=\frac{\mathrm{d}y}{\mathrm{d}t}$. 注意到

$\frac{\mathrm{d}^2y}{\mathrm{d}t^2}=\frac{\mathrm{d}v}{\mathrm{d}y}\frac{\mathrm{d}y}{\mathrm{d}t}=v\frac{\mathrm{d}v}{\mathrm{d}y}$，由上列方程可得如下变量可分离方程，即

$$mv\frac{\mathrm{d}v}{\mathrm{d}y}=mg-B\rho-kv,$$

进一步可得

$$y=-\frac{m}{y}v-\frac{m(mg-B\rho)}{k^2}\ln(mg-B\rho-kv)+C.$$

再根据初始条件 $v|_{y=0}=0$，代入上式可得

$$C=\frac{m(mg-B\rho)}{k^2}\ln(mg-B\rho),$$

所以函数为

$$y=-\frac{m}{y}v-\frac{m(mg-B\rho)}{k^2}\ln\frac{mg-B\rho-kv}{mg-B\rho}.$$

7.5.3 方程 $F(x,y,y',\cdots,y^{(n)})=0$ 的解法

对于方程

$$F(x,y,y',\cdots,y^{(n)})=0, \tag{7.32}$$

若存在函数 $\Phi(x,y,y',\cdots,y^{(n-1)})$ 满足 $\frac{\mathrm{d}}{\mathrm{d}x}\Phi(x,y,y',\cdots,y^{(n-1)})=F(x,y,y',\cdots,y^{(n)})$，则称(7.32)为**恰当导数方程**，它的解可由降低一阶的方程

$$\Phi(x,y,y',\cdots,y^{(n-1)})=C$$

去求解．

例 7.14 求解方程 $yy''+y'^2=0$.

解 可将方程写成 $(yy')'=0$，故有 $yy'=C_1$，即 $(y^2)'=2C_1$，积分可得通解为

$$y^2=2C_1x+C_2.$$

例 7.14 的解法也称为**凑导数法**. 这一解法技巧较高,其关键是凑导数.

一阶方程也存在凑导数法. 例如,一阶线性方程

$$\frac{dy}{dx}+p(x)y=f(x),$$

在其两边同时乘上 $e^{\int p(x)dx}$ 后即为

$$e^{\int p(x)dx}\frac{dy}{dx}+p(x)e^{\int p(x)dx}y=e^{\int p(x)dx}f(x),$$

也即

$$\left(e^{\int p(x)dx}y\right)'=e^{\int p(x)dx}f(x),\quad e^{\int p(x)dx}y=C+\int e^{\int p(x)dx}f(x)dx,$$

所以

$$y=e^{-\int p(x)dx}\left(C+\int e^{\int p(x)dx}f(x)dx\right),$$

其中 $e^{\int p(x)dx}$ 称为一阶方程线性的**积分因子**.

习 题 7.5

1. 设函数 $y(x)(x\geqslant 0)$ 二阶可导,并且 $y'(x)>0$, $y(0)=1$. 过曲线 $y=y(x)$ 上任意一点 $P(x,y)$ 作该曲线的切线及 x 轴的垂线,上述两条直线与 x 轴所围成的三角形的面积记为 S_1,区间 $[0,x]$ 上以 $y=y(x)$ 为曲边的曲边梯形的面积记为 S_2,并设 $2S_1-S_2$ 恒为 1,求此曲线 $y=y(x)$ 的方程.

2. 重量为 1000kg 的物体在水中由静止开始铅直下沉,下沉过程中除受到重力作用外,还受到浮力 200N,阻力 $100v$N(其中 v 为下沉速度,单位为 m/s)的作用,试求物体下沉 5s 所至水深,并求物体下沉的极限速度.

7.6 线性微分方程

形如

$$y^{(n)}+p_1(x)y^{(n-1)}+\cdots+p_{n-1}(x)y'+p_n(x)y=f(x) \tag{7.33}$$

的方程称为 ***n* 阶线性微分方程**. 当 $f(x)\neq 0$ 时,称之为 ***n* 阶非齐次线性微分方程**,也简称**非齐次线性微分方程**. 当 $f(x)=0$ 时,

$$y^{(n)}+p_1(x)y^{(n-1)}+\cdots+p_{n-1}(x)y'+p_n(x)y=0 \tag{7.34}$$

称为 ***n* 阶齐次线性微分方程**,简称**齐次线性微分方程**. 方程(7.33)与(7.34)的差别仅在于 $f(x)$ 是否为零也称(7.34)是(7.33)对应的齐次线性方程. 当 $n\geqslant 2$ 时,也简称式(7.33)或(7.34)为**高阶线性微分方程**,如齐次线性微分方程 $y''-xy'+y=0$, $y''-2xy'+y=0$,第二个方程也叫做 $y''-2xy'+y=e^x$ 对应的齐次线性微分

方程．此外，形如

$$a_0(x)y^{(n)}+a_1(x)y^{(n-1)}+\cdots+a_{n-1}(x)y'+a_n(x)y=g(x)$$

的方程，可以方便地转化为式(7.33)的形式，也称为线性微分方程．高阶线性微分方程的研究一般仅研究式(7.33)的形式．

n 阶线性微分方程的几个重要结果，这里不给证明地列举如下．

*7.6.1　n 阶线性齐次微分方程的一般结果

定理 7.1　如果方程(7.33)的系数 $p_k(x)(k=1,2,\cdots,n)$ 和 $f(x)$ 在区间 I 上连续，则对于 I 上的任一 x_0 和任意给定的 $y_0,y'_0,\cdots,y_0^{(n-1)}$，方程(7.33)满足初始条件

$$y(x_0)=y_0,\quad y'(x_0)=y'_0,\quad \cdots,\quad y^{(n-1)}(x_0)=y_0^{(n-1)} \tag{7.35}$$

的解在 I 上存在且唯一．

定理 7.2　如果 $y_1,y_2,\cdots,y_n$ 是方程(7.34)的 n 个解，则

$$y=c_1y_1+c_2y_2+\cdots+c_ny_n$$

也是方程(7.34)的解．

称 $c_1y_1+c_2y_2+\cdots+c_ny_n$ 为 $y_1,y_2,\cdots,y_n$ 的**线性组合**．一般地，$y=c_1y_1+c_2y_2+\cdots+c_ny_n$ 未必是方程(7.34)的通解．例如，当 $y_1=y_2$ 时，

$$y=c_1y_1+c_2y_2+\cdots+c_ny_n=(c_1+c_2)y_2+\cdots+c_ny_n$$

中的 n 个任意常数并不是本质上(相互独立)的 n 个．

定义 7.2　函数组 $y_1,y_2,\cdots,y_n$ 在区间 I 上为**线性相关**的，是指存在一组不全为零的常数 $c_1,c_2,\cdots,c_n$，使得 $c_1y_1+c_2y_2+\cdots+c_ny_n\equiv 0$ 在 I 上成立．反之，如果只有 $c_1=c_2=\cdots=c_n=0$ 时，恒等式才成立，则称函数组 $y_1,y_2,\cdots,y_n$ 在 I 上**线性无关**．

由定义 7.2 不难推出如下的两个结论：

(1) 在 I 上有定义的函数组 $y_1,y_2,\cdots,y_n$ 中，如果有一个函数为零，则 $y_1,y_2,\cdots,y_n$ 在 I 上线性相关；

(2) 如果两个函数 y_1,y_2 之比 $\dfrac{y_1}{y_2}$ 在 I 上有定义，则 y_1,y_2 在 I 上线性无关等价于 $\dfrac{y_1}{y_2}$ 在 I 上不恒等于常数．

定理 7.3　设 $y_1,y_2,\cdots,y_n$ 是方程(7.34)的 n 个解，它的**朗斯基行列式**

$$W(x)=W(y_1,y_2,\cdots,y_n)=\begin{vmatrix} y_1 & y_2 & \cdots & y_n \\ y'_1 & y'_2 & \cdots & y'_n \\ \vdots & \vdots & & \vdots \\ y_1^{(n-1)} & y_2^{(n-1)} & \cdots & y_n^{(n-1)} \end{vmatrix} \tag{7.36}$$

在区间 I 上某一点 x_0 处不等于零,则 $y_1,y_2,\cdots,y_n$ 是 I 上的线性无关组.

定理 7.4 设 $y_1,y_2,\cdots,y_n$ 是方程(7.34)的任意 n 个解,$W(x)$是它的朗斯基行列式,则对区间 I 上的任一 x_0 有

$$W(x)=W(x_0)e^{-\int_{x_0}^{x}p_1(t)dt} \quad 或 \quad W(x)=Ce^{-\int p_1(t)dt}. \tag{7.37}$$

式(7.37)称为**刘维尔**(Liouville)**公式**.

定理 7.5 设 $y_1,y_2,\cdots,y_n$ 是齐次方程(7.34)的 n 个解,则 $y_1,y_2,\cdots,y_n$ 在区间 I 上线性相关 $\Leftrightarrow$ 在区间 I 上 $W(y_1,y_2,\cdots,y_n)\equiv 0$.

推论 7.1 设 $y_1,y_2,\cdots,y_n$ 是齐次方程(7.34)在区间 I 上的 n 个解,则

(1) $W(y_1,y_2,\cdots,y_n)$在区间 I 上要么恒等于零,要么恒不等于零,分别对应于 $y_1,y_2,\cdots,y_n$ 在区间 I 上线性相关或线性无关;

(2) 若 $\exists x_0\in I,W(x_0)=0$,则 $y_1,y_2,\cdots,y_n$ 在区间 I 上线性相关;

(3) 若 $\exists x_0\in I,W(x_0)\neq 0$,则 $y_1,y_2,\cdots,y_n$ 在区间 I 上线性无关.

定义 7.3 方程(7.34)定义在区间 I 上的 n 个线性无关解称为方程(7.34)的**基本解组**.

定理 7.6 方程(7.34)总存在定义在区间 I 上的基本解组.

定理 7.7(线性微分方程的基本定理) 如果 $y_1,y_2,\cdots,y_n$ 是方程(7.34)的一个基本解组,$y=y(x)$是方程(7.34)的任意一个解,则存在常数组 $\widetilde{C}_1,\widetilde{C}_2,\cdots,\widetilde{C}_n$,使得

$$y(x)=\widetilde{C}_1y_1+\widetilde{C}_2y_2+\cdots+\widetilde{C}_ny_n.$$

定理 7.7 也表明,**齐次线性方程(7.34)的通解可由它的基本解组的线性组合来表示**.

*7.6.2 n 阶非齐次线性微分方程的一般结果

n 阶非齐次线性方程

$$y^{(n)}+p_1(x)y^{(n-1)}+\cdots+p_{n-1}(x)y'+p_n(x)y=f(x) \tag{7.33}$$

具有如下性质和定理:

性质 7.1 如果 $y(x)$是方程(7.33)的解,$\bar{y}(x)$是方程(7.34)的解,则 $y(x)+\bar{y}(x)$是方程(7.33)的解.

性质 7.2 方程(7.33)的任意两个解之差必为方程(7.34)的解.

定理 7.8(线性方程的解的结构定理) 设 $y_1(x),y_2(x),\cdots,y_n(x)$为方程(7.34)的基本解组,而$\bar{y}(x)$是方程(7.33)的特解,则方程(7.33)的通解可表为

$$y=c_1y_1(x)+c_2y_2(x)+\cdots+c_ny_n(x)+\bar{y}(x), \tag{7.38}$$

其中 $c_i(i=1,2,\cdots,n)$为任意常数. 通解(7.38)包括了方程(7.33)的所有解.

和一阶非齐次线性微分方程一样,对于非齐次方程(7.33),也有由对应齐次方程的一个基本解组求出它本身的一个特解的常数变易法(也称为拉格朗日法). 下

面给出这一方法导出的结果.

设 $y_1, y_2, \cdots, y_n$ 是(7.33)对应的齐次方程的 n 个线性无关解,则

$$y=C_1(x)y_1+C_2(x)y_2+\cdots+C_n(x)y_n$$

是方程(7.33)的解,其中 $C_1(x), C_2(x), \cdots, C_n(x)$ 可由下面的非齐次方程组:

$$\begin{bmatrix} y_1(x) & y_2(x) & \cdots & y_n(x) \\ y_1'(x) & y_2'(x) & \cdots & y_n'(x) \\ \vdots & \vdots & & \vdots \\ y_1^{(n-1)}(x) & y_2^{(n-1)}(x) & \cdots & y_n^{(n-1)}(x) \end{bmatrix} \begin{bmatrix} C_1'(x) \\ C_2'(x) \\ \vdots \\ C_n'(x) \end{bmatrix} = \begin{bmatrix} 0 \\ 0 \\ \vdots \\ 1 \end{bmatrix} f(x) \qquad (7.39)$$

解出 $C'_i(x)(i=1,2,\cdots,n)$ 后得到.

例 7.15　求非齐次方程 $y''+y=\dfrac{1}{\cos x}$ 的通解,已知 $y_1=\cos x, y_2=\sin x$ 是对应的齐次方程的线性无关解.

解　设已知方程有形如 $y_1=C_1(x)\cos x+C_2(x)\sin x$ 的特解,由式(7.39)有

$$\begin{bmatrix} \cos x & \sin x \\ -\sin x & \cos x \end{bmatrix} \begin{pmatrix} C_1'(x) \\ C_2'(x) \end{pmatrix} = \begin{pmatrix} 0 \\ 1 \end{pmatrix} \frac{1}{\cos x}$$

或

$$\begin{cases} C_1'(x)\cos x + C_2'(x)\sin x = 0, \\ -C_1'(x)\sin x + C_2'(x)\cos x = \dfrac{1}{\cos x}. \end{cases}$$

解上述方程组得

$$C_1'(x) = -\frac{\sin x}{\cos x}, \quad C_2'(x) = 1.$$

由积分可给出

$$C_1(x)=\ln|\cos x|, \quad C_2(x)=x,$$

于是所求方程的通解为

$$y=C_1\cos x+C_2\sin x+\cos x\ln|\cos x|+x\sin x.$$

7.6.3　二阶线性微分方程

前面介绍了几种可积类型的方程.历史上,19 世纪中叶以前的数学家们曾企图应用初等积分法去解决当时遇到的一切常微分方程.然而,对一些形式简单的方程,如里卡蒂(Riccati)方程 $y'=x^2+y^2$ 长期不能得到求解,这与代数学中曾企图应用根式求解一切次数的代数方程的情况非常类似.直到 1841 年,法国数学家刘维尔证明了**里卡蒂方程**

$$y' = p(x)y^2 + q(x)y + r(x), \quad p(x) \neq 0. \qquad (7.40)$$

除了个别特殊类型外,一般是不可能用初等积分法求解的.使用变换

$$u = \mathrm{e}^{-\int yp(x)\mathrm{d}x}$$

可将式(7.33) 化为二线性微分方程

$$pu'' - (p' + pq)u' + p^2 ru = 0,$$

这也说明,**二阶线性微分方程一般是不能用初等积分法求解的**. 在 7.6.1 小节和 7.6.2 小节中列出的所有定性结果对二阶线性微分方程

$$y'' + p(x)y' + q(x)y = f(x) \tag{7.41}$$

仍然成立.

方程(7.41) 在已知一个特解 y_1 时,若 y_1, y 线性无关,则 $\dfrac{y}{y_1} = u \neq$ 常数,令变换 $y = y_1(x)u$,代入方程(7.41),化简可得 u 的一阶线性方程,进而导出方程(7.41) 的一个求解公式

$$y = y_1\left(C_2 + \int \frac{1}{y_1^2} e^{-\int p(x)\mathrm{d}x}\left(C_1 + \int f(x) y_1^2 e^{-\int p(x)\mathrm{d}x}\mathrm{d}x\right)\mathrm{d}x\right). \tag{7.42}$$

例 7.16 设 y_1, y_2, y_3 是方程(7.41) 三个解,并且 $\dfrac{y_1 - y_2}{y_1 - y_3} \neq$ 常数,试求方程(7.41) 的通解.

解 应用性质 7.2 知, $y_1 - y_2, y_1 - y_3$ 都是方程(7.41) 对应齐次方程的解,并且线性无关,所以由定理 7.8 知, $y = C_1(y_1 - y_2) + C_2(y_1 - y_3) + y_1$ 是方程(7.41) 的通解.

若在方程(7.41) 中的 $p(x)$, $q(x)$ 恒取常数,便得

$$y'' + py' + qy = f(x)\ , p, q \text{ 为常数}, \tag{7.43}$$

称之为二阶常系数线性微分方程. 对方程(7.43) 已建立有一套很好的方法,介绍如下.

1. 二阶常系数齐次线性微分方程解法

研究方程(7.43) 对应的常系数齐次线性微分方程

$$y'' + py' + qy = 0, \tag{7.44}$$

由于,简单的一阶方程

$$y' + ay = 0, \tag{7.45}$$

其中 a 是常数,它有通解 $y = C\mathrm{e}^{-ax}$,启示我们猜想方程(7.44) 有形如

$$y = \mathrm{e}^{\lambda x}$$

的解,其中 λ 是待定常数,将其代入式(7.44) 得到

$$(\lambda^2 + p\lambda + q)\mathrm{e}^{\lambda x} = 0,$$

因为 $\mathrm{e}^{\lambda x} \neq 0$,所以有

$$p(\lambda) = \lambda^2 + p\lambda + q = 0, \tag{7.46}$$

我们称式(7.46)为方程(7.44)的**特征方程**,它的根称为**特征根**.

这样,$y=e^{\lambda x}$ 是方程(7.44)的解,当且仅当 λ 是特征方程(7.46)的根.下面分三种情形给出方程(7.44)的求解公式.

(1) 当特征方程(7.46)有两个互异实根 λ_1,λ_2 时,方程(7.44)的通解为

$$y=C_1e^{\lambda_1 x}+C_2e^{\lambda_2 x}. \tag{7.47}$$

这是因为此时 $e^{\lambda_1 x},e^{\lambda_2 x}$ 是(7.44)的解,并且线性无关 $\left(\frac{e^{\lambda_1 x}}{e^{\lambda_2 x}}=e^{(\lambda_1-)\lambda_2 x}\neq\text{常数}\right)$.

(2) 当特征方程(7.46)只有一个(二重)实根 λ_1 时,方程(7.44)的通解为

$$y=C_1e^{\lambda_1 x}+C_2xe^{\lambda_1 x}=(C_1+C_2x)e^{\lambda_1 x}. \tag{7.48}$$

这是因为,此处视 $e^{\lambda_1 x}=e^{-\frac{p}{2}x}$ 是方程(7.41)的解,应用式(7.42)知

$$y_1=e^{\lambda_1 x},\quad y_2=e^{\lambda_1 x}\left(\int\frac{1}{e^{2\lambda_1 x}}e^{-\int p\mathrm{d}x}\right)=e^{\lambda_1 x}\int e^{-(p+2\lambda_1)x}\mathrm{d}x=e^{\lambda_1 x}\int\mathrm{d}x=xe^{\lambda_1 x}$$

是式(7.44)的两个解,并且线性无关.

(3) 当特征方程(7.46)有两个共轭虚根 $\lambda_1,\lambda_2=\alpha\pm i\beta$ 时,方程(7.44)的通解为

$$y=e^{\alpha x}(C_1\cos\beta x+C_2\sin\beta x). \tag{7.49}$$

这是因为 $e^{(\alpha\pm i\beta)x}$ 是式(7.44)的两个解,并且由**欧拉公式**

$$e^{(\alpha\pm i\beta)x}=e^{\alpha x}(\cos\beta\pm i\sin\beta),$$

再应用定理 7.2 知

$$y_1=\frac{e^{(\alpha+i\beta)x}+e^{(\alpha-i\beta)x}}{2}=e^{\alpha x}\cos\beta x,\quad y_2=\frac{e^{(\alpha+i\beta)x}-e^{(\alpha-i\beta)x}}{2}=e^{\alpha x}\sin\beta x$$

是(7.44)的两个解,并且线性无关.

例 7.17　解方程 $y''-3y'+2y=0$.

解　因为特征方程 $\lambda^2-3\lambda+2=0$ 的根为 $\lambda_1=1,\lambda_2=2$,所以要求方程的通解为

$$y=C_1e^{x}+C_2e^{2x}.$$

例 7.18　解方程 $y''+y'+y=0$

解　因为特征方程 $\lambda^2+\lambda+1=0$ 的根为 $\lambda_{1,2}=\frac{-1\pm\sqrt{3}i}{2}$,所以要求方程的通解为

$$y=\left(C_1\cos\frac{\sqrt{3}}{2}x+C_2\sin\frac{\sqrt{3}}{2}x\right)e^{-\frac{1}{2}x}.$$

上述由特征方程的根给出微分方程解的方法也适合二阶以上的常系数齐次线性微分方程.

例 7.19　解方程 $y^{(4)}-2y'''+5y''-8y'+4y=0$.

解　因为特征方程为

$$\lambda^4-2\lambda^3+5\lambda^2-8\lambda+4=0,$$

并且

$$\begin{aligned}\lambda^4-2\lambda^3+5\lambda^2-8\lambda+4&=(\lambda^4-2\lambda^3+\lambda^2)+(\lambda^2-2\lambda+1)\\&=\lambda^2(\lambda-1)+4(\lambda-1)^2=(\lambda-1)^2(\lambda^2+4),\end{aligned}$$

所以特征根为$\lambda_{1,2}=1$(二重根),$\lambda_{3,4}=\pm 2\mathrm{i}$,于是要求方程的通解为

$$y=(C_1+C_2x)\mathrm{e}^x+(C_3\cos 2x+C_4\sin 2x).$$

2. 二阶常系数非齐次线性微分方程的解法

关于方程

$$y''+py'+qy=f(x) \tag{7.43}$$

的解法,由已经介绍的内容可知,求其通解,可先由它对应的齐次方程的特征根写出其齐次方程的两个线性无关解,然后使用常数变易法.仿例 7.16,可给出(7.43)的通解,但常常遇到比较麻烦的计算.下面介绍第二种方法——**待定系数法**,其计算较为简便.然而,它仅适用于非齐次项的某些情形.这里只给出结果(不论证)和应用举例.

定理 7.9　设$P_m(x)$是m次实系数或复系数的多项式,

$$f(x)=P_m(x)\mathrm{e}^{\alpha x}=(p_0x^m+p_1x^{m-1}+\cdots+p_{m-1}x+p_m)\mathrm{e}^{\alpha x},\quad m\geqslant 1, \tag{7.50}$$

则

(1) 当α不是特征根时,式(7.43)有形如

$$y_1(x)=Q_m(x)\mathrm{e}^{\alpha x}$$

的特解,其中待定多项式

$$Q_m(x)=q_0x^m+q_1x^{m-1}+\cdots+q_{m-1}x+q_m;$$

(2) 当α是$k(\geqslant 1)$重特征根时,式(7.43)有形如

$$y_1(x)=x^kQ_m(x)\mathrm{e}^{\alpha x}$$

的特解,其中$Q_m(x)$也为上述待定多项式.

例 7.20　求方程$y''-5y'+6y=6x^2-10x+2$的通解.

解　对应齐次方程的特征方程为

$$\lambda^2-5\lambda+6=0,$$

于是特征根为$\lambda_1=2,\lambda_2=3$.因为$\alpha=0$不是特征根,所以原方程有形如

$$y_1=Ax^2+Bx+C$$

的特解.将其代入原方程可得

$$2A-5(2Ax+B)+6(Ax^2+Bx+C)=6x^2-10x+2$$

或

$$6Ax^2+(6B-10A)x+2A-5B+6C=6x^2-10x+2.$$

比较上式等号两端 x 的同次幂系数可得

$$\begin{cases}6A=6,\\ 6B-10A=-10,\\ 2A-5B+6C=2.\end{cases}$$

解上述方程组可得

$$A=1,\quad B=0,\quad C=0,$$

已知方程有特解 $y_1=x^2$，故通解为

$$y=C_1\mathrm{e}^{2x}+C_2\mathrm{e}^{3x}+x^2.$$

例 7.21　求方程 $y''-y'=x^2-x$ 的通解.

解　对应齐次方程的特征方程为

$$\lambda^2-\lambda=0,$$

于是特征根为 $\lambda_1=0,\lambda_2=1$. 由于 $\alpha=0$ 是单特征根，所以原方程有形如

$$y_1=x(Ax^2+Bx+C)$$

的特解. 将其代入已知方程，并比较 x 的同次幂系数得

$$A=-\frac{1}{3},\quad B=-\frac{1}{2},\quad C=-1,$$

故要求通解为

$$y=C_1+C_2\mathrm{e}^{5x}-\frac{1}{3}x^3-\frac{1}{2}x^2-x.$$

定理 7.10　设 $P_m^{[1]}(x)$ 与 $P_m^{[2]}$ 是 x 的次数不高于 m 的多项式，但两者至少有一个为 m 次，

$$f(x)=\left[P_m^{[1]}(x)\cos\beta x+P_m^{[2]}(x)\sin\beta x\right]\mathrm{e}^{\alpha x},\tag{7.51}$$

则

(1) 当 $\alpha\pm\mathrm{i}\beta$ 不是特征根时，(7.43)的特解具有如下形式：

$$y_1=\mathrm{e}^{\alpha x}\left[Q_m^{[1]}(x)\cos\beta x+Q_m^{[2]}(x)\sin\beta x\right],\tag{7.52}$$

其中 $Q_m^{[1]}(x)$ 与 $Q_m^{[2]}(x)$ 为 m 次待定多项式.

(2) 当 $\alpha\pm\mathrm{i}\beta$ 是 k 重特征根时，(7.43)的特解具有如下形式：

$$y_1=x^k\mathrm{e}^{\alpha x}[Q_m^{[1]}(x)\cos\beta x+Q_m^{[2]}(x)\sin\beta x],\tag{7.53}$$

其中 $Q_m^{[1]}(x)$ 与 $Q_m^{[2]}(x)$ 为 m 次待定多项式，$Q_m^{[1]}(x)$，$Q_m^{[2]}(x)$ 的系数的求法可应用待定系数法.

说明　即使在 $P_m^{[1]}(x)$，$P_m^{[2]}(x)$ 中有一个恒为零，方程(7.43)的特解仍具有(7.50)，(7.51)的形式，即不能为如下情形：当 $P_m^{[1]}(x)\equiv0$ 时，就在(7.52)或(7.53)中令 $Q_m^{[1]}(x)\equiv0$；当 $P_m^{[2]}(x)\equiv0$ 时，就令 $Q_m^{[2]}(x)\equiv0$.

例 7.22　求方程 $y''+y'-2y=(\cos x-7\sin x)\mathrm{e}^x$ 的通解.

解　对应齐次方程的特征方程为

$$\lambda^2+\lambda-2=0,$$

于是特征根为 $\lambda_1=1,\lambda_2=-2$. 因为数 $\alpha\pm i\beta=1\pm i$ 不是特征根,故原方程具有形如

$$y_1=(A\cos x+B\sin x)e^x$$

的特解. 将上式及

$$y_1'=[(A+B)\cos x+(A-B)\sin x]e^x,$$
$$y_1''=(2B\cos x-2A\sin x)e^x$$

代入原方程,有

$$(2\cos x-2A\sin x)e^x+[(A+B)\cos x+(B-A)\sin x]e^x$$
$$-2(A\cos x+B\sin x)e^x=e^x(\cos x-7\sin x)$$

或

$$(3B-A)\cos x-(B+3A)\sin x=\cos x-7\sin x.$$

比较上式两端 $\cos x,\sin x$ 的系数可得

$$\begin{cases}-A+3B=1,\\ 3A+B=7,\end{cases}$$

于是 $A=2,B=1$,故要求通解为

$$y=C_1e^x+C_2e^{-2x}+y_1=C_1e^x+C_2e^{-2x}+(2\cos x+\sin x)e^x.$$

例 7.23　求方程 $y''+y'=2\sin x$ 的通解.

解　对应齐次方程的特征方程为

$$\lambda^2+1=0,$$

于是特征根为 $\lambda_{1,2}=\pm i$. 因为 $\alpha\pm i\beta=\pm i$ 是特征方程的单根,故所求特解应具有形如

$$y_1=x(A\cos x+B\sin x)$$

的特解. 将上式及

$$y_1'=(A\cos x+B\sin x)+x(-A\cos x+B\sin x)$$
$$=(A+Bx)\cos x+(B-Ax)\sin x,$$
$$y_1''=B\cos x-(A+Bx)\sin x-A\sin x+(B-Ax)\cos x$$
$$=(2B-A)\cos x-(2A+Bx)\sin x$$

代入原方程,有

$$(2B-Ax)\cos x-(2A+Bx)\sin x+x(A\cos x+B\sin x)$$
$$=2B\cos x-2A\sin x=2\sin x.$$

比较上式两端 $\cos x,\sin x$ 的系数可知 $A=-1,B=0$,故要求通解为

$$y=C_1\cos x+C_2\sin x-x\cos x.$$

注 7.3　(1) 定理 7.9 和定理 7.10 对于任意阶的常系数非齐次线性微分方程都适合;

(2) 里卡蒂方程不仅在数学方面说明有许多不可积方程存在,而且在现代控制理论中已找到了它的有意义的应用;

(3) 关于可积方程类型,包括里卡蒂方程为可积类型的情况研究,在 E. 卡姆克的著作《常微分方程手册》(张鸿林译)中有许多丰富的结果.

习　题　7.6

1. 已知方程 $x''+tx'-t^2x=0$ 的一个特解为 x_1,则方程 $x''+tx'-t^2x=f(t)$ 的通解可表示为________.

2. 线性齐次方程________的基本解组为 $1, e^t, te^t$.

3. 求解方程 $(1-t^2)x''-2tx'+2x=0$,此处方程有特解 $x_1=t$.

4. 求解下列方程:

(1) $y''-4y'+4y=0$;　(2) $y''-6y'+5y=0$;

(3) $y''+3y'+2y=0$;　(4) $y''-4y'+4y=0$;

(5) $y''+2ay'+k^2y=0(a>0)$;　(6) $y'''-3y''+4y=0$;

(7) $y'''-2y''-3y'+10y=0$;　(8) $y^{(4)}-2y'''+y''+18y'-90y=0$;

(9) $y^{(4)}-4y'''+8y''-8y'+3y=0$;　(10) $y''+y=xe^{-x}$;

(11) $y''-2y'+4y=(x+2)e^{3x}$;　(12) $x''+6x'+13x=e^t(t^2-5t+2)$;

(13) $2y''+3y'+y=4-e^x$;　(14) $x''-2x'+2x=te^t\cos t$.

5. 设 $f(x)$ 在 $[a,+\infty)$ 上连续,并且有 $\lim\limits_{x\to+\infty}f(x)=0$,$y(x)$ 是方程

$$y''+3y'+2y=f(x)$$

的解,试证明 $\lim\limits_{x\to+\infty}y(x)=0$.

6. 求解方程 $x''-2x'+2x=te^t\cos t$.

*7. 利用代换 $y=\dfrac{u}{\cos x}$,求解方程 $y''\cos x-2y'\sin x+3y\cos x=e^x$.

附录　简明积分表

以下公式中的 $\mu, a, b, C, \cdots$ 为实常数，m, n 为正整数.

一、含有 $ax+b(a\neq 0)$ 的积分

1. $\int \frac{\mathrm{d}x}{ax+b} = \frac{1}{a}\ln|ax+b| + C.$

2. $\int (ax+b)^{\mu}\,\mathrm{d}x = \frac{1}{a(\mu+1)}(ax+b)^{\mu+1} + C.$

3. $\int \frac{x}{ax+b}\,\mathrm{d}x = \frac{1}{a^2}(ax+b-b\ln|ax+b|) + C.$

4. $\int \frac{x^2}{ax+b}\,\mathrm{d}x = \frac{1}{a^3}\left[\frac{1}{2}(ax+b)^2 - 2b(ax+b) + b^2\ln|ax+b|\right] + C.$

5. $\int \frac{\mathrm{d}x}{x(ax+b)} = \frac{1}{b}\ln\left|\frac{x}{ax+b}\right| + C.$

6. $\int \frac{\mathrm{d}x}{x^2(ax+b)} = -\frac{1}{bx} + \frac{a}{b^2}\ln\left|\frac{ax+b}{x}\right| + C.$

7. $\int \frac{x}{(ax+b)^2}\,\mathrm{d}x = \frac{1}{a^2}\left(\ln|ax+b| + \frac{b}{ax+b}\right) + C.$

8. $\int \frac{x^2}{(ax+b)^2}\,\mathrm{d}x = \frac{1}{a^3}\left(ax+b-2b\ln|ax+b| - \frac{b^2}{ax+b}\right) + C.$

9. $\int \frac{\mathrm{d}x}{x(ax+b)^2} = \frac{1}{b(ax+b)} - \frac{1}{b^2}\ln\left|\frac{ax+b}{x}\right| + C.$

二、含有 $\sqrt{ax+b}(a\neq 0)$ 的积分

10. $\int \sqrt{ax+b}\,\mathrm{d}x = \frac{2}{3a}\sqrt{(ax+b)^3} + C.$

11. $\int x\sqrt{ax+b}\,\mathrm{d}x = \frac{2}{15a^2}(3ax-2b)\sqrt{(ax+b)^3} + C.$

12. $\int x^2\sqrt{ax+b}\,\mathrm{d}x = \frac{2}{105a^3}(15a^2x^2 - 12abx + 8b^2)\sqrt{(ax+b)^3} + C.$

13. $\int \frac{x\mathrm{d}x}{\sqrt{ax+b}} = \frac{2}{3a^2}(ax-2b)\sqrt{ax+b} + C.$

14. $\int \frac{x^2}{\sqrt{ax+b}}\,dx = \frac{2}{15a^2}(3a^2x^2 - 4abx + 8b^2)\sqrt{ax+b} + C.$

三、含有 $ax^2+b(a>0)$ 的积分

15. $\int \frac{dx}{ax^2+b} = \begin{cases} \frac{1}{\sqrt{ab}}\arctan\sqrt{\frac{a}{b}}x + C, & b>0, \\ \frac{1}{2\sqrt{-ab}}\ln\left|\frac{\sqrt{a}x-\sqrt{-b}}{\sqrt{a}x+\sqrt{-b}}\right| + C, & b<0. \end{cases}$

16. $\int \frac{x}{ax^2+b}\,dx = \frac{1}{2a}\ln|ax^2+b| + C.$

17. $\int \frac{x^2}{ax^2+b}\,dx = \frac{x}{a} - \frac{b}{a}\int \frac{1}{ax^2+b}\,dx.$

18. $\int \frac{dx}{x(ax^2+b)} = \frac{1}{2b}\ln\left|\frac{x^2}{ax^2+b}\right| + C.$

19. $\int \frac{dx}{x^2(ax^2+b)} = -\frac{1}{bx} - \frac{a}{b}\int \frac{dx}{ax^2+b}.$

20. $\int \frac{dx}{(ax^2+b)^2} = \frac{x}{2b(ax^2+b)} + \frac{1}{2b}\int \frac{dx}{ax^2+b}.$

四、含有 $x^2 \pm a^2(a\neq 0)$ 的积分

21. $\int \frac{x\,dx}{(x^2+a^2)^n} = \begin{cases} \frac{1}{2}\ln(x^2+a^2) + C, & n=1, \\ -\frac{1}{2(n-1)(x^2+a^2)^{n-1}}, & n>1. \end{cases}$

22. $\int \frac{dx}{x^2-a^2} = \frac{1}{2a}\ln\left|\frac{x-a}{x+a}\right| + C.$

23. $\int \frac{dx}{(x^2+a^2)^n} = \begin{cases} \frac{1}{a}\arctan\frac{x}{a} + C, & n=1, \\ \frac{x}{2(n-1)a^2(x^2+a^2)^{n-1}} + \frac{2n-3}{2(n-1)a^2}\int \frac{dx}{(x^2+a^2)^{n-1}}, & n>1. \end{cases}$

五、含有 $\sqrt{x^2 \pm a^2}(a>0)$ 的积分

24. $\int \frac{dx}{\sqrt{x^2 \pm a^2}} = \ln\left|x + \sqrt{x^2 \pm a^2}\right| + C.$

25. $\int \frac{dx}{\sqrt{(x^2 \pm a^2)^3}} = \pm\frac{x}{a^2\sqrt{x^2 \pm a^2}} + C.$

26. $\int \sqrt{x^2 \pm a^2}\,\mathrm{d}x = \frac{x}{2}\sqrt{x^2 \pm a^2} \pm \frac{a^2}{2}\ln\left|x + \sqrt{x^2 \pm a^2}\right| + C.$

27. $\int x\sqrt{x^2 \pm a^2}\,\mathrm{d}x = \frac{1}{3}\sqrt{(x^2 \pm a^2)^3} + C.$

28. $\int x^2\sqrt{x^2 \pm a^2}\,\mathrm{d}x = \frac{x}{8}(2x^2 \pm a^2)\sqrt{x^2 \pm a^2} - \frac{a^4}{8}\ln\left|x + \sqrt{x^2 \pm a^2}\right| + C.$

29. $\int \sqrt{(x^2 \pm a^2)^3}\,\mathrm{d}x = \frac{x}{8}(2x^2 \pm 5a^2)\sqrt{x^2 \pm a^2} + \frac{3}{8}a^4\ln\left|x + \sqrt{x^2 \pm a^2}\right| + C.$

30. $\int \frac{x}{\sqrt{x^2 \pm a^2}}\,\mathrm{d}x = \sqrt{x^2 \pm a^2} + C.$

31. $\int \frac{x^2}{\sqrt{x^2 \pm a^2}}\,\mathrm{d}x = \frac{x}{2}\sqrt{x^2 \pm a^2} \mp \frac{a^2}{2}\ln\left|x + \sqrt{x^2 \pm a^2}\right| + C.$

32. $\int \frac{x^2}{\sqrt{(x^2 \pm a^2)^3}}\,\mathrm{d}x = -\frac{x}{\sqrt{x^2 \pm a^2}} + \ln\left|x + \sqrt{x^2 \pm a^2}\right| + C.$

33. $\int \frac{\mathrm{d}x}{x\sqrt{x^2 + a^2}} = \frac{1}{a}\ln\frac{|x|}{a + \sqrt{x^2 + a^2}} + C.$

34. $\int \frac{\mathrm{d}x}{x\sqrt{x^2 - a^2}} = \frac{1}{a}\arccos\frac{a}{|x|} + C.$

35. $\int \frac{\mathrm{d}x}{x^2\sqrt{x^2 \pm a^2}} = \mp\frac{1}{a^2 x}\sqrt{x^2 \pm a^2} + C.$

36. $\int \frac{\mathrm{d}x}{x^3\sqrt{x^2 + a^2}} = -\frac{\sqrt{x^2 + a^2}}{2a^2x^2} + \frac{1}{2a^3}\ln\frac{a + \sqrt{x^2 + a^2}}{|x|} + C.$

37. $\int \frac{\mathrm{d}x}{x^3\sqrt{x^2 - a^2}} = \frac{\sqrt{x^2 - a^2}}{2a^2x^2} + \frac{1}{2a^3}\arccos\frac{a}{|x|} + C.$

38. $\int \frac{\sqrt{x^2 + a^2}}{x}\,\mathrm{d}x = \sqrt{x^2 + a^2} + a\ln\frac{|x|}{a + \sqrt{x^2 + a^2}} + C.$

39. $\int \frac{\sqrt{x^2 - a^2}}{x}\,\mathrm{d}x = \sqrt{x^2 - a^2} - a\arccos\frac{a}{|x|} + C.$

40. $\int \frac{\sqrt{x^2 \pm a^2}}{x^2}\,\mathrm{d}x = -\frac{\sqrt{x^2 \pm a^2}}{x} + \ln\left|x + \sqrt{x^2 \pm a^2}\right| + C.$

六、含有$\sqrt{a^2 - x^2}\,(a > 0)$的积分

41. $\int \frac{\mathrm{d}x}{\sqrt{a^2 - x^2}} = \arcsin\frac{x}{a} + C.$

42. $\int \frac{dx}{\sqrt{(a^2-x^2)^3}} = \frac{x}{a^2\sqrt{a^2-x^2}} + C.$

43. $\int \frac{x^2 dx}{\sqrt{a^2-x^2}} = -\frac{x}{2}\sqrt{a^2-x^2} + \frac{a^2}{2}\arcsin\frac{x}{a} + C.$

44. $\int \sqrt{a^2-x^2}\, dx = \frac{x}{2}\sqrt{a^2-x^2} + \frac{a^2}{2}\arcsin\frac{x}{a} + C.$

45. $\int x^2\sqrt{a^2-x^2}\, dx = \frac{x}{8}(2x^2-a^2)\sqrt{a^2-x^2} + \frac{a^4}{8}\arcsin\frac{x}{a} + C.$

46. $\int \frac{dx}{x\sqrt{a^2-x^2}} = \frac{1}{a}\ln\left|\frac{a-\sqrt{a^2-x^2}}{x}\right| + C.$

47. $\int \frac{dx}{x^2\sqrt{a^2-x^2}} = -\frac{\sqrt{a^2-x^2}}{a^2 x} + C.$

48. $\int \frac{x^2}{\sqrt{(a^2-x^2)^3}}\, dx = \frac{x}{\sqrt{a^2-x^2}} - \arcsin\frac{x}{a} + C.$

49. $\int \frac{\sqrt{a^2-x^2}}{x}\, dx = \sqrt{a^2-x^2} - a\ln\left|\frac{a+\sqrt{a^2-x^2}}{x}\right| + C.$

50. $\int \frac{\sqrt{a^2-x^2}}{x^2}\, dx = -\frac{\sqrt{a^2-x^2}}{x} - \arcsin\frac{x}{a} + C.$

51. $\int \sqrt{(a^2-x^2)^3}\, dx = \frac{x}{8}(5a^2-2x^2)\sqrt{a^2-x^2} + \frac{3a^4}{8}\arcsin\frac{x}{a} + C.$

七、含有$\sqrt{\pm\frac{x-a}{x-b}}$或$\int\sqrt{(x-a)(x-b)}$的积分

52. $\int \sqrt{\frac{x-a}{x-b}}\, dx = (x-b)\sqrt{\frac{x-a}{x-b}} + (b-a)\ln(\sqrt{|x-a|} + \sqrt{|x-b|}) + C.$

53. $\int \sqrt{\frac{x-a}{b-x}}\, dx = (x-b)\sqrt{\frac{x-a}{b-x}} + (b-a)\arcsin\sqrt{\frac{x-a}{b-a}} + C.$

54. $\int \frac{dx}{\sqrt{(x-a)(b-x)}} = 2\arcsin\sqrt{\frac{x-a}{b-a}} + C(a<b).$

55. $\int \sqrt{(x-a)(b-x)}\, dx = \frac{2x-a-b}{4}\sqrt{(x-a)(b-x)}$

$$+\frac{(b-a)^2}{4}\arcsin\sqrt{\frac{x-a}{b-a}} + C.$$

八、含有$\sqrt{\pm ax^2+bx+c}(a>0)$的积分

56. $\int \frac{dx}{\sqrt{ax^2+bx+c}}=\frac{1}{\sqrt{a}}\ln\left|2ax+b+2\sqrt{a}\sqrt{ax^2+bx+c}\right|+C.$

57. $\int \sqrt{ax^2+bx+c}\,dx=\frac{2ax+b}{4a}\sqrt{ax^2+bx+c}$

$+\frac{4ac-b^2}{8\sqrt{a^3}}\ln\left|2ax+b+2\sqrt{a}\sqrt{ax^2+bx+c}\right|+C.$

58. $\int \frac{x}{\sqrt{ax^2+bx+c}}dx=\frac{1}{a}\sqrt{ax^2+ba+c}$

$-\frac{b}{2\sqrt{a^3}}\ln\left|2ax+b+2\sqrt{a}\sqrt{ax^2+bx+c}\right|+C.$

59. $\int \frac{dx}{\sqrt{c+bx-ax^2}}=-\frac{1}{\sqrt{a}}\arcsin\frac{2ax-b}{\sqrt{b^2+4ac}}+C.$

60. $\int \sqrt{c+bx-ax^2}\,dx=\frac{2ax-b}{4a}\sqrt{c+bx-ax^2}$

$+\frac{b^2+4ac}{8\sqrt{a^3}}\arcsin\frac{2ax-b}{\sqrt{b^2+4ac}}+C.$

61. $\int \frac{x}{\sqrt{c+bx-ax^2}}dx=-\frac{1}{a}\sqrt{c+bx-ax^2}+\frac{b}{2\sqrt{a^3}}\arcsin\frac{2ax-b}{\sqrt{b^2+4ac}}+C.$

九、含有三角函数的积分

62. $\int \sin x dx=-\cos x+C.$

63. $\int \cos x dx=\sin x+C.$

64. $\int \tan x dx=-\ln|\cos x|+C.$

65. $\int \cot x dx=\ln|\sin x|+C.$

66. $\int \sec x dx=\ln|\sec x+\tan x|+C.$

67. $\int \csc x dx=\ln|\csc x-\cot x|+C.$

68. $\int \sec^2 x dx=\tan x+C.$

69. $\int \csc^2 x\mathrm{d}x = -\cot x + C.$

70. $\int \sec x\tan x\mathrm{d}x = \sec x + C.$

71. $\int \csc x\cot x\mathrm{d}x = -\csc x + C.$

72. $\int \sin^2 x\mathrm{d}x = \frac{x}{2} - \frac{1}{4}\sin 2x + C.$

73. $\int \cos^2 x\mathrm{d}x = \frac{x}{2} + \frac{1}{4}\sin 2x + C.$

74. $\int \sin^n x\mathrm{d}x = -\frac{1}{n}\sin^{n-1}x\cos x + \frac{n-1}{n}\int \sin^{n-2} x\mathrm{d}x.$

75. $\int \cos^n x\mathrm{d}x = \frac{1}{n}\cos^{n-1}x\sin x + \frac{n-1}{n}\int \cos^{n-2} x\mathrm{d}x.$

76. $\int \frac{\mathrm{d}x}{\sin^n x} = -\frac{\cos x}{(n-1)\sin^{n-1} x} + \frac{n-2}{n-1}\int \frac{\mathrm{d}x}{\sin^{n-2} x}.$

77. $\int \frac{\mathrm{d}x}{\cos^n x} = \frac{\sin x}{(n-1)\cos^{n-1} x} + \frac{n-2}{n-1}\int \frac{\mathrm{d}x}{\cos^{n-2} x}.$

78. $\int \cos^m x\sin^n x\mathrm{d}x = \frac{1}{m+n}\cos^{m-1}x\sin^{n+1}x + \frac{m-1}{m+n}\int \cos^{m-2}x\sin^n x\mathrm{d}x$

$= -\frac{1}{m+n}\cos^{m+1}x\sin^{n-1}x + \frac{n-1}{m+n}\int \cos^m x\sin^{n-2}x\mathrm{d}x.$

79. $\int \sin ax\cos bx\mathrm{d}x = -\frac{1}{2(a+b)}\cos(a+b)x - \frac{1}{2(a-b)}\cos(a-b)x + C.$

80. $\int \sin ax\sin bx\mathrm{d}x = -\frac{1}{2(a+b)}\sin(a+b)x + \frac{1}{2(a-b)}\sin(a-b)x + C.$

81. $\int \cos ax\cos bx\mathrm{d}x = \frac{1}{2(a+b)}\sin(a+b)x + \frac{1}{2(a-b)}\sin(a-b)x + C.$

82. $\int \frac{\mathrm{d}x}{a+b\sin x} = \frac{2}{\sqrt{a^2-b^2}}\arctan\left(\frac{a\tan\frac{x}{2}+b}{\sqrt{a^2-b^2}}\right) + C(a^2 > b^2).$

83. $\int \frac{\mathrm{d}x}{a+b\sin x} = \frac{1}{\sqrt{b^2-a^2}}\ln\left|\frac{a\tan\frac{x}{2}+b-\sqrt{b^2-a^2}}{a\tan\frac{x}{2}+b+\sqrt{b^2-a^2}}\right| + C(b^2 > a^2).$

84. $\int \frac{\mathrm{d}x}{a+b\cos x} = \frac{2}{a+b}\sqrt{\frac{a+b}{a-b}}\arctan\left(\sqrt{\frac{a-b}{a+b}}\tan\frac{x}{2}\right) + C(a^2 > b^2).$

85. $\int\frac{\mathrm{d}x}{a+b\cos x}=\frac{1}{a+b}\sqrt{\frac{a+b}{a-b}}\ln\left|\frac{\tan\frac{x}{2}+\sqrt{\frac{a+b}{b-a}}}{\tan\frac{x}{2}-\sqrt{\frac{a+b}{b-a}}}\right|+C(a^2<b^2).$

86. $\int\frac{\mathrm{d}x}{a^2\cos^2x+b\sin^2x}=\frac{1}{ab}\arctan\left(\frac{b}{a}\tan x\right)+C.$

87. $\int\frac{\mathrm{d}x}{a^2\cos^2x-b^2\sin^2x}=\frac{1}{ab}\ln\left|\frac{b\tan x+a}{b\tan x-a}\right|+C.$

88. $\int x\sin ax\,\mathrm{d}x=\frac{1}{a^2}\sin ax-\frac{1}{a}x\cos ax+C.$

89. $\int x^2\sin ax\,\mathrm{d}x=-\frac{1}{a^2}x^2\cos ax+\frac{2}{a^2}x\sin ax+\frac{2}{a^3}\cos ax+C.$

90. $\int x\cos ax\,\mathrm{d}x=\frac{1}{a^2}\cos ax+\frac{1}{a}x\sin ax+C.$

91. $\int x^2\cos ax\,\mathrm{d}x=\frac{1}{a}x^2\sin ax+\frac{2}{a^2}x\cos ax-\frac{2}{a^3}\sin ax+C.$

十、含有反三角函数的积分

92. $\int\arcsin\frac{x}{a}\mathrm{d}x=x\arcsin\frac{x}{a}+\sqrt{a^2-x^2}+C.$

93. $\int x\arcsin\frac{x}{a}\,\mathrm{d}x=\left(\frac{x^2}{2}-\frac{a^2}{4}\right)\arcsin\frac{x}{a}+\frac{x}{4}\sqrt{a^2-x^2}+C.$

94. $\int\arccos\frac{x}{a}\,\mathrm{d}x=x\arccos\frac{x}{a}-\sqrt{a^2-x^2}+C.$

95. $\int x\arccos\frac{x}{a}\,\mathrm{d}x=\left(\frac{x^2}{2}-\frac{a^2}{4}\right)\arccos\frac{x}{a}-\frac{x}{4}\sqrt{a^2-x^2}+C.$

96. $\int\arctan\frac{x}{a}\,\mathrm{d}x=x\arctan\frac{x}{a}-\frac{a}{2}\ln(a^2+x^2)+C.$

97. $\int x\arctan\frac{x}{a}\,\mathrm{d}x=\frac{1}{2}(a^2+x^2)\arctan\frac{x}{a}-\frac{a}{2}x+C.$